权威·前沿·原创

皮书系列为
"十二五""十三五"国家重点图书出版规划项目

BLUE BOOK

智库成果出版与传播平台

科普蓝皮书

BLUE BOOK OF
SCIENCE POPULARIZATION

国家科普能力发展报告
（2020）

REPORT ON DEVELOPMENT OF THE NATIONAL SCIENCE
POPULARIZATION CAPACITY IN CHINA (2020)

主　编／王　挺
副主编／王京春　郑　念
执行副主编／齐培潇　王丽慧

社会科学文献出版社
SOCIAL SCIENCES ACADEMIC PRESS (CHINA)

图书在版编目（CIP）数据

国家科普能力发展报告. 2020 / 王挺主编. -- 北京：
社会科学文献出版社，2020.12
（科普蓝皮书）
ISBN 978 - 7 - 5201 - 7461 - 9

Ⅰ. ①国…　Ⅱ. ①王…　Ⅲ. ①科普工作 - 研究报告 -
中国 - 2020　Ⅳ. ①N4

中国版本图书馆 CIP 数据核字（2020）第 198529 号

科普蓝皮书
国家科普能力发展报告（2020）

主　　编 / 王　挺
副 主 编 / 王京春　郑　念
执行副主编 / 齐培潇　王丽慧

出 版 人 / 王利民
责任编辑 / 薛铭洁

出　　版 / 社会科学文献出版社·皮书出版分社 （010）59367127
　　　　　　地址：北京市北三环中路甲 29 号院华龙大厦　邮编：100029
　　　　　　网址：www. ssap. com. cn
发　　行 / 市场营销中心 （010）59367081　59367083
印　　装 / 天津千鹤文化传播有限公司

规　　格 / 开　本：787mm × 1092mm　1/16
　　　　　　印　张：22.25　字　数：331 千字
版　　次 / 2020 年 12 月第 1 版　2020 年 12 月第 1 次印刷
书　　号 / ISBN 978 - 7 - 5201 - 7461 - 9
定　　价 / 158.00 元

科普蓝皮书编委会

顾　　　　问　孟庆海

编 委 会 主 任　王　挺

编委会副主任　王京春　钱　岩

编 委 会 成 员　（按姓氏笔画排序）

王玉平　王丽慧　齐培潇　何　薇　陈　玲

张　超　郑　念　钟　琦　高宏斌　谢小军

主　　　　编　王　挺

副　主　　编　王京春　郑　念

执 行 副 主 编　齐培潇　王丽慧

课 题 组 长　郑　念

课 题 组 成 员　（按姓氏笔画排序）

马冠生　王丽慧　王宏伟　王　明　任嵘嵘

刘　杰　刘　娅　齐培潇　匡文波　汤书昆

严　俊　吴忠群　吴鑑洪　何　丹　佟贺丰

张思光　尚　甲　杨家英　杨智明　侯蓉英

赵　菡　詹　琰　潘龙飞　颜　实　诸葛蔚东

主要编撰者简介

王　挺　中国科普研究所所长。《科普研究》编委会常务副主任、主编。中国科普作家协会党委书记、副理事长。《国家科普能力发展报告（2019）》主编。曾任安徽省科协副秘书长，中国驻日本大使馆二等秘书、一等秘书，中国科协国际联络部双边合作处调研员、处长，中国国际科技会议中心副主任，中国国际科技交流中心副主任，中共鄂尔多斯市委常委、市政府副市长，中国科协调研宣传部副部长等职。先后从事对外科技交流合作、科学传播、科学文化建设等研究工作。

摘　要

　　国家科普能力是提高科普工作水平、提升公民科学素质以及实现创新驱动发展战略的重要支撑。而科普政策是调节科普资源合理分配、促进科普服务有效覆盖的有力工具，通过宏观政策引领、中观政策优化和微观政策指导，为加强国家科普能力建设保驾护航。

　　《国家科普能力发展报告（2020）》（以下简称《报告》）从政策演变视角出发，梳理我国科普政策的发展历程和主要社会功能，深入分析科普政策和国家科普能力建设的关系及其影响作用，对国家科普能力发展指数进行评估和要素分析，总结成绩、发现不足，提出相关对策建议。在分报告中，分别就科普对经济高质量发展的影响、应急科普产业发展、科技创新主体科普服务评价、科普研学以及日本民间科普实践等重点问题进行深入剖析。《报告》包括1篇总报告、6篇专题报告和3篇案例报告。

　　完善的科普政策体系可以促进我国科普事业的可持续发展，其为国家科普能力建设的要素供给提供了有力保障，为国家科普能力建设确定了主要方向和重点内容，也为国家科普能力建设创造了友好的社会软环境，对推动公民科学素质大幅提升以及经济社会发展产生重要影响。

　　关键词：科普能力　科普政策　科普成效　区域科普　国际比较

序

中国经济社会发展进入新时代。科学技术普及面临着大力提高公民科学素质，为实现人的全面发展服务、为建设人类命运共同体服务、为建设世界科技强国服务的新使命新任务。

历史表明，科学普及在促进世界文明、社会进步、科技发展过程中发挥着重要作用。习近平同志深刻指出"科技创新、科学普及是实现创新发展的两翼，要把科学普及放在与科技创新同等重要的位置""厚植沃土才能百花齐放，科技创新有赖公众科学素质的提升"。习近平同志对科普工作的重要指示是推动科普事业高水平发展，进一步提高公民科学素质的战略指引和根本遵循。

国家科普能力体现一个国家向公众提供科普产品与公共服务的综合实力，在推动公民科学素质提高和国家经济社会发展中的基础性作用与日俱增。紧跟国家战略发展新形势，开展科普理论研究，分析科普能力的发展状况以及影响因素具有重要的现实意义。2017年以来，中国科普研究所连续出版《国家科普能力发展报告》，反映我国国家科普能力的发展状况，每年结合科普事业的新形势，从不同角度开展研究，发现问题，提出对策，积极有效地为全民科学素质建设提供政策咨询和智库服务。

科普政策对于合理配置科普资源，促进科普设施、人才、产业等发展，开展精准科普，满足公众多元化需求，解决科学素质发展不平衡不充分等问题具有重要作用。党和政府高度重视科学普及工作，1994年以来，我国科普政策法规体系逐渐完善，特别是《中华人民共和国科学技术普及法》《全民科学素质行动计划纲要（2006~2010~2020年）》的颁布实施，为推动我国科普事业发展起到了重要作用，已形成从中央到地方不同行业部门为基本架构的科普政策法规体系。当前，面向建设世界科技强国的宏伟目标，正在着手编制"全民科学素质行动计划纲要（2021～2025～2035年）"，这也标志着我国的科普工作和全民科学素质建设进入高质量发展的新阶段，需要应新时代创新发展和科学普及的需求，加大科普政策发力，促进科普供给侧改革。本年度蓝皮书报告了科普政策法规的发展情况，重点分析了科普政策对国家科普能力发展的影响，提出今后科普政策体系建设的建议，对于推动科普事业发展、推进国家治理体系和治理能力现代化具有参考价值。

科普研究要始终紧跟科技社会发展的最前沿，紧密结合科普事业发展的新需求，服务于政府引导、全民行动、精准普惠、科技为民的科普工作新格局，打造社会化参与、市场化运作、智慧化支撑、制度化保障、国际化交流的科学素质建设生态，促进公民科学素质不断提升。要以全面实施"全民科学素质行动计划纲要（2021～2025～2035年）"为契机，打造强劲有力的科普之翼，与科技创新比翼双飞，更好地为实现国民经济高质量发展服务，为实现中华民族伟大复兴中国梦做出应有贡献。

是为序。

中国科协副主席、书记处书记

孟庆海

目 录

Ⅰ 总报告

Ⅱ 专题篇

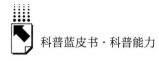

Ⅲ　案例篇

皮书数据库阅读**使用指南**

总 报 告

General Report

B.1

发挥科普政策引领作用
促进国家科普能力提升

王挺 郑念 齐培潇 尚甲 王丽慧*

摘　要：　科普政策对开展科普工作具有指导性、规范性和引领性，为充分利用科普资源助力实现国家或地区发展目标提供了重要保障。本报告首先梳理了我国科普政策的主要变迁和发展历程，并论述科普政策对加强国家科普能力建设的重要作用。同时，测算2018年我国科普能力综合发展指数，从政策关联视角分析科普政策对推动国家科普能力各要素发展的保障和支

---

* 王挺，中国科普研究所所长，研究方向为科技战略与政策、科技人才、国际科技合作、科学传播等；郑念，中国科普研究所副所长，研究员，研究方向为科技教育、科普评估理论等；齐培潇，中国科普研究所助理研究员，研究方向为科普能力评估、科学文化等；尚甲，中国科普研究所研究实习员，研究方向为科普政策、科学传播等；王丽慧，中国科普研究所副研究员，研究方向为科普理论、科学文化等。总报告执笔：齐培潇、尚甲。

撑。针对我国科普政策的实施情况，提出以协同共治思维强化科普政策引领，进一步加强国家科普能力建设的对策建议。

关键词： 国家科普能力　科普政策　发展指数

一　引言

加强国家科普能力建设对提升我国公民科学素质具有直接的推动作用，而科普政策是调节科普资源合理分配、促进科普服务有效覆盖的强有力工具。根据已有研究①②③，并立足我国科普实践，本报告认为，科普政策是指根据国家和社会发展的现实需要，为顺利开展相关科普工作和为实现政治、经济等国家战略目标等制定的一系列政策，是一个包括法律类科普政策，通过党和国家机关等发布的章程、纲要、决定、规划、条例、方案、指示、批复等政策或以通知、意见、办法、措施等形式呈现的文件，以及党和国家领导人重要讲话等一揽子举措的集合。一般而言，我国科普政策体系主要由法律、全国性政策以及地方性条例和政策三个主要层次组成。

（一）我国科普政策的历史演进和主要社会功能

从对我国科普政策历史脉络的梳理可以看出，科普政策的发展与变迁和我国不同发展阶段的社会状况和实际需求密切相关。科普政策依据社会现实，力求通过科学普及促进问题的解决和改善，不断推动社会发展和文明进步。新中国成立初期，我国科普相关政策多为以"科学宣传"为关键字眼的"工作指示"或"通知"，对各级政府机关开展科学宣传工作做出指导和

---

① 〔澳〕布里奇斯托克：《科学技术与社会导论》，刘立等译，清华大学出版社，2005。
② 孔德意：《基于内容分析法的我国科普政策工具分析》，《科普研究》2019年第3期，第19~25，109~110页。
③ 中国科普研究所编《中国科普报告（2004）》，科学普及出版社，2004。

管理，如 1954 年《关于加强科学技术宣传工作的联合指示》、1957 年《关于开展农村科学技术宣传工作的联合通知》等。这一阶段科普政策的出台主要服务于政权巩固和经济恢复的需要，通过相关科学知识和思想宣传帮助广大无产阶级树立唯物主义世界观、价值观，坚定政治立场和信念；通过科学技术的普及和教育环境的改善，提升农民和工人的劳动知识以及相关技能，从而为解放生产力服务。如《关于加强科学技术宣传工作的联合指示》指出，科技宣传工作既是提高工人科技水平的重要方法，也是对他们进行共产主义教育的有力手段。

随着国家稳定和社会主要矛盾的变化，科普的政治思想宣传功能逐步弱化，服务经济建设的功能逐步突出，被赋予了更深层次的内涵。1994 年，《关于加强科学技术普及工作的若干意见》出台，这是新中国历史上第一部全面论述科普工作的全国性政策，明确了科学普及工作对国家经济发展、科技进步和社会稳定的重要战略意义，指出科普是提高全民族科学素质、迎接新世纪挑战的关键。它的出台与当时我国社会迷信、愚昧活动日渐蔓延，反科学、伪科学活动频频发生等现象直接相关，也反映出发展社会主义市场经济对快速提升全民族科学素质提出的新要求。在当时社会主义建设成效初显，即将进入新世纪的历史阶段，迷信和反科学思想行为阻碍着社会主义精神文明和物质文明向更高水平迈进，阻碍着依靠科技进步和劳动者素质提高推动经济发展的转型方略顺利推进。因此，高度重视科普工作，引导群众掌握科学知识，学会科学思维，使用科学方法成为当时科普政策的落脚点。科普政策的社会功能以服务经济建设为中心，同时关注科普在精神文明建设和公民综合素质提升上的重要作用。

进入 21 世纪后，这种认识进一步深化。在以计算机技术为基础发展起来的数字化、自动化时代，经济发展逐渐脱离对自然资源和简单劳动的依赖，转向信息与智力层面。建设创新型国家和小康社会的发展目标也在政治、文化、社会等多方面对公民理解科学技术参与公共事务的能力、文化素质、科教素质提出更高要求。但当时我国公民科学素质状况仍不容乐观，较低水平的科学素质在各个方面严重制约着个体、社会和国家的进步。基于此，2002 年，《中华人民共和国科学技术普及法》（以下简称《科普法》）作为世界范围内第一部科普法律，正式从法制层面确立了科普的重要意义和战略地位，标志着我国科普工作进入法制化轨道。此后，2006 年《全民科学素质行动计划纲要》（以下简称《纲要》）首次对公民科学素质进行官方定义，并指出科学素质对实现个体全面发展、建设创新型国家和实现经济社会全面可持续发展具有重要意义，进而强调大幅提升全民科学素质，并将科普工作的重要性提升到一个新的高度。2007 年《关于加强国家科普能力建设的若干意见》的颁布，为我国科普事业的快速发展和公民科学素质的提高起到有效的支撑作用。此后，我国科普政策更加强调通过科学普及，提高全民科学素质和综合素质，促进人的全面发展，促进学习型社会养成，提升社会整体创新意识和创新活力。

近年来，科普政策不断推出。2016 年《中国科协科普发展规划（2016～2020 年）》和 2017 年《"十三五"国家科普和创新文化建设规划》等均指出，在小康社会和创新型国家建设的决胜和冲刺阶段，需进一步优化科普工作，结合大数据、人工智能等新兴技术趋势，大力提升科普信息化水平，转变传统观念和科普方法，改善薄弱环节，通过全面提升国家科普能力，让公民科学素质提升和创新文化建设成为小康社会、创新型国家建设的坚实基础，最终建成经济、政治、文化、社会、生态全方位发展的社会主义强国。科普政策正是如此把握着创新驱动发展的科普一翼，使其与国家社会发展的阶段性特征和趋势相契合，让科普真正发挥创新土壤的作用。

（二）典型发达国家科普政策启示

从世界范围看，在公民科学素质较高的发达国家，科普工作都是由政府牵头出台相关政策规划，再进行总体布局和推动。

英国较早开始推进科学技术普及工作。目前，已经形成由各类研究理事会、基金会、大学、企业、媒体等多主体共同参与的科普社会化运行机制。20 世纪末，英国公众开始对科学产生种种怀疑和争论。例如，"疯牛病事件"暴露公众与政府和科学之间缺乏理解和沟通的现实。在此背景下，《公众理解科学》报告促使英国政府首次正式将科学技术推广列入国家发展战略计划。2000 年，英国上议院科学技术特别委员会发表题为《科学与社会》的报告，提出公众理解科学，需更重视公众需求，积极开展对话式科普，并强调加强学校科学教育，强化媒体在公众理解科学中的重要作用。2004 年，英国发布《2004～2014 科学与创新投资框架》（*Science & Innovation Investment Framework 2004–2014*）再次强调公众对科学的理解和关注，并承诺对科学传播活动给予更多经费支持。国家层面的科普政策通过人员、经费的保障和教育环境的打造等手段，支持科普服务和产品的有效供给。

美国科学促进会于 1985 年推出科学教育"2061 计划"，指出在科技迅猛发展的时代增强下一代科学素养的重大战略意义，旨在通过科学、数学和技术教育改革，全面增强国民科学素质。除学校教育外，美国国家科学基金会（National Science Foundation，NSF）一直以来推行非正规教育计划，希望通过各类科普展览馆的建设、科普活动的开展、科普作品在媒体中的传播等促进国民对科学与技术的理解。美国国家航空航天局（National Aeronautics and Space Administration，NASA）对其资助的项目，要求其中 0.5%～1% 的经费必须用于面向公众开展"社会服务和教育"活动[1]。NASA 还与 NSF 在许多科学领域（特别是天文学）开展紧密协作，共享教育和科普资源，鼓励科研人员与社区合作开展科普活动等[2]。

从 20 世纪 50 年代至今，日本的科普政策理念经历了"普及科学知识"—"促进对科学的理解"—"深化科学与社会的关系"的演变过程，呈现典型的阶段性特征。日本官方科普工作的开展主要由文部科学省掌管，将科学发展与教育有机结合，通过教育和科技白皮书推动科学教育改革、教育设备生产和科教经费投入，旨在提升儿童和青少年科学素质，并通过官方政策强化大众传媒如电视、广播、报纸等在科学传播中的作用。经由政策规

---

[1]　赵立新、朱洪启、高宏斌等：《国外科学家参与科普的现状研究》，http：//www.crsp.org.cn/xueshuzhuanti/yanjiudongtai/091322Z2018.html，发布时间：2018 年 9 月 16 日。

[2]　梁琦、刘萱：《科研项目嵌入面向公众科学传播活动的政策与实现路径——美国 NASA 空间科学办公室教育与科普项目案例研究》，《中国科技论坛》2013 年第 5 期，第 149～154 页。

划引领，日本形成了政府、科技共同体、企业、媒体以及社会组织多方参与、互相补充的良性社会化科普格局，保证了社会整体在科普服务和产品上的有效供给。本书分报告8详细分析了日本科普奖励政策制度和发展实践。

因此，无论是我国政府主导的科普工作模式还是西方高度市场化和社会化的科普模式，科普政策在每一个阶段都发挥着不可替代的引领、布局、规范、指导以及监督作用，并具有明显的时代特点。

（三）科普政策对加强国家科普能力建设的重要作用

国家科普能力是提高科普工作水平、提升公民科学素质以及实现创新发展战略的重要支撑。2007年科技部等八部委联合颁发的《关于加强国家科普能力建设的若干意见》指出，"政府科普工作宏观管理"是国家科普能力建设的重要方面，强调政府在国家科普能力建设中不可替代的作用。纵观我国科普发展历史，政府通过逐步将科普纳入法规政策体系推动开展科普工作。政府宏观管理作用的发挥主要就体现在相关政策的颁布和执行上。因此，科普相关政策的颁布和执行对国家科普能力建设具有基础性推动和保障作用。

就科普政策对国家科普能力建设的主要作用而言，其可以保障国家对人力、物力、财力等科普资源的不断投入；明确国家科普能力建设方向、内容和重点，对科普工作进行总体把握和航向引领；确立科普工作标准，强化科普工作意识，动员科普行为主体，为开展科普工作创造友好的软环境。

第一，科普政策保障国家科普能力建设所需重要因素的直接供给。

国家科普能力综合发展指数评价指标的六大基本维度中，科普人员、科普经费以及科普基础设施是最基本的科普工作物质要素，它们均依赖于政府政策的供给与调配。科普人员方面，我国当前的政策支撑略显薄弱。无论是科普专业人才的培养、调配管理还是回报奖酬，具体如高校科普相关专业设置、科普职业体系的建立以及科普人才队伍的奖酬标准等，均需要具体科普政策的指导，但目前尚显不足，因此，科普政策在科普人才培养和供给方面大有可为。2019年，为贯彻落实《关于深化职称制度改革的实施意见》，切实发展壮大科学传播领域专业技术人员队伍，进一步优化北京市科普人才结构，北京市人力资源和社会保障局、北京市科学技术协会联合印发《北京市图书资料系列（科学传播）专业技术资格评价试行办法》，首次增设科学传播专业职称，推行科普专业技术资格评价制度。这是利用政策手段助力科普人才培养的突破性尝试，社会反响良好。在我国，科普目前主要作为一项社会公益事业，从事科普的主体也以隶属于政府机关和事业单位的人员居多，因此，财政拨款即科普经费对科普工作意义重大。同样地，科普基础设施，在我国主要表现为各级各类科普场馆，其建设和维护也依赖于科普政策为其提供权限和标准，且近年来，科普政策还对科普网站、数字管理系统、科普数据库等信息化基础设施给予广泛关注。在国家科普能力建设的其他方面，如科学教育环境中的广播、电视及互联网设施的覆盖普及，科普作品传播中的科普音像制品发行及科普报刊图书出版等也均与科普政策的阶段性导向息息相关。综上所述，科普政策保障国家科普能力建设的要素供给，从而为科普要素资源汲取和科普产品服务供给奠定基础。

第二，科普政策确定国家科普能力建设的方向、内容和重点。

科普政策发挥着为国家科普能力建设设定目标、搭建赛道、明确范围、指明重点的作用。政策制定往往涉及问题界定、议程形成、方案规划等阶段，国家科普能力建设，也是由政策制定者依据我国科普工作的发展历史和现实需要，为衡量国家科普工作水平，更具针对性地进行改善而提出的。通过搜集相关事实、明确问题范围等，将国家科普能力列入政策议程中，形成相应政策方案。这个过程还必须是动态的，随着国情、社情的变化和科普工作的逐步深入，国家科普能力建设的关注点和发力点也需应势而变、顺势而为。在人工智能、大数据、5G 等信息和数字化技术飞速迭代的背景下，如果大力推进科普产业发展、科普人员数字化培训、数字化智能化科普基础设施建设、新媒体和全媒体科学教育环境塑造以及科普作品创新等发展趋势，都需要通过敏锐的政策嗅觉早发现、早规划、早引导，通过政策对国家科普能力建设工程做出部署、引领。从此意义上讲，科普政策是国家科普能力建

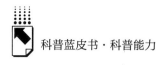

设之纲。

第三，科普政策为国家科普能力建设创造友好的社会软环境。

我国公共政策的一个鲜明特征，就是通过增强认识、强化保障手段等凸显某项工作的重要性。首先，科普政策文本通过对社会背景和发展现状的阐述，为国家科普能力建设工作的各个相关方面设定工作指标，利用行政力量促使各级相关部门和人员提升对科普工作的认识，端正工作态度，投入合理的工作量，乃至成立专门的工作小组等。通过强有力的组织保障，确保政策条款得到足够重视，科普工作得以实际开展，为国家科普能力建设提供良好的政治环境。其次，通过政策公开和对政策的贯彻落实，政府的所作所倡也向全社会释放出"重视科普"的信号，有利于形成全民科普的良好氛围。最后，近年来，科普政策逐步将政策着眼点从机关单位及人员逐渐扩展至更多的社会主体。企业作为市场主体在科普产业发展壮大过程中发挥着关键作用；科研人员作为科技创新主体的重要力量也肩负着科普新责任；社会组织拥有科普活动组织策划的相关经验和基层优势，科普政策对科普社会化的关注，有助于全面激发社会主体的科普能力和活力，形成社会各界参与科普的良性运行机制。

基于科普政策对我国科普能力建设和提升的作用分析，可以发现，科普政策对国家科普能力建设发挥着全局引领、重点引导的重要推动作用。政策关联趋势的走向影响着科普能力发展的各个要素。

二　政策视角下国家科普能力发展分析

本部分侧重从科普政策视角出发，分析国家科普能力以及相关组成要素的长期变化趋势，同时，结合当前我国科普政策发展的特点，分析国家科普能力各维度的变化及发展现状。

（一）国家科普能力综合发展指数的变化趋势

根据《国家科普能力发展报告（2006~2016）》中国家科普能力综合发

展指数评价指标体系①，采用基于标准比值法的综合评价指数编制方法测算2018年国家科普能力综合发展指数，计算公式为：

$$DINSPC_{at} = \frac{\sum_{i}^{n} \frac{P_{at}^{i}}{P_{0}^{i}} W^{i}}{\sum_{i}^{n} W^{i}}$$

原始数据均来自科技部发布的《中国科普统计》（2019年版）中国家层面的数据、《2019中国统计年鉴》以及《第43次中国互联网络发展状况统计报告》，特殊说明除外。

2018年，从同比趋势看，39项分指标中有16项分指标同比呈现增长态势。其中，科普（技）竞赛参加人数增幅最大，为80.82%；科普（技）讲座和参观向社会开放的科研机构、大学的人数也有明显增长，同比增幅分别为40.62%和13.43%。在人员和经费方面，科普创作人员同比增长4.13%，年度科普经费筹集总额同比增长0.68%。此外，中国科协自2014年发布《中国科协关于加强科普信息化建设的意见》以来，逐渐形成强化互联网思维、着力信息化技术、创新传播方式，推进机制创新的工作理念，科普信息化建设工程确立了"2014年启动、2015年初见成效、2016年完善服务功能、2017年继续奠定基础、2018年后开展长效运营"的作战路线图，政策导向的推动作用十分显著。所以，在大力推进科普信息化建设背景下，2018年诸如科技类报纸发行量，科普音像制品录音、录像带发行总量，科普音像制品光盘发行总量以及科普音像制品出版种数等传统媒介均有明显下降，同比下降分别为70.35%、55.24%、21.70%和13.77%。

从国家科普能力综合发展指数看（见图1），2018年，我国国家科普能力综合发展指数为2.20，与2017年相比，增长了3.77%；2006～2018年平均增速7.69%。从各指标对科普能力增长的贡献率看，在科普人员方面，科普创作人员和每万人拥有注册科普志愿者对综合发展指数的贡献率分别为

---

① 王康友主编《国家科普能力发展报告（2006～2016）》，社会科学文献出版社，2017，第26页。

3.39%和7.07%；在科普经费方面，年度科普经费筹集总额、人均科普专项经费和人均科普经费筹集总额对综合发展指数的贡献率分别为7.11%、7.34%和5.05%；在科普基础设施方面，科技馆和科学技术类博物馆展厅面积之和、科技馆和科学技术类博物馆参观人数之和以及每百万人拥有科技馆和科学技术类博物馆数量对综合发展指数的贡献率分别为4.63%、7.53%和3.84%；在科学教育环境方面，参加科技竞赛人次数和互联网普及率对综合发展指数的贡献率分别为4.65%和12.34%；在科普作品传播方面，科普图书总册数、电视台科普节目播出时间以及科普网站数量对综合发展指数的贡献率分别为1.33%、1.22%和3.76%；在科普活动方面，参加科普讲座人数和参观向社会开放科研机构（含大学）人数对综合发展指数的贡献率同比增长了36.57%和10.17%。

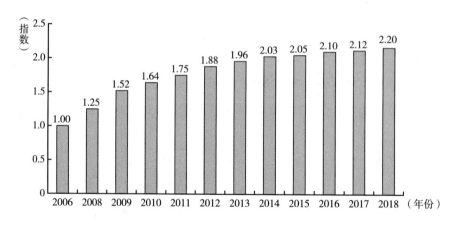

图1　2006～2018年国家科普能力综合发展指数走势

注：测算国家科普能力综合发展指数的原始数据不包括中国香港、中国澳门和中国台湾地区。无2007年数据，下同。

对于6个一级指标，从同比数据看，在2018年，科学教育环境发展指数、科普活动发展指数和科普基础设施发展指数相对其他三个维度增长明显，其中，科学教育环境发展指数同比增长幅度最大，为15.25%，科普活动次之，同比增长7.27%。这和我国通过政策的推动逐年强化科学教育有很大关系。另外，科普基础设施和科学教育环境的发展指数年平均增速都保持在 10% 以上，科普经费的发展指数年平均增速也在 8% 以上。这都和近年来科普政策向推动科学教育环境发展和扩大科普基础设施建设倾斜有关。

综上分析，科学教育环境、科普基础设施是推动当前科普能力提升的两个重要因素。此外，为量化探索科普政策与科普能力之间的关系，通过尝试建立科普政策—能力关联度指标，以搜集的 180 条新中国成立后国家级科普相关政策为基础，利用科普能力的 6 个一级指标对政策文本进行编码，根据政策文本对各项指标的体现程度，将某一政策中涉及的各项指标分别编码为 1~6（等级），代表体现程度由高到低，无体现则记为 0。根据以上体现程度，进行关联度赋值，等级为 1 的记 6 分，以此类推，等级为 6 的记 1 分，得到关联度分数值。我国"十五"至"十三五"期间以及分年度科普政策—能力关联度趋势分析结果表明，科普能力一级指标中，科学教育环境、科普基础设施和科普活动与政策关联度的上升趋势相对较为明显，这也与上述三项指标各自的长期发展趋势相契合，体现了科普能力建设工作与科普政策的密切关系。所以，科普政策在推动国家科普能力稳步提升方面有非常显著作用。

从省级科普能力发展状况看，省级科普能力发展也显现与地方科普政策出台状况的密切联系。科普能力发展较好、水平较高的如北京市、上海市、江苏省等省市，通过分析其科普能力提升经验，除经济发展水平、区域教育水平的带动作用外，这些地区也具备科普政策出台较早、数量较多、体系较全的特征。如北京市早在 1998 年就出台了《北京市科学技术普及条例》，从科普基础设施、人员、活动以及经费保障等重要方面对科普能力建设工作做出指导和规划。江苏省也在 2001 年出台《江苏省科学技术普及条例》。除总领性的科普条例外，上述省市也较早出台细分性科普政策。如北京市 2007 年发布《北京市科普资源开发与共享工程实施方案》，2009 年发布《北京市区县科普专项资金管理办法（试行）》，2014 年发布《北京市科普基地管理办法》。江苏省 2004 年发布《江苏省高级科普师资格考评办法》、《江苏省科普师资格考评办法》以及《江苏省助理科普师资格考试办法》，2013 年发布《江苏省科普志愿者管理办法（试行）》。上海市 2004 年发布

《上海市科普税收优惠政策实施细则》等。这些具有针对性的科普政策为科普能力各要素提供了切实可行的指导规范，对省级科普能力提升起到不可忽视的支撑和保障作用。

对于我国西部部分省级行政区，如云南省和新疆维吾尔自治区，虽然经济发展水平相对不高，但因科普政策的有力推动，其省级科普能力发展水平得到持续提升，多年来位于中游甚至上游区间。云南省2003年就制定了省级科普条例，还在中央政策的指导下制定了本省科普事业五年发展规划，并在2010年前出台了《云南省省级科学技术普及资金暂行管理办法》《云南省科普教育基地认定管理办法》等政策，有力推动其省级科普能力稳步提升。新疆维吾尔自治区在2004年出台《新疆维吾尔自治区青少年科技教育基地管理办法（暂行）》，2012年出台《新疆维吾尔自治区"基层科普行动计划"实施办法（试行）》，紧跟中央号召，加之国家政策对西部地区的扶持援助，其科普能力近年来获得长足提升。

相应地，科普能力建设发展缓慢、水平较低的地区，其科普能力发展往往缺乏相应科普政策支撑。有些省份连续多年在科普能力综合发展指数评价中排名靠后，通过分析发现，其科普政策推动力度较弱是一个重要原因。如吉林省还未出台省级科普条例，全省科普工作开展缺乏统一指导，且近年来才开始启动制定一些细化政策，导致科普能力建设工作起点不高。但随着各类科普支持政策的陆续出台，体系逐步完善，吉林省科普能力建设水平有望获得提升。

（二）国家科普能力发展指数的维度分析

1. 科普人员

2018年，我国科普人员的发展指数为1.90（见图2），和上年持平，2006～2018年年均增速为6.59%。科普人员发展指数连续3年持平，除科普创作人员同比增长外，其他5个分指标均持平或小幅下降。从复合增长率看，每万人拥有注册科普志愿者的复合增长率最高，为16.05%；科普创作人员、中级职称或大学本科及以上学历科普专职人员比例以及中级职称或大学本科及以上学历科普兼职人员比例的复合增长率分别为 4.98%、2.49% 和 2.21%。近年来，随着科普专业硕士培养在北京师范大学等 6 所高校试点以来，在一定程度上推动了我国科普人员结构的优化发展。但是，我国科普专业人才，特别是高端人才培养体系始终没有得到长效发展，同时也缺乏相应的科普学科支撑。在专门针对科普人员职称评定方面，北京市虽然在 2019 年率先发布《北京市图书资料系列（科学传播）专业技术资格评价试行办法》，为大力推行科普专业技术评价制度，增设了专门的科学传播专业职称系列，但在全国范围内推而广之，畅通科普人员上升渠道，仍需各方不断努力。科普人才方面的政策支撑力度仍然薄弱，这是近年来科普人员发展指数没有实际增长的主要原因之一。

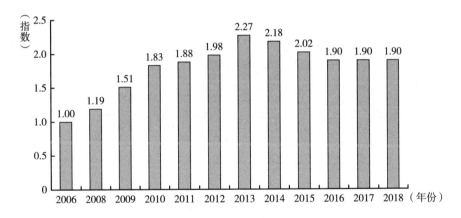

图 2　2006～2018 年科普人员发展指数变化

2018 年，我国科普人员共计 178.49 万人。其中，科普专职人员为 22.40 万人，中级职称或大学本科及以上学历人员为 13.66 万人，占科普专职人员比重为 60.98%，科普创作人员为 1.55 万人，同比增长 4.13%，高素质人员比例结构继续优化。另外，科普兼职人员为 156.09 万人，中级职称或大学本科及以上学历人员为 82.30 万人，占科普兼职人员比重为 52.73%。无论是科普专职人员还是科普兼职人员，其中的高层次、高素质人才比例都已超过一半以上。

另外，2018 年，在科普专职人员中，管理人员为 4.52 万人，农村科普人员为 6.47 万人。在科普兼职人员中,共有注册科普志愿者为 213.69 万人,兼职人员年度实际投入工作量 180.53 万人/月。从相对数量看,2018年,全国每万人拥有科普专职人员 1.60 人,每万人拥有科普兼职人员11.19 人,每万人拥有注册科普志愿者 16.23 人。从对国家科普能力综合发展指数的贡献率来看,专职和兼职人员中中级职称或大学本科及以上学历的人员比例对国家科普能力综合发展指数的贡献率分别为 2.64% 和 2.03%;科普创作人员对国家科普能力综合发展指数的贡献率同比增长 1.13%。

针对科普人员队伍建设,近年来许多科普政策在优化人员结构、提升队伍素质等方面提出了新要求,给出了新举措。如《"十三五"国家科技创新规划》指出要壮大兼职科普人才队伍,加强志愿者队伍建设,鼓励科研人员参与各类科普活动;《"十三五"国家科技人才发展规划》特别指出要鼓励培育公共科技传播人才队伍建设,培育专业化的科普创作和科普讲解人才;《中国科协科普发展规划(2016~2020 年)》提出实施科普领军人才计划,建立高端科普专家团队,通过培训提升科普人员综合素质。科普政策中既有宏观工作要求,也有具体的科普人员培训、管理和奖励等方面的计划,表明我国科普人力资本在整体人力资本中的地位正在凸显,体现出科普政策对科普人员队伍建设的支撑作用。

2. 科普经费

如图 3 所示,2018 年科普经费的发展指数为 2.33,同比略降,降幅为0.85%。2006~2018 年,我国科普经费发展指数的趋势线基本逐年上升,年均增速为 8.37%,但科普经费的增速依然低于 GDP 增速。

2018 年科普经费筹集总额为 161.14 亿元,同比增长 0.68%,其中,政府拨款仍然是科普经费的主要来源。人均科普经费筹集总额为 11.55 元,同比增长 0.29%,复合增长率为 10.30%。其中,政府拨款为 126.02 亿元,占科普经费筹集总额的 78.21%,同比增长 2.49%。科普专项经费为 62.09亿元,人均 4.45 元,2006~2018 年,我国人均科普专项经费复合增长率为11.65%。科技活动周经费筹集额为 4.56 亿元,其中,政府拨款为 3.53 亿元,占比达 77.41%。此外,2018 年社会筹集科普经费为 35.12 亿元,其占

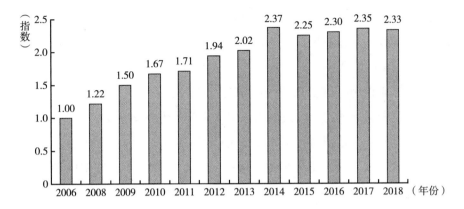

图3　2006～2018年科普经费发展指数变化

科普经费筹集总额的比例为21.79%，比例依然偏低。而科普社会化动员是未来科普必须推进的重点工作之一，也是政策支持发展的主要方向之一。

虽然国家对科普经费的支持力度稳步提升，但科普经费筹集总额占GDP的比重持续偏低，2018年为0.18‰，同比下跌7.15%，而且在2006～2018年复合增长率为-1.46%；财政支出科普经费占国家财政总支出的比重也一直偏低，同比下降5.78%，复合增长率为-2.82%。从不同时期经费指标与政策的关联度分析看，科普经费的支持政策虽然也呈现微弱上升趋势，但政策支持力度有限，且在科普能力六大指标中排名最低，表明科普政策对科普经费的支持力度有待进一步提升，科普经费发展指数因缺乏政策的实际支撑而增长不足，这和客观数据分析结果保持一致。

在年度科普经费使用上，2018年全国共159.29亿元，同比下降1.28%，其中，行政支出为29.22亿元，同比增长19.61%；科普活动支出为84.79亿元，同比下降3.20%，科普活动支出占年度科普经费使用额的53.23%。科普场馆基建支出为32.12亿元，其中，政府拨款支出为14.40亿元，同比增长0.63%。在科普场馆基建支出中，场馆建设支出为13.12亿元，展品、设施支出为12.57亿元，共占科普场馆基建支出的79.98%。兴建科普场馆当然离不开各项科普政策的大力支持，政策支持科普基础设施建设的力度越大，在该方面的有效经费利用率越高。但是，结合科普基础设施实际投入情况，特别是针对基层科普设施的经费投入仍显不足，导致科普经费的实际投入并没有增加。

3. 科普基础设施

科普基础设施一直以来都是国家科普能力建设不可或缺的重要组成部分，也是国家科普能力综合发展指数稳步提升的重要支撑要素。这和科普政策不断推动加强和拓展科普基础设施建设密切相关。科普基础设施的发展指数也是逐年持续上升，态势稳定。如图 4 所示，2018 年科普基础设施的发展指数为 2.86，同比增幅为 2.88%，年平均增速为 10.38%。

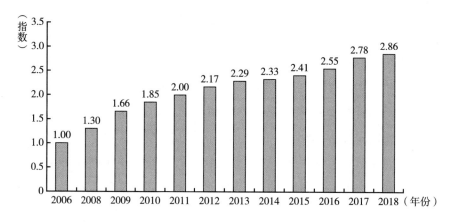

图 4　2006~2018 年科普基础设施发展指数变化

从基础数据看，2018 年，全国拥有科技馆为 518 个，较上年增加 30 个，同比增长 6.15%，科技馆建筑面积为 399.71 万平方米，同比增长 7.72%；科学技术类博物馆 943 个，其建筑面积为 709.20 万平方米，同比增长 7.69%。在公共场所科普宣传场地方面，拥有城市社区科普（技）专用活动室 58648 个，拥有农村科普（技）活动场地 252747 个。拥有青少年科技馆站 559 个，比上年增加 10 个，同比增长 1.82%，年均复合增长率为 4.23%，其对国家科普能力综合发展指数的贡献率为 1.57%。

在科技馆和科学技术类博物馆的利用方面，2018 年，科技馆展厅面积为 201.94 万平方米，同比增长 12.16%；科学技术类博物馆展厅面积为 323.76 万平方米，同比增长 1.18%。两者展厅面积之和达到 525.70 万平方米，同比增长 5.14%，年均复合增长率为 12.51%，其对国家科普能力综合发展指数的贡献率为 4.63%，贡献率同比增长 2.11%。科技馆当年参观人数为 7636.51 万人次，同比增长 21.18%；科学技术类博物馆当年参观人数为 14231.63 万人次，同比增长 0.27%。两者共计参观人数达 21868.14 万人次，同比增长 6.70%，年均复合增长率 17.05%，其对国家科普能力综合发展指数的贡献率为 7.53%，贡献率同比增长 3.63%。每百万人拥有科技馆和科学技术类博物馆为 1.05 座，同比增长 1.14%，其对国家科普能力综合发展指数的贡献率为 3.84%。科技馆和科学技术类博物馆单位展厅面积年接待量为 41.60 人次/平方米，同比增长 1.49%，年复合增长率为 4.04%，其对国家科普能力综合发展指数的贡献率为 1.91%。2018 年，全国拥有科普宣传专用车为 1365 辆；科普画廊数量为 16.15 万个，年均复合增长率为 1.54%。科普宣传专用车和科普画廊对国家科普能力综合发展指数的贡献率分别为 0.61% 和 0.91%。从科普场馆建筑面积、展厅面积以及年参观人数的增长量看，这都和科普政策推动科普场馆积极承接校外科普教育职能有很大关联。《中国科协科普发展规划（2016～2020 年）》要求完善包括特色科技馆、流动科普设施等在内的科普设施体系，加快科普基础设施数字化信息化进程，并强化相关标准体系和协同机制，提升展教效果，优化科普体验，扩大社会开放度；同时《科技馆活动进校园工作"十三五"工作方案》《中国流动科技馆项目管理试行办法》等具体方案提供了落地配套措施，推动着科普基础设施建设工作不断完善，创新发展。

4. 科学教育环境

2018 年，在政策的鼓励和科普赋能下，科学教育环境改善明显，它是近年来科普政策文本体现最多的科普能力指标。如图 5 所示，2018 年，我国科学教育环境发展指数达到 3.25，同比增长 15.25%，这是继 2016 年出现大幅增长后的第二次显著增长，也是六大要素在 2018 年同比增长率最高最显著的一个要素，其年度平均增速也提升为 11.99%，是推动当年我国国家科普能力综合发展指数明显提升的重要环境因子。随着习近平总书记发出建设世界科技强国的号召以来，有关科普教育、科普信息化等各项政策在助力改善我国科学教育环境中发挥了显著作用，落地效果非常突出。同时，长期以来，我国针对中小学科学教育方面的政策支持和政策措施不断出台。如2000年，科技部、教育部、中宣部、中国科协、共青团中央联合发布《2001~2005年中国青少年科学技术普及活动指导纲要》。2001年，国务院发布《关于基础教育改革与发展的决定》；同年，教育部发布《基础教育课程改革纲要（试行）》、《全日制义务教育科学课程标准（3~6年级）》、《全日制义务教育科学课程标准（7~9年级）》。2017年，教育部发布《义务教育小学科学课程标准》。这都是长效改善我国科学教育环境不可或缺的政策推动因素。

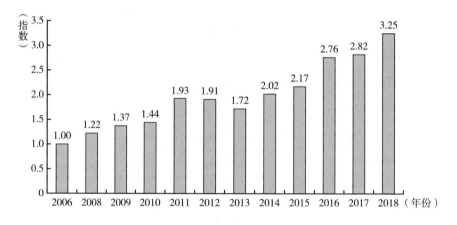

图5　2006~2018年科学教育环境发展指数变化

在青少年科普方面，2018年，全国青少年科技兴趣小组为19.19万个，参加人数为1710.60万人次，对国家科普能力综合发展指数的贡献率为1.06%；举办科技夏（冬）令营1.46万次，参加人数为231.79万人次，对国家科普能力综合发展指数的贡献率为0.42%。在科普（技）竞赛方面，举办科普（技）竞赛4.00万次，参加人数为18339.90万人次，同比增加8197.05万人次，增长了80.82%，复合增长率为13.01%，其对国家科普能力综合发展指数的贡献率达4.65%，贡献率同比增长75.61%。在科普国际交流方面，举办国际交流2579次，参加人数为93.66万人次，同比增长33.40%。还发放科普读物和资料6.98亿份。

此外，我国广播和电视综合人口覆盖率分别为 98.94% 和 99.25%，同比分别增长 0.23% 和 0.18%，二者对国家科普能力综合发展指数的贡献率分别为 0.65% 和 1.00%。互联网普及率达到 59.6%，同比增长 6.81%，复合增长率 15.57%，对国家科普能力综合发展指数的贡献率为 12.34%，是所有指标中贡献率最大的一个，这也是科普信息化政策不断推出的结果，"互联网 + 科普" 和 "科普 + 互联网" 成为科普信息化发展过程中的两大主要模式，互联网普及率的不断提升为科普信息化建设和平台搭建以及配套政策出台提供了基础。《全民科学素质行动计划纲要实施方案（2016～2020）》特别强调，要实施科普信息化工程，推动实现科普内容、传播、运行机制等全方位创新，大力推动媒体融合，打造全媒体环境和推动科普信息化在不同场景落地。这些政策愿景和措施正致力于打造更普惠、便捷的科学教育环境。政策数据也显示，从 "十五" 到 "十三五" 科普能力指标的政策关联度趋势分析看，科普能力指标中，科普政策对科学教育环境的体现程度相对较高，且关联度趋势线上升势头也最为明显，这充分体现出科学教育环境优化背后的强大政策支撑。

5. 科普作品传播

从不同时期科普能力指标的政策关联度趋势分析看，科普作品传播的政策关联趋势线增长较为缓慢，政策关联趋势相对较平，略有下滑。如图6所示，2018 年，我国科普作品传播发展指数为 1.11，同比下降，这是自 2015年以来的第三次下降，年平均增速为 1.92%，是六大维度中年均增速最低的。随着互联网的不断发展与成熟，传统意义上的科普作品传播渠道逐渐缩小，而考虑到数据的连续性、可获得性和数据统计口径的统一性，目前该维度的考察指标仍以传统科普作品为主，涉及网络新媒体的作品传播较少，这也是该维度发展指数下降的主要原因之一。同时，相比其他指标关键词，政策内容涉及科普作品传播的相对偏少，推动力度相对不够，且在科普信息化趋势下，科普创作发展面向的重点逐渐向科普游戏、动漫、视频等形式倾斜，传统形式的科普作品创作和传播逐渐淡出政策视野，这也是该指数下降的另一个重要原因。从政策数据上看，科普作品传播政策—能力关联度无论是分值还是上升幅度都排名较低，也验证了政策导向与科普创作趋势的关系。本书分报告 11 就新媒体平台科普能力与传播展开研究，专门以微信公众号平台、抖音平台中与科普相关的文章/视频/数据为研究对象进行定量统计和定性分析。

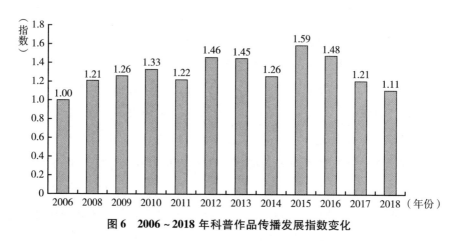

图 6　2006～2018 年科普作品传播发展指数变化

从二级指标看，2018 年，"科普图书总册数""科普音像制品出版种数""科普音像制品光盘发行总量""科普音像制品录音""录像带发行总量""科技类报纸发行量""电视台科普节目播出时间"以及"电台科普节目播出时间"等指标同比均下降，最大降幅为 70.35%；它们对国家科普能力综合发展指数的贡献率较上年也出现下滑。仅"科普期刊种类"和"科普网站数量"对国家科普能力综合发展指数的贡献率同比出现增长，增幅分别为 3.87% 和 1.58%。

2018 年，全国共出版科普图书 11120 种，同比下降 20.90%，出版总册数为 8606.60 万册，同比下降 23.07%，平均每万人拥有科普图书 617 册，同比下降 23.35%，科普图书出版种数和发行册数占全国出版新版图书种数和总册数①的比例分别为 4.50% 和 3.42%。出版科普期刊 1339 种，同比增

---

① 根据《2018 年全国新闻出版业基本情况》，全国共出版新版图书 247108 种，总册数为 25.17 亿册。

长 6.95%，共 6788 万册，同比下降 45.89%，平均每万人拥有科普期刊 486 册，同比下降 46.12%，科普期刊出版种数和发行册数占全国出版期刊种数和总册数①的比例分别为 13.21% 和 2.97%。2018 年，科技类报纸的发行量同比下降明显，降幅达 70.35%，科技类报纸年发行量为 14546 万份，平均每万人拥有科技类报纸 1042 份，同比下降 70.48%，占全国报纸发行总量②的 0.43%，比上年下降 1.1 个百分点。2018 年，全国科普（技）音像制品出版种数为 3669 种，同比下降 13.77%，光盘发行总量为 446 万张，同比下降 21.70%，录音、录像带发行总量为 18 万盒，同比下降 55.24%。另外，全国电视台播出科普（技）节目 77979 小时，电台播出科普（技）节目 53749 小时，同比分别下降 13.11% 和 27.11%。国家财政投资建设的科普网站 2688 个，同比增长 4.59%，对国家科普能力综合发展指数的贡献率为 3.76%，贡献率同比增长 1.58%。

6. 科普活动

如图 7 所示，2018 年，我国科普活动发展指数较上年出现上涨，为 1.77，同比增长 7.27%，打破以往涨跌交替出现的发展规律，连续两年增长。2006～2018 年年平均增速为 6.28%。如本报告第一部分所述，科普活动实际上一直对科普能力建设贡献度也相对较高，也是政策关注的重点之一。从政策内容分析结果看，近年来，政策中涉及的科普活动，例如馆校结合、科普教育进校园等内容逐渐增多，政策关联趋势线呈稳步向上递增态势，政策驱动落地效果逐渐显现。如 2016 年，教育部、国家发展改革委等部门联合发布《关于推进中小学生研学旅行的意见》，而科普研学作为研学旅行和馆校结合科学教育的一种新科普形式，对拓展科普活动空间起到积极的促进作用。本书分报告 3 详细剖析了科普研学的内涵与属性、现状及需求，并对科普研学模式进行了比较分析。

科技馆、科学技术类博物馆、科普（学）实践基地等科普基础设施作

---

① 根据《2018 年全国新闻出版业基本情况》，全国共出版期刊 10139 种，总册数为 22.92 亿册。

② 根据《2018 年全国新闻出版业基本情况》，全国报纸总量为 337.26 亿份。

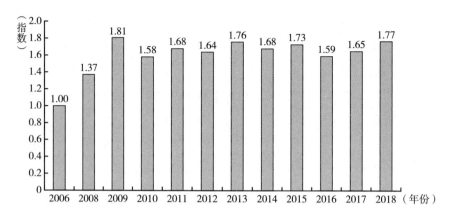

图7　2006～2018年科普活动发展指数变化

为校外科学教育的重要阵地，是各类科普活动的主要组织者和承担者，在馆校结合等政策推动下，科学教育活动展现蓬勃发展势头。如我国自2006年开始开展"科技馆进校园活动"，初步建立了校内外科学教育结合的运行机制。2017年，《科技馆活动进校园工作"十三五"工作方案》再次提出，要进一步促进校外科普活动与校内科学教育衔接互促。在一系列政策影响下，2018年，全国举办科普（技）讲座91.01万次，同比增长3.41%，仍然是科普（技）讲座、展览、竞赛三类活动中举办次数最多的一类，参加人数为20550.77万人次，同比增长40.62%，得益于此，科普活动发展指数出现相对较大增长，其对国家科普能力综合发展指数的贡献率为1.84%，贡献率同比增长36.57%，贡献增长显著。全国举办专题科普（技）展览11.64万次，参观人数达到25594.62万人次，同比小幅下降0.03%，但复合增长率为4.84%，其对国家科普能力综合发展指数的贡献率为2.38%。

在相关科普政策的推动下，越来越多的科研机构、大学积极投身科普事业中。在中国科协推进创新成果和创新主体科普服务成效试点评估政策的影响下，逐渐形成对社会公众开放的长效机制。如《关于开展2018年生态环境公众开放活动的通知》《关于国家重点实验室在2018年科技活动周期间开展公众开放活动的通知》等切实有效的科普政策极大地鼓励了科研机构、大学通过开放自身场所和设施开展科普活动。2018年，全国共有10563个向社会公众开放的科研机构、大学，比上年增加 2102 个单位，同比增长 24.84%，参观人数为 996.69 万人次，同比增长 13.43%，年复合增长率达 12.72%，平均每个开放单位年接待参观人数为 943.56 人次，开放参观效果显著提升。

在实用技术培训方面，2018 年，共举办实用技术培训 535142 次，参加人数为 5664.03 万人次。全国开展的有 1000 人次以上参加的重大科普活动共有 25661 次。科技活动周共举办科普专题活动 11.68 万次，同比增长 0.69%，参加人数为 16102.43 万人次。

三　科普政策对提升国家科普能力的作用分析和现存问题

（一）作用分析

通过对 180 条国家层面科普政策文本进行编码和量化统计分析，探究科普政策在制定主体、时间、行为主体、政策工具、政策层级等方面的分布规律，在科普政策与社会历史发展阶段相适应的理论基础上，具体探究科普政策文本和体系特征影响国家科普能力提升的机制和关联效果。

1.《科普法》之后，科普在政策议程中的地位显著提升，《纲要》颁布后科普政策数量增长明显，有效推进国家科普能力建设

以《科普法》和《纲要》为重要节点划分出的三个阶段中，将近八成的科普相关政策颁布于《纲要》之后，大约 13% 的政策发布于《科普法》之前，不足 10% 的政策发布于《科普法》至《纲要》期间，可以看出《纲要》颁布后科普政策数量增长明显，三倍于之前所有历史时期政策数量总和。颁布于《科普法》至《纲要》期间的科普政策中有 67% 属于科普专项政策，而《科普法》之前这一比例为 46%，可见在《科普法》之后，科普在政策议程中的地位有所提升，这体现了《科普法》的重要意义，即确立科学普及事业的性质和意义，推动科普工作走上法制化、常态化、规范化轨道。

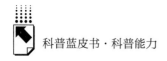

从科普政策的阶段分布特征来看，里程碑式的重要科普政策和法规对科普政策的制定出台具有激励作用，这类重大政策论述了科普工作的战略意义，并为科普工作提出展望、设定目标，制定宏观发展规划和步骤，部署工作范围和内容，既有利于增强科普工作的大局意识，也有利于微观工作的具体跟进和开展实施。从而促进更多、更具体、更深刻、更准确地科普政策出台，为加强国家科普能力建设提供了强有力的政策保障。

2. 科普政策在宏观引领、中观优化和微观指导层级上分布较为合理，高效促进国家科普能力建设

根据政策统计，在政策层级（宏观、中观、微观）分布方面，着眼于科普工作方向和战略的宏观政策有 22 条，着眼于行业和领域的中观政策有 73 条，着眼于项目和措施的微观政策有 85 条，科普政策的层级分布呈现逐级指导、逐层推进、逐步扩展、逐渐拓宽的特点，符合现实预期和具体需求，这对稳步提升国家科普能力具有可持续发展的促进作用。

起战略规划作用的宏观政策数量相对较少，这正体现了规划、纲要类政策的权威性、引领性和精准性。起行业科普规划和科普专项规划作用的中观政策数量相对较多，这表明我国政策制定者在各行各业都对科普给予了一定程度的重视，也体现了其能综合运用多种手段和工具促进科普能力建设，使各个方面工作得以不断优化。与实际科普工作联系最密切的微观政策数量相对最多，明确采用诸如人员培训、税收优惠、金融杠杆、资金投入等手段提升科普工作水平，政策效用体现最为直接，微观政策越多，实际科普工作的落地效果就越好、科普大有可为就越明显，对提升国家科普能力建设的推动作用也愈加显著。

对于国家科普能力建设的每个具体方面，如果能在每一个政策层级都具备丰富而合理的政策配置，形成"高—中—低"层级分明、逻辑清晰、注重实效的政策体系，将非常有助于高效提升国家科普能力。

3. 在科普社会化、市场化、信息化等方面的政策推动作用愈加明显，实效加强国家科普能力建设

在政策实施主体方面，除政府及其下属单位和人员外，有 52% 的政策

涉及科研人员、企业、媒体、社会组织等主体，说明有超过一半的政策在推动科普社会化、市场化、信息化等方面做出了贡献。《科普法》明确提出，国家鼓励社会力量兴办科普事业，并着重论述了科普事业的社会责任，以上政策倾向正是秉持《科普法》精神的体现。

在注重质量的市场经济发展新阶段，以及数字化、信息化技术飞速发展的新背景下，国家科普能力建设的诸多方面，如科普基础设施体系完善和创新、科普人才（特别是高层次科普人才）培养、科普产业发展、科普活动创新、科普创作发力等，都急需非政府主体的深度参与。

科研人员是最具科学素质的人群之一，其丰富的科学知识和良好的科学精神等综合素养使其具备开展科普工作的天然优势。此外，科研人员研究活动的开展和推进需要获得政府和社会大众的认可和支持，开展科普科研相结合，共同促进全民科学素质有效提升，培育全社会科学文化氛围，有助于促进公众对其科研活动及取得成果的理解和接纳，推动社会共识达成，有利于科研成果的有效转化。科普产业是助推国家科普能力提升的新引擎，而企业是市场活动的最重要主体，开展科普活动、提供科普服务、生产科普产品和周边配套等已经成为很多企业重要的营销手段和利润来源，既有利于扩大企业知名度，又有利于树立企业品牌自信。随着智能终端的普及和媒介形态的更替，以微博、微信、信息聚合应用、短视频平台等为代表的新媒体，已经成为广大受众获取信息的主要途径，科学传播应当充分利用这些途径的融合优势，大兴科普新媒体之策。而社会组织也具有基层活动策划的经验和优势，应当大力鼓励其广泛参与科普事业。强化科普政策对这些社会化科普行为主体的关注，有助于引导其逐步参与到国家科普能力建设中，促使公民科学素质大幅提升，进一步助力强大科学普及之翼和科技创新，共同完成建设创新型国家和世界科技强国的使命。

4. 科普政策多采用供给型和环境型相结合的方式，显效夯实国家科普能力建设

科普政策工具主要表现为供给型和环境型两类，分别有 147 条和 26 条政策以供给型和环境型工具为最主要政策手段，有 73 条政策以环境型工具

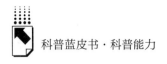

为次要政策手段，需求型的政策手段则较少体现。

在科普领域，供给型政策工具主要表现在人才供给、基础设施建设、经费保障、公共服务等方面，通过对科普工作开展所需的要素进行直接供给，拉动国家科普能力建设。人才供给主要包括科普专职和兼职人员队伍建设、高层次科普人才培养、科普志愿者队伍建设、领导干部培训等。基础设施建设主要包括传统实体科技馆体系扩展完善、科普园区建设、科普网站、科学传播平台及其线上管理平台、科普数据库建设等。经费保障主要包括专项科普经费划拨，科普活动、研究、调研等项目经费划拨，科普相关奖励经费设立等。公共服务主要包括科学教育活动开展、科普活动管理服务机制的建立和运行等。

环境型政策主要表现为组织保障、目标规划、金融财政支持、规则制定等。通过为科普创造良好的政治、经济和社会环境，为科普事业发展提振信心，排除阻碍，降低发展不确定性。组织保障主要表现为通过高效顺畅的政治意志传达，树立和提升科普工作在政府日常行为体系中的地位。目标规划表现为科普工作设立各类目标和愿景。金融财政支持表现为通过补贴、杠杆、税收优惠等为科普市场经营主体减轻发展压力。规则制定表现为出台法规条例、行业标准、管理规定等，为科普事业和产业发展建立基本管理、运行体系。如前文所述，科普政策为国家科普能力建设汲取资源和创造良好环境的功能主要就是通过此类供给型和环境型相结合的政策工具得以保障实现。

（二）现存的主要问题

1. 以《科普法》为基础的科普政策体系在某些方面已不适应新时代社会发展和科普新要求，有待及时修订

作为我国科普政策的法律体系基础，《科普法》总结了 20 世纪科普工作经验，对新世纪的科普工作起着最关键的规范、指导和监督作用。《科普法》明确了科普工作的意义、地位、性质和原则，这是所有科普事业管理者和从业者都必须遵循的基本准则；明确了科普工作的组织管理架构，确立了党和国家领导、各级政府执行、科学技术行政部门和科学技术协会为主力

的科普工作管理体系。在确定科普社会性的同时，进一步划定了科普社会责任体系，各类社会主体积极且灵活地参与科普工作；确立了科普工作顺利推进的保障措施，保障科普工作的要素供给。

但在将近 20 年后的今天，我国经济发展水平、社会发展阶段、人民生活需求等发生了深刻变化，相应地，科普工作也涌现出种种新的趋势和要求，《科普法》及部分科普政策的立法理念、指导精神、细则规定中有某些部分已不能适应时代发展需要，有待及时修订和调整。

首先，《科普法》立法理念滞后于社会发展需要。国家治理体系和治理能力现代化要求，制度建设和社会治理要落实以人民为中心的宗旨，推行科普事业不仅是出于经济发展、国家战略的需求，更重要的是通过科学普及满足公众的科学权利，使公众通过理解和使用科学更好地参与公共事务、改善日常生活、促进自我完善，使科学真正造福于民、造福于社会。因此，《科普法》应为未来科普政策体系做出表率和引领，将以人为本的理念落实到组织管理、社会责任、保障条件及监督细则等具体制度安排中。

其次，以《科普法》为基础的科普政策体系的运行实效有待提升。如国家科普能力综合发展指标分析结果所示，多年来，部分要素科普能力指数呈现缓慢增长，甚至呈下降趋势，这在一定程度上体现出科普政策仍不够完善，现有政策落地效果不佳。如科普人员增长缓慢，缺乏规范的培养、考评、奖励等管理体系；科普经费投入整体缺乏动力，且区域水平分化严重；科普创作面临转型趋势，市场需求有待持续激发。科普事业发展中面临的这些瓶颈，与政策支持力度不足密切相关。2002 年，《科普法》出台后，一直未制定施行细则，除主管部门外，对其他行政部门和社会主体的责任与义务规定不明晰，缺乏相应的监督与奖罚机制，无法发挥激励引导、规范监督的实效。

最后，科普事业发展的新趋势要求《科普法》必须与时俱进。经济、社会、科技、文化等发展新态势均影响着科普事业发展的新方向。科普产业正蓬勃壮大，与科普事业一起成为支撑科普发展的两翼；科普社会化有待进一步深化，各类社会主体参与科普的潜力远未被充分激发；科普信息化也成为互联网时代的必然选择，信息化的科普内容生产、传播分发、数据服务等

运行体系正在形成，同时也需树立信息化的科普管理理念，建立信息化的科普管理体制。这些新动向急需《科普法》做出新时代回应。

2. 地方性科普政策略显单薄，部分地区科普工作投入不足，缺乏特色

科普能力建设水平高的地区通常科普政策出台早，数量多，体系较完善，政策支撑力较强。如北京市、上海市、天津市等，除了基本的科普事业五年规划、全民科学素质行动计划纲要实施方案等宏观政策外，还因地制宜，突破创新，制定出台了诸如《北京市图书资料系列（科学传播）专业技术资格评价试行办法》《上海市科普教育基地管理办法》《上海市推进科技创新中心建设条例》《关于大力推进全域科普工作的实施意见》《天津市大力推进全域科普工作行动计划（2019～2020年)》等与本地区经济社会发展阶段特征相适应的科普政策。而科普能力建设水平不足的地区往往政策数量少，体系不够完善，实际工作缺乏有力领导和有序推进，资源投入缺乏保障，急需能适应时代发展和地区特色的地方科普政策的引领，以及全方位配套政策的支持。

3. 政策制定部门协同性不够，在推动国家科普能力建设的长足发展方面略显不足

政策分析结果显示，科普政策的输出部门以国务院（含办公厅）、科技部和中国科协为主，由国务院单独或者作为第一顺位部门颁布的政策占总政策数的比例超过1/4，由科技部和中国科协单独或作为第一顺位部门颁布的政策占总政策数的三成左右，这三个部门颁布政策占总政策数的六成左右。由此可见，科普政策的制定部门分布较为集中。

国务院（含办公厅）对全国行政事务发挥统领作用，其制定颁布的政策中既包括科普专项政策，也包含科普相关内容的总领性、规划性政策，且数量较多，展现出国家对科普工作的重视程度。科技部作为我国创新驱动发展战略和科技创新工作的主要贯彻者，中国科协作为推动科技事业发展的重要力量和科普事业的主要推动者，推行科普政策责无旁贷。以上三个主体构成我国科普政策的主要输出阵营。

《科普法》规定，各级人民政府应当建立科普工作协调制度，各部门按

照各自职责范围负责相关的科普工作。政策输出主体过于集中的现象，在一定程度上表明，目前对《科普法》的贯彻落实仍然不到位，同时也暴露出科普政策体系两个方面的主要问题。一是其他部门对科普工作参与度不够，支持力度不足，科普在众多国务院部门和机构的职能领域的分量仍较轻。如生态环境部、农业农村部、教育部、国家卫健委、应急管理部等与科普工作息息相关，但由这些部委牵头制定颁布的相关科普政策却屈指可数，其中的科普专项政策更是少之又少，不利于集中更广泛的力量去推动国家科普能力建设。此外，这些部门不仅较少单独颁布科普政策，合作参与发布政策的数量也不多，仅有占比23%的政策（42条）为联合颁布，即便如此，其中还有19条政策的第一颁布机构为中共中央、国务院（含办公厅）、科技部和中国科协。

由此体现出科普政策制定主体体系第二个方面的主要问题，即主体间协同性不够。国家科普能力建设是一项涉及教育、金融、财政、市场、基建等众多政府职能和行业领域的复杂巨系统，任何一个部门都不可能仅凭一己之力推行覆盖。因此，对政策协同性的要求较高。而目前我国科普政策的制定出台部门基本仍处于单打独斗状态。单个部门的力量总是有限的，也会有些"独木难支"，对科普工作的引领、带动作用受到一定限制。而其他部门对科普工作涉入尚浅，认识不足，投入有限，其广泛存在的优质科普资源容易浪费。

所以，政策推行主体集中和协同性不够，导致科普职能闲置、科普资源浪费和科普工作开展受限等一系列现象，这关系各项政策是否能真正作用到国家科普能力建设提升的实质问题。

4. 政策对科普社会化的推进仍有待进一步提升和扩展，全社会共同加强国家科普能力建设的合力有待继续增强

《科普法》明确提出科学普及是全社会的共同任务。在此后近20年的科普实践中，各类社会主体不同程度地投入科普大潮当中。从政策上看，有将近半数的科普政策明确了科普社会化的必要性和重要性，将一些非政府主体逐步纳入科普政策作用范围内，通过政策引导并鼓励非政府主体参与科普

事业。但不可否认的是，仍有38%的科普政策只涉及政府这一单一的科普行为主体。且即便是涉及多行为主体的科普政策，其政策文本绝大部分篇幅也集中于政府主体，对企业、科技创新主体、媒体、社会组织等主体的讨论仅有寥寥数语，深度欠缺、力度不够、细节不明，导致操作性不强，对实际工作的开展和指导作用十分有限，真正对科普社会化认识到位且在政策文本中表现出推进"诚意"的科普政策凤毛麟角。

当前，科普能力的诸多重要方面，如科普基础设施数字化变革，科普人员全民化动员，科普经费来源多样化推动，科学传播环境全媒体化演进，科普作品创新化探索以及科普产业的发展壮大等，从政策上真正鼓励社会化主体积极参与的力度仍有待进一步提升，参与潜力有较大挖掘空间，需要不断增强科普社会化动员合力，而这均依赖于科普政策的重点关注，并且提供保障支持。所以，科普社会化在科普政策议题中的优先性和重要性目前仍略显不足。

四　相关对策建议

科普政策是加强国家科普能力建设的纲领，调配和保障着国家科普能力建设所需人、财、物、智等各方面的资源，为国家科普能力建设创设安定有序、积极友好的政治、经济、法制、社会乃至文化环境，全方位为国家科普能力提升保驾护航。在政策层级分布、政策工具选择等方面，现有科普政策能够依靠分布较合理、逻辑较清晰的体系完成对国家科普能力建设的宏观规划、中观把控和微观落实，也能够充分运用供给型、环境型等适当政策工具实现政策意图。但在政策制定主体的广泛性和协同性上有待提升，科普行为主体的充分动员，科普社会化的进一步推进等方面也需重点关注。

党的十九届四中全会指出，要坚持和完善中国特色社会主义制度，推进国家治理体系和治理能力现代化。科普政策作为科技政策的重要组成部分，作为国家公共政策不可或缺的部分，作为科普工作领域重要的制度来源和体现，对推进国家治理体系和治理能力现代化具有重要的政策意义。需要因时而变、因事而谋，运用创新思维、国际视野打开思路，不断优化运行过程，敏锐发现问题，科学形成决策，高效制订方案，顺畅流通执行，力求为科普领域社会治理体系和能力现代化实践提供典范。正如中国人民大学长江经济带研究院院长罗来军在解读十九届四中全会精神时提到，推进国家治理体系和治理能力现代化要充分发挥各个治理主体的有效功能，实现治理主体各归其位、各尽其能、良性互动、有序循环，打造一种新型的现代国家能力。①中国人民大学公共管理学院副院长杨宏山也认为，推进社会治理体系现代化需要遵循共建共享原则，建设人人有责、人人尽责、人人享有的社会治理共同体。② 科普政策体系的运行也应当充分运用协同和共治思维。为此提出以下政策建议。

第一，加强科普立法工作，建议适时修订《科普法》，鼓励地方尽快出台或完善科普条例，更好地对科普政策发挥引领作用。《科普法》应更加突出以人为本的理念，维护和保障公民参与科学事务的权利，按需获取科普服务的权利，享受科技发展成果的权利。从内容上结合科普事业发展新趋势，确立科普事业未来方向和重点。从体制上明确各政府部门的责任，优化科普事业管理运行机制，提升资源配置效率，明确社会主体的责任和义务，推动打造全社会参与的科普大格局。从保障上制定相应的监督、激励及惩罚制度，对表现良好的主体大力表彰嘉奖，对消极不作为的主体追究一定的责任。

鼓励各地进一步开展地区科普立法工作，秉承实事求是的态度，发挥创新进取的精神，结合地域特色和实际需求尽快推动完善本地科普法规政策体系，保障科普能力稳步提升。

第二，建议与科普工作密切相关的部门，如教育部、农业农村部、生态环境部、国家卫健委、应急管理部等，进一步加强对科普工作的认识，充分

---

① 《如何理解"中国之治"？四中全会公报这些要点应知应读》，中国共产党新闻网，2019 年 11 月 1 日。

② 资料来源：http://www.sxdygbjy.com/content/2019 - 11/11/88_238597.html，2019 年 11 月 11 日。

认知科普与本部门职能工作的密切联系，对本部门职能工作的重要作用，深刻理解并贯彻党和国家对科普工作的重要部署与本部门相关之处，立足社会发展实践，结合自身资源优势，积极主动地将科普有机融入本部门工作规划和职能体系中，力求形成科普与本部门职能互相促进、相得益彰的良性机制。

此外，要重视部门间协商合作机制的建立与完善。在遵循党和国家领导的基础上，优化跨部门协商决策机制，在充分沟通、互相理解的基础上，最大化各部门资源优势，也可避免资源浪费和职能重置等问题。科普作为一项影响广泛而深远的基础性民生工程，只有真正内化于各个部门的工作体系中，才能在日常的政府管理服务行为中发挥实效，才能使与科普相关的"每一分财政资金、每一块基建用料、每一位科普人员"都成为国家科普能力建设大厦中坚实的地基。

第三，通过科普政策大力推动科普社会化动员。就像科普政策的制定和执行需要中国科协、科技部牵头，各部门通力配合一样，国家科普能力的创新发展也需要在政府领导下，社会各界全面而广泛参与。随着市场经济深入发展和政府职能转型改革，科普社会化是科普事业发展的必然趋势和应有之义。应继续发扬我国科普特色优势，即强有力的政府宏观把控和支持，同时运用政策手段进一步激发企业、科技共同体、媒体、社会组织以及广大公众的科普活力和创造力，全力开拓科普市场，壮大科普产业；积极促进科研人员与社会交流共享，鼓励科技工作者走进民间，投身科普；深入理解技术变革背景下的媒介环境，把握去中心化等新兴趋势和内容为王等不变定律，打造一批能接地气、会讲故事的官方科普新媒体，进一步引导鼓励市场化科普自媒体；充分认识社会组织的强大力量和重要作用，尤其是在基层科普活动的开展等方面加强政府与民间合作。将尽可能多的社会力量吸纳进发展科普事业的进程中，国家科普能力建设才会有更加坚实的社会基础。

第四，在科普事务协商、科普政策制定的过程中，政府应秉持共建共享原则，邀请企业、科研人员、公众代表等参与到政策运行过程中，这些主体是科普政策重要的作用对象，他们对实际的科普需求、政策执行中的不便、政策的实际效果等议题最有发言权。如 2020 年，科技部办公厅、财政部办公厅、教育部办公厅等 6 部门联合发布《新形势下加强基础研究若干重点举措》，在五大方面提出 10 项重要举措，其中，在第 6 项举措"改进项目实施管理"中提出"项目完成情况要客观评价，不得夸大成果水平。将科学普及作为基础研究项目考核的必要条件"。这就为科研人员参与科普定下要求和基准。建立诸如此类社会主体参与机制和共商平台，有助于提升科普决策的科学化、民主化和实用化，让科普政策惠及更广泛的社会主体，真正发挥其对国家科普能力建设，进而铸强科普之翼的实效。

专　题　篇

Special Reports

B.2
"十二五"以来我国科普基础
设施建设发展

刘娅　赵璇　于洁　阮程　汪新华*

摘　要： 本研究以科技馆、科学技术类博物馆、青少年科技馆站、公
共场所科普宣传设施等为研究对象，以 2011～2017 年全国科
普统计数据和相关调查为支撑，从资源建设、业务开展以及
运行效果等方面对我国科普基础设施的总体建设情况进行了
综合分析，探讨了我国科普基础设施当前的发展形势与面临
的主要问题，在此基础上提出了针对我国科普基础设施未来
发展的相关建议。

* 刘娅，中国科学技术信息研究所，研究员，主要研究方向为科技政策与管理；赵璇，中国科
学技术信息研究所，研究实习员，主要研究方向为情报管理；于洁，中国科学技术信息研究
所，副研究员，主要研究方向为情报管理；阮程，中国科学技术信息研究所硕士研究生；汪
新华，中国科学技术信息研究所硕士研究生。

关键词： 科普基础设施　科普场馆　科普经费　科普人员　科普活动

科普基础设施是当前我国科学技术普及事业使用的一个特定术语。根据《全民科学素质行动计划纲要（2006～2010～2020年）》《科普基础设施发展规划（2008～2010～2015）》等国家政策的精神，科普基础设施主要指具有公益性特征，为公众提供科普服务的各类平台。中国科普研究所经过长期研究，总结出科普基础设施主要包括科普场馆（科技馆、科技类博物馆等）、公共科普场所（城市社区科普活动室、农村科普活动室、科普画廊、中小学科技馆/站等）、移动式科普设施（流动科技馆、科普宣传专用车辆、移动科普终端设备等）以及其他具备科普展示教育功能的场所等①。

根据科技部发布的《中国科普统计》，本研究以下按照科技馆、科学技术类博物馆、青少年科技馆站、公共场所科普宣传设施四个主要类型，从不同层面和视角对2011～2017年我国科普基础设施发展的总体状况进行剖析。

一　"十二五"以来我国科技馆的发展

科技馆是指以科技馆、科学中心、科学宫等命名，以展示教育为主，传播和普及科学知识与科学精神的科普场馆。以下对建筑面积在500平方米及以上科技馆的建设情况展开分析。

（一）资源建设

1. 场馆建设

（1）数量规模

2011～2017年我国科技馆数量逐年增长，总体上东部地区占比＞中部

---

① 王康友主编《国家科普能力发展报告（2006～2016）》，社会科学文献出版社，2017。

地区占比＞西部地区占比。2017年我国共有科技馆488家，比2011年的357家增长了36.69%。东部地区除2015年的占比略有降低外，其科技馆数量稳占全国总数的一半，是三个地区中科技馆数量最多的；中部地区科技馆数量的全国占比总体上逐年降低；西部地区的占比表现与中部地区相反，总体表现为逐年提高（见图1）。

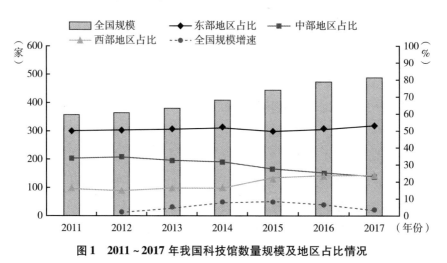

图1　2011～2017年我国科技馆数量规模及地区占比情况

按《科学技术馆建设标准》（2007年版），科技馆建筑面积30000平方米以上的为特大型馆，建筑面积15000～30000平方米（含）的为大型馆，建筑面积8000～15000平方米（含）的为中型馆，建筑面积8000平方米及以下的为小型馆。2011～2017年全国科技馆数量以小型馆为主，从289家增长到379家，占全国科技馆总数的70%～80%。除了2017年大型馆占比略高于中型馆占比外，其他年份均表现为：小型馆占比＞中型馆占比＞大型馆占比＞特大型馆占比。2011～2017年，特大型馆占比在2%～6%，虽数量最少，但增长幅度是各类型馆中最大的；大型馆占比在5%～9%；中型馆占比在6%～9%；小型馆占比在70%甚至80%以上，如图2所示。

全国每百万人口拥有科技馆数量逐年增加，2011年每百万人口拥有0.27家科技馆，2014年突破0.30家，2017年达到0.36家科技馆。与美国

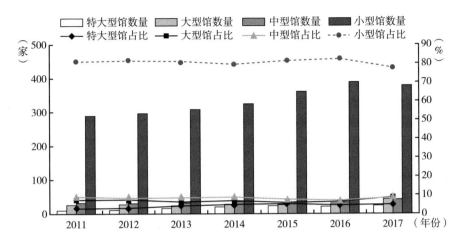

图2　2011～2017年我国不同建筑规模科技馆数量及全国占比情况

2018年每百万人口拥有科学技术中心1.16家相比①，我国的这一指标表现还有较大差距。东部地区每百万人口拥有科技馆数量从2011年的0.34家，持续上升至2017年的0.47家；中部地区2011～2015年超过西部地区，数量在0.29～0.30家，但自2016年起被西部地区赶超，2017年进一步降到0.26家；西部地区2011～2012年为0.16家和0.15家，2017年直追到0.31家（见图3）。

（2）建设面积

2011～2017年全国和东部、中部、西部三个地区的科技馆展厅面积均逐年扩大。全国科技馆展厅总面积从2011年的102.10万平方米，增加到2017年的180.04万平方米，涨幅达76.34%。东部地区科技馆展厅面积占全国的50%～60%；中部地区科技馆展厅面积占全国的17%～20%；西部地区科技馆展厅面积占全国的17%～26%（见图4）。

一般而言，科技馆建筑面积越大，展厅面积越大。2011～2017年特大、大、中型科技馆的单馆展厅面积指标值都高于全国平均值，而小型科技馆的

---

① 美国科学技术中心协会，https：//www.astc.org/membership/browse–members/？category=MUS&keyword=&country=United+States&state=，2019年9月28日。

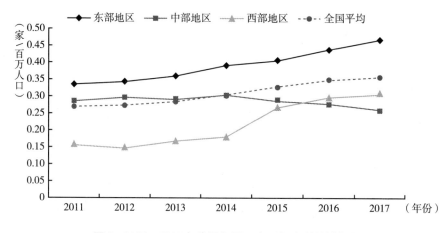

图3　2011～2017年我国每百万人口拥有科技馆数量

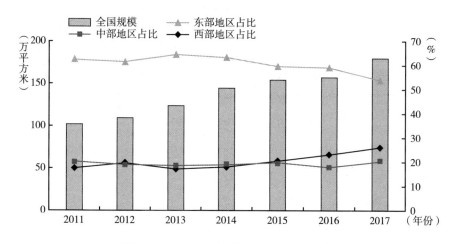

图4　2011～2017年我国科技馆展厅面积

这一指标值低于全国平均值。特大型科技馆单馆展厅面积在24000～28000平方米；大型科技馆单馆展厅面积在8900～13000平方米；中型科技馆单馆展厅面积在4700～5900平方米；小型科技馆单馆展厅面积在1200～1500平方米（见图5）。

2011～2017年全国每万人口拥有科技馆展厅面积在不断增加，2017年为13.15平方米/万人，是2011年7.71平方米/万人的1.71倍。其中，东部地区在三个地区中遥居榜首，每年均大幅超过全国平均水平，2017年达

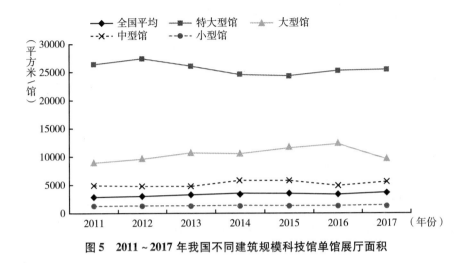

图5 2011~2017年我国不同建筑规模科技馆单馆展厅面积

到峰值17.45平方米/万人;中部地区和西部地区的各年度表现均低于全国平均水平,并且中部地区低于西部地区;西部地区整体上在快速扩张(见图6)。

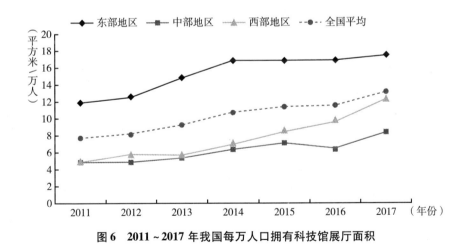

图6 2011~2017年我国每万人口拥有科技馆展厅面积

2. 人力资源

我国科技馆人力资源包括科普专职人员和科普兼职人员,2011~2017年全国科技馆人力资源总数波动较大,为5.83万~9.47万人。其中,东部地区科技馆人力资源占全国总数的五成至七成,高居三个地区之首;中部地区除 2016 年达到全国的 26.16% 外，其他年份基本上在 20% 以内；西部地区的全国占比基本上在 20% 上下波动（见图 7）。

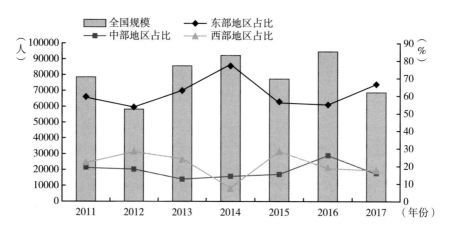

图 7　2011～2017 年我国科技馆人力资源及地区占比情况

2011～2017 年全国和东部、中部、西部三地区的每百万人口拥有科技馆人力资源均出现了高低起伏，全国为 43.79～69.65 人。其中，东部地区为 50～130 人，在三个地区中遥遥领先，也是唯一各年度超过全国平均水平的地区；中部地区和西部地区基本都低于全国平均水平；中部地区大部分年份均低于西部地区（见图 8）。

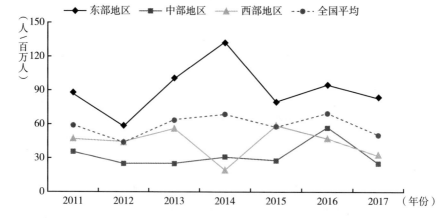

图 8　2011～2017 年我国每百万人口拥有科技馆人力资源情况

2011～2017 年我国科技馆科普专职人员数量总体在上升中略有波动，规模在 7800～12000 人。东部地区在全国占比远超中、西部地区，基本为全国的一半，2014 年最高达到 61.23%；中部地区和西部地区的占比此消彼长，数值较为接近，基本在 20% 上下浮动，西部地区从 2015 年起连续 3 年高于中部地区（见图 9）。

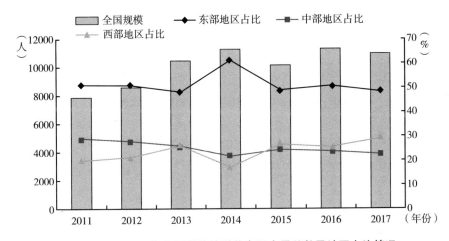

图9 2011～2017 年我国科技馆科普专职人员总数及地区占比情况

2011～2017 年我国科技馆科普专职人员中级职称及以上或本科及以上学历人员占比为 50%～70%，可见科普专职人员素质较高。但科普创作人员比例较低，占比在 10% 以内（见图 10），这是我国科技馆科普作品创作和研发能力不足的主要原因。国外科技馆更注重科普创作能力的建设。如，美国的旧金山探索馆 90% 的展品由本馆人员自主研发，加拿大安大略科学中心的展品研发人员占全馆员工人数的一半①。与之对比，我国科技馆的科普创作人员数量和能力都亟待提高。

3. 经费筹集

2011～2017 年我国科技馆建设与发展处于快速扩张期，年度科普经费

---

① 桂诗章、王茜：《国外科技馆发展前沿及启示——以美国和加拿大的两馆为例》，《未来与发展》2016 年第 6 期，第 23～26 页。

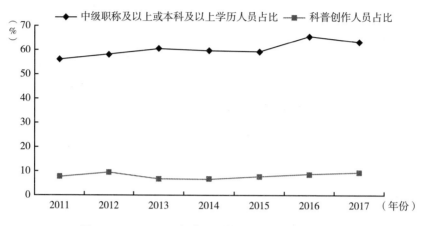

图 10 2011～2017 年我国科技馆科普专职人员构成

筹集额总体上大幅增加。2011 年全国科技馆科普经费筹集额为 12.84 亿元,2017 年达到 32.81 亿元,比 2011 年增长 155.53%。其中,经济和财力强大的东部地区成为科普经费筹集的主要来源,占全国科技馆科普经费筹集额的 60% 左右;中部地区的全国占比约为 10%,为三个地区中最低;西部地区的全国占比约为 20%(见图 11)。

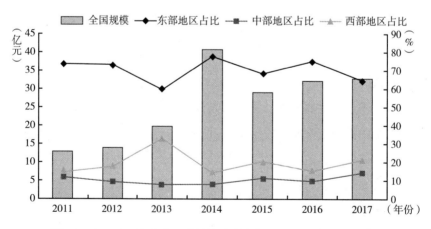

图 11 2011～2017 年我国科技馆科普经费筹集额及地区占比情况

从不同建筑规模科技馆科普经费筹集额全国占比来看,2017 年,特大型馆 > 小型馆 > 大型馆 > 中型馆。其中,占全国科技馆数量 4.92% 的特大型馆，其科普经费筹集额的全国占比为 53.09%，经费筹集能力最强；占全国科技馆数量 77.66% 的小型馆，其科普经费筹集额的全国占比为 20.03%；占全国科技馆数量 8.81% 的大型馆，其科普经费筹集额的全国占比为 18.13%；占全国科技馆数量 8.61% 的中型馆，其科普经费筹集额的全国占比为 8.76%。

从不同建筑规模科技馆单馆筹集额来看，2017 年，特大型馆 > 大型馆 > 中型馆 > 全国平均水平 > 小型馆。平均每个特大型馆筹集科普经费为 7258.39 万元；平均每个大型馆筹集科普经费为 1383.23 万元；平均每个中型馆筹集科普经费 683.99 万元；平均每个小型馆筹集科普经费最少，为 173.39 万元，低于全国科技馆单馆水平的 672.38 万元（见图 12）。

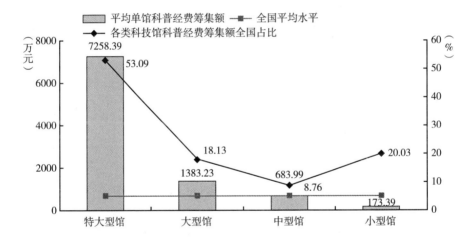

图 12　2017 年不同建筑规模科技馆科普经费筹集额全国占比及单馆筹集额

我国人均拥有科技馆科普专项经费可以衡量科普经费投入中直接普惠到公众的强度，科技馆科普经费越高，真正直接用于服务公众的科普专项经费就越高。2011～2017 年全国这一指标值前升后降，在 0.45～1.70 元。其中，东部地区各年度均高于全国平均水平，在 0.81～3.66 元；中部地区和西部地区均低于全国平均水平，且中部地区低于西部地区，中部地区平均水平在 0.12～0.39 元，西部地区在 0.22～1.02 元（见图 13）。

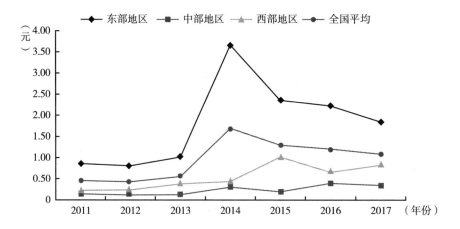

图13 2011～2017年我国人均拥有科技馆科普专项经费情况

我国科技馆科普经费主要来源包括政府拨款、自筹资金、捐赠和其他收入。2011～2017年全国科技馆科普经费的70%～80%均来自政府拨款,自筹资金在7%～20%,其他收入占比为3%～9%,捐赠收入仅占1%左右(见图14)。由此可见,我国科技馆科普经费筹集来源比较单一,高度依赖政府拨款,财务收入风险高度集中,自营收入比较低,捐赠极少,没有形成多元化的科普经费筹集渠道。

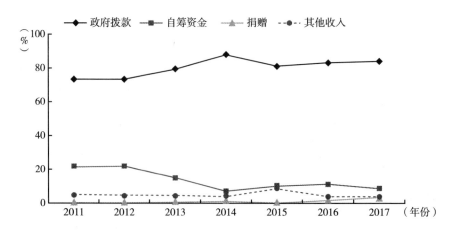

图14 2011～2017年我国科技馆科普经费主要来源的占比情况

　　与国际相比，国外公立科技馆基本上建立了政府财政拨款、社会捐赠与自营收入共同支撑的多元化经费筹集机制，财务收入风险较为分散。如美国旧金山探索馆2018财年总收入为5108.94万美元，其中政府拨款为337.99万美元，仅占6.62%；社会捐赠（包括受限和非受限部分）高达2230.35万美元，占43.66%；门票收入是其自营收入的重要来源，达到999.55万美元，占总收入的19.56%，仅次于个人捐赠所占比重；其他自营收入包括会员费、商品销售、全球巡展和租金等共占30.16%[①]。

　　2011～2017年全国科技馆政府拨款东部地区的占比最高，且遥遥领先，其次为西部地区，中部地区位居第三。东部地区政府拨款总额除了2013年占全国的54.61%以外，其他年份均在60%～80%；中部地区在10%左右；西部地区除了2013年占到36.56%以外，其他年份约为20%（见图15）。

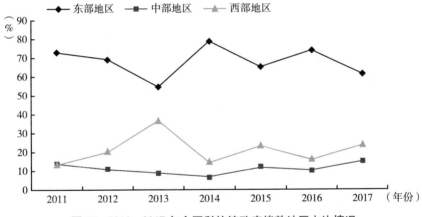

图15　2011～2017年全国科技馆政府拨款地区占比情况

（二）业务开展

　　科技馆的业务开展大致可以从科普活动的实施以及相关经费的使用两方面进行反映。

---

　　① 《美国旧金山探索馆2018财年合并财务报告》，美国旧金山探索馆官网，https://www.exploratorium.edu/sites/default/files/pdf/Exploratorium%20FS18%20Final.pdf，2019年10月3日。

1. 科普活动

（1）免费开放情况

2011～2017年全国科技馆每年免费开放天数稳步提升，从6万天增加到10万天。其中，东部地区各年均占全国的50%以上，远高于中西部地区；中部地区占比在23%～32%，总体在逐年下降；西部地区占比总体呈上升态势，从2011年的13.76%提高到2017年的21.99%（见图16）。

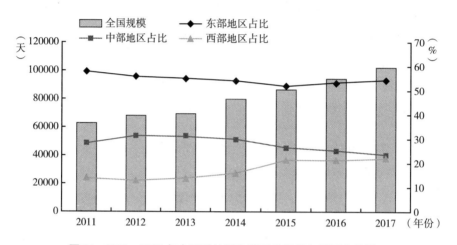

图16　2011～2017年全国科技馆免费开放天数与地区占比情况

2011～2017年，特大型馆单馆免费开放天数是各类型科技馆中最低的，在80～190天，低于全国平均水平；大、中和小型馆的这一指标值在全国平均水平上下波动。大型馆的单馆免费开放天数在160～240天，中型科技馆的单馆免费开放天数在160～220天，小型馆的单馆免费开放天数在170～210天摆动，其变化与全国平均水平相差无几（见图17）。

（2）科普（技）讲座

2011～2017年全国科技馆举办科普（技）讲座在0.66～1.6万次。东部地区占全国的45%～60%，远高于中西部地区；中部地区大部分年份占比在20%～30%；西部地区占比在10%～27%（见图18）。

（3）科普专题展览

2011～2017年全国科技馆举办科普专题展览数量经历了先升后降再扬

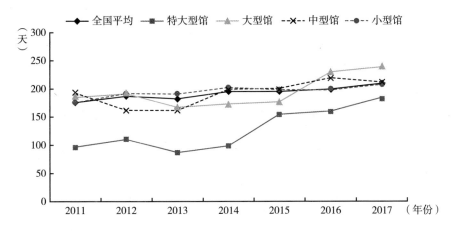

图17　2011～2017年全国不同建筑规模科技馆单馆免费开放天数

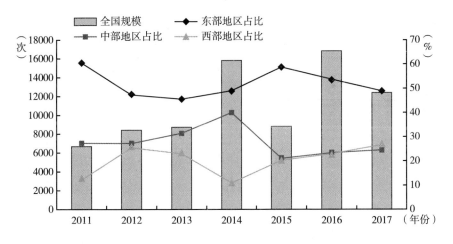

图18　2011～2017年全国科技馆举办科普（技）讲座及地区占比情况

的三阶段，规模在3500～6600次。东部地区科技馆成为举办的主导力量，各年度占全国举办总次数的46%～71%，远远领先于中西部地区；中部地区各年度占比居第二位，在17%～33%；西部地区各年度占比最低，在11%～25%（见图19）。

（4）科普（技）竞赛

2011～2017年全国科技馆举办科普（技）竞赛次数在1000～2000次。

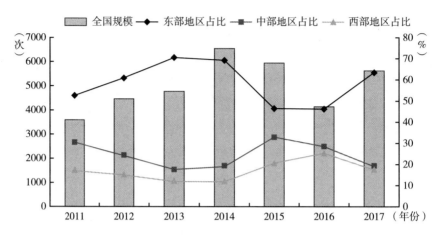

图19　2011～2017年全国科技馆举办科普专题展览及地区占比情况

东部地区占全国总数的57%～71%，但整体上呈下滑态势；中部地区的全国占比在20%上下；西部地区与中部地区互为消长，占比在7%～23%（见图20）。

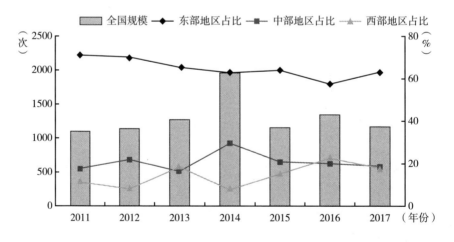

图20　2011～2017年全国科技馆举办科普（技）竞赛及地区占比情况

2.经费使用

2011～2017年全国科技馆科普经费使用额先升后降再扬，在14亿～41亿元浮动。东部地区占全国科技馆科普经费使用额的60%～80%；西部地

区的变化态势与中部地区基本相同，但前者略高于后者，西部地区占比在
12%～25%，中部地区占比在7%～16%（见图21）。

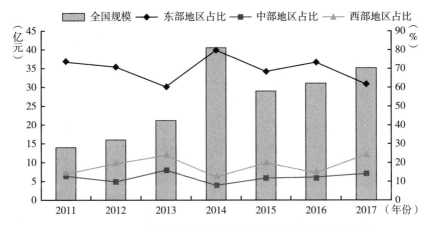

图21 2011～2017年全国科技馆科普经费使用额及地区占比情况

从2017年不同建筑规模科技馆科普经费使用额全国占比来看，特大型馆
占比＞小型馆占比＞大型馆占比＞中型馆占比。其中，占全国科技馆数量
4.92%的特大型馆，其科普经费使用额的全国占比为45.90%；占全国科技馆
数量77.66%的小型馆，其科普经费使用额的全国占比为26.96%；占全国科
技馆数量8.81%的大型馆，其科普经费使用额的全国占比为18.13%；占全国
科技馆数量8.61%的中型馆，其科普经费使用额的全国占比为9.02%。

从2017年不同建筑规模科技馆单馆科普经费使用额来看，特大型馆＞大
型馆＞中型馆＞全国平均水平＞小型馆。平均每个特大型馆的科普经费使用
额为6726.95万元，平均每个大型馆的科普经费使用额为1483.26万元，平均
每个中型馆的科普经费使用额为755.11万元，平均每个小型馆的科普经费使用
额最低，为250.19万元，低于全国科技馆单馆水平（720.83万元）（见图22）。

科技馆科普经费使用额由三部分组成：科普活动支出、科普场馆基建
支出、行政与其他支出等。2011～2017年，我国科普活动支出占科技馆科
普经费使用额的比重，除2014年降到26%以外，其他年份占比在40%～
60%，比重最大，说明"十二五"以来，全国科技馆除2014年以外，其

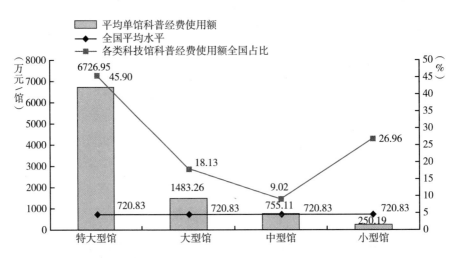

图22　2017年全国不同建筑规模科技馆及平均单馆科普经费使用额情况

他年份科普经费的40%~60%均用在直接服务于公众的科普活动上；其次为科普场馆基建支出占比，除2014年占比激增至61%以外，其他年份的占比在19%~34%，主要用来改善场馆基础设施，从环境设施上为公众提供更好的科普体验；涉及科技馆营运管理的行政与其他支出占比在13%~27%，除2016年略高于科普场馆基建支出占比外，其他年份均占比最低（见图23）。

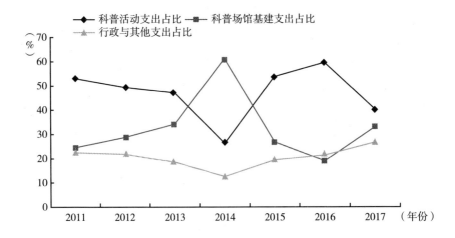

图23　2011~2017年我国科技馆科普经费使用额构成占比情况

（三）运行效果

科技馆工作成效在一定程度上可以通过参加各类科普活动的人数情况反映，覆盖了一般性展陈、科技讲座、专题性展览、科技竞赛、科技活动周等不同业务线。

1. 一般性展陈

2011～2017 年我国科技馆参观人次逐年稳定上升，从 2011 年的 3374. 37 万人次，逐步增加到 2017 年的 6301. 75 万人次，涨幅 86. 75%。其中，东部地区科技馆参观人次占全国的 61%～66%，中部和西部地区占比较低，差距不大，中部地区占比在 13%～23%，西部地区占比在 16%～23%（见图 24）。

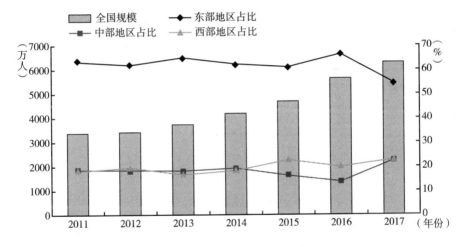

图 24　2011～2017 年全国科技馆年度参观人次及地区占比情况

2. 专题活动

（1）科普（技）讲座

2011～2017 年全国科技馆科普（技）讲座参加人次在 206 万～760 万人次。东部地区占比在 30%～83% 大幅波动；中部地区占比在 11%～59%；西部地区在三个地区中占比最低，在 6%～30%（见图 25）。

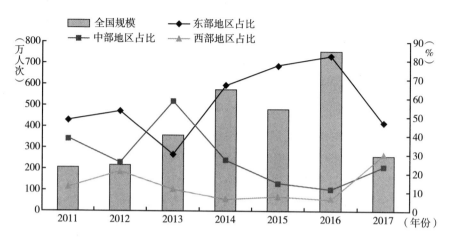

图25　2011～2017年全国科技馆科普（技）讲座参加人次及地区占比情况

（2）科普专题性展览

2011～2017年全国科技馆科普专题展览参观人次先升后降再扬，规模在1300～4500万人次。东部地区占全国比重的45%～74%，领先于中西部地区；中西部地区占比较为接近，中部地区占比在10%～20%，西部地区占比在13%～33%（见图26）。

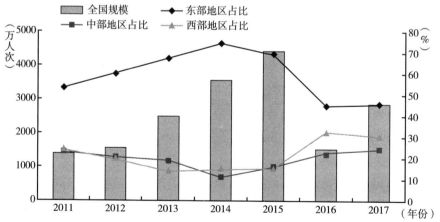

图26　2011～2017年全国科技馆科普专题展览参观人次及地区占比情况

（3）科普（技）竞赛

2011～2017年全国科技馆科普（技）竞赛参加人次在140万～300万人

次起伏。东部地区占全国比重达到43%～60%，远高于中西部地区；中部地区占比在20%～36%；西部地区占比最低，在13%～20%（见图27）。

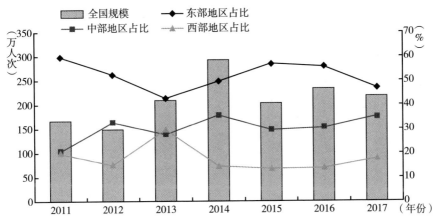

图27 2011～2017年我国科技馆科普（技）竞赛参加人次及地区占比情况

二 "十二五"以来我国科学技术类博物馆的发展

科学技术类博物馆包括专业科技类博物馆、天文馆、水族馆、标本馆及设有自然科学部的综合博物馆等多类场馆。以下对建筑面积在500平方米及以上科学技术类博物馆的建设情况展开分析。

（一）资源建设

1. 场地建设

（1）数量规模

2011～2017年全国科学技术类博物馆数量呈现持续增长态势，2017年达到951家（见图28）。从数量规模来看，我国大于日本（2015年为106家）①，

---

① 文部科学省：《平成30年度（中间报告）统计表——博物馆调查（博物馆）》，https://www.e-stat.go.jp/stat-search/files?page=1&layout=datalist&toukei=00400004&tstat=000001017254&cycle=0&tclass1=000001132027&tclass2=000001132043&tclass3=000001132049，2019年7月5日。

小于美国（2018年1103家）①。从地区占比的分布来看，东部地区最多，每年均达到全国的50%以上；中部地区2011～2016年各年大致为全国的20%；西部地区2014～2017年均达到全国的20%以上。这表明，近年来西部地区对科学技术类博物馆的建设力度在不断加强。

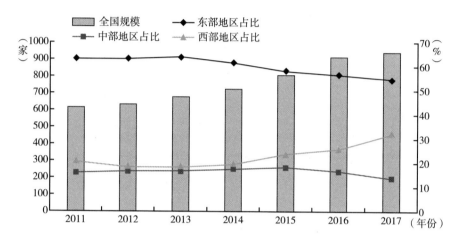

图28　2011～2017年全国科学技术类博物馆的数量规模及各区域占比

从每百万人口拥有科学技术类博物馆数量的情况来看，全国整体在2011～2017年处于上升态势，2017年达到最高，为0.69家（见图29）。与此相比，美国2018年为2.91家，日本2015年为0.84家，可见我国还有不小差距。从不同地区来看，东部地区高于全国平均水平，2017年达到0.94家；中部地区各年的表现均落后于西部地区和东部地区，且近3年来差距逐渐拉大；西部地区2014年以后发展迅速，2017年达到0.78家，开始超过全国平均水平。

（2）建设面积

图30显示了2011～2017年全国科学技术类博物馆建筑面积的变化情况。2011年为407.04万平方米，2017年达到657.57万平方米，增幅为61.55%。从不同地区来看，东部地区占全国的60%～70%，在三个区域中

①　Institute of Museum and Library Services：Museum Data Files，November，2018。

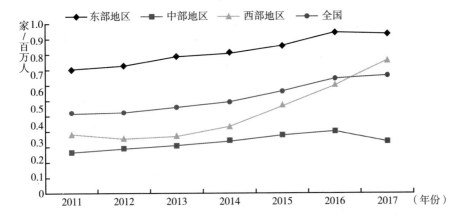

图 29 2011～2017 年每百万人口拥有科学技术类博物馆数量

规模最大；中部地区占全国的 10%～15%；西部地区占全国的15%～25%，且 2014 年以后占比一直保持在 20% 以上（见图 30）。

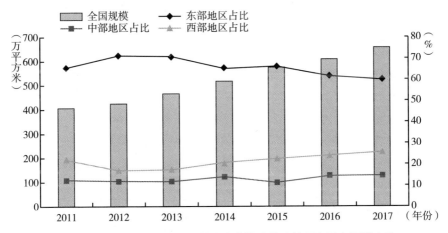

图 30 2011～2017 年全国科学技术类博物馆建筑面积及各区域占比

2011～2017 年我国科学技术类博物馆用于展厅面积持续增长，2017 年达到 319.44 万平方米，比 2011 年增长 65.54%。其中，东部地区占全国的 60%～70%；中部地区占全国的 10%～15%；西部地区占全国的 15%～25%。各年度展厅面积在 3000 平方米及以上的科学技术类博物馆均占全国总数的 30% 左右（见图 31）。

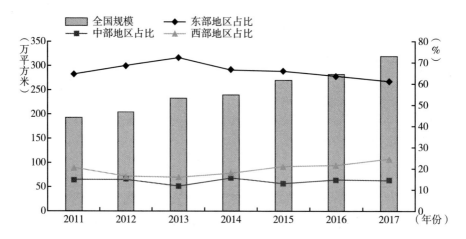

图31　2011~2017年全国科学技术类博物馆展厅面积及各区域占比

从每万人口拥有科学技术类博物馆展厅面积的情况来看，2011~2017年全国整体保持增长态势，2017年上升到23.34平方米/万人。东部地区各年表现均超过了全国平均水平，也远高于中部地区和西部地区，2017年达到35.21平方米/万人；西部地区和中部地区各年的表现均落后于全国平均水平，中部地区持续落后于西部地区，且近3年来差距有持续扩大的趋势（见图32）。

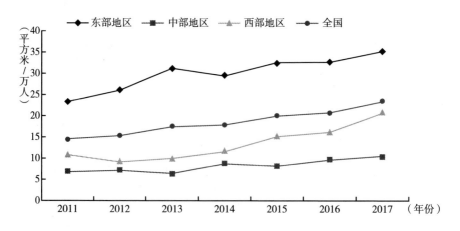

图32　2011~2017年每万人口拥有科学技术类博物馆展厅面积

2. 人力资源

我国科学技术类博物馆的人力资源包括科普专职人员和兼职人员，2011~2015 年全国为 3 万人左右规模，近两年增长较快，达到 4.5 万人以上。其中，专职人员占比为 20%~30%，兼职人员占比为 70%~80%。从地区分布来看，东部地区占到全国规模的 50% 以上；中部地区各年均未超过 1 万人，且近两年占比下降到 20% 以下；西部地区的占比近 3 年均超过了 20%，人员数量增长较快（见图 33）。

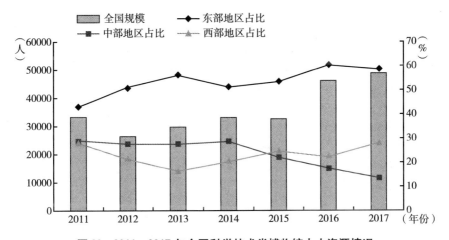

图 33　2011~2017 年全国科学技术类博物馆人力资源情况

从每百万人口拥有科学技术类博物馆人力资源的情况来看，2011~2017 年全国平均水平大致在 20~35 人，2016 年以后保持在 30 人的水平之上，呈现上升势头。其中，东部地区各年表现均高于全国平均水平，2016 年后增长较快，均已超过 50 人；中部地区和西部地区各年表现基本都低于全国平均水平，但中部地区 2014 年以后整体呈现下滑态势，而西部地区则在 2013 年以后保持较为明显的增长（见图 34）。

2011~2017 年全国科学技术类博物馆科普专职人员数量持续增长，2017 年增加到 1.15 万人。各年度东部地区均占到全国的 60% 左右；中部地区在三个区域中占比最低，各年均未超过 20%；西部地区占比在 20% 上下（见图 35）。

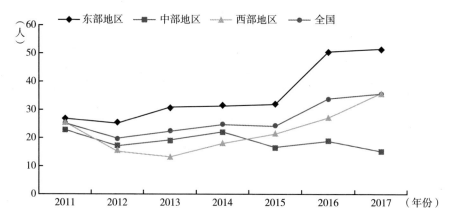

图34 2011~2017年每百万人口拥有科学技术类博物馆人力资源情况

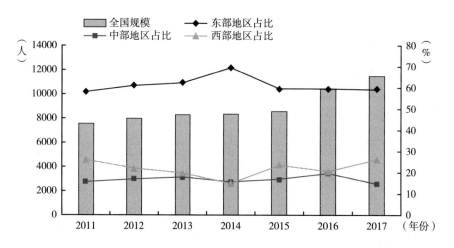

图35 2011~2017年全国科学技术类博物馆科普专职人员的区域占比情况

从我国科学技术类博物馆专职人员的构成来看，各年度中级职称及以上或本科及以上学历人员的占比为61%~66%，队伍素质整体较高。科普创作人才队伍是将科学知识内容，通过通俗易懂、富有趣味的科普作品呈现给受众的源头。2011~2017年专职人员队伍中科普创作人员的占比呈现上升态势，2017年达到15.30%（见图36）。

3. 经费筹集

2011~2017年全国科学技术类博物馆的经费筹集规模在14亿~17亿

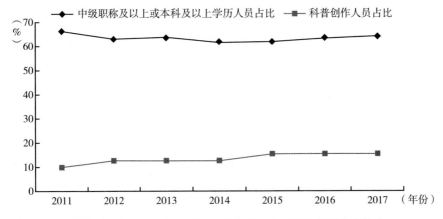

图36 2011～2017年全国科学技术类博物馆科普专职人员构成

元。2015年下降幅度较大,主要原因在于当年东部地区的北京、江苏、浙江等地区的政府拨款经费减少较多。从不同地区来看,东部地区经费筹集规模最大,各年均达到全国总规模的70%～85%;中部地区的占比为5%～10%;西部地区的占比为7%～20%,2015年以后上升到18%以上(见图37)。

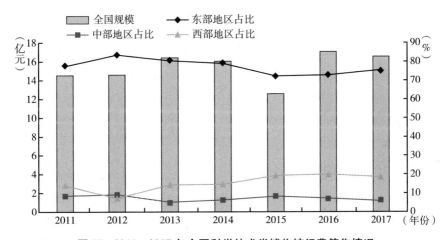

图37 2011～2017年全国科学技术类博物馆经费筹集情况

图38显示了2011～2017年我国人均拥有科学技术类博物馆经费情况。全国人均拥有经费在0.90～1.25元,处于相对比较稳定的状态。东部地区

人均拥有经费 1.60~2.45 元，各年的表现均高于全国平均水平，也领先中部地区和西部地区较多；中部地区人均拥有经费 0.20~0.35 元，在三个区域中最少；西部地区人均拥有经费在 0.25~0.90 元，近 5 年来增长趋势较为明显。

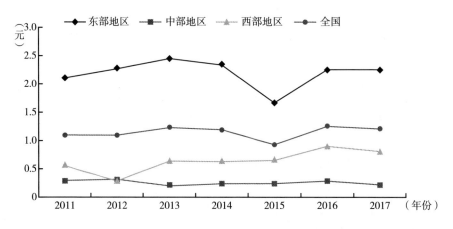

图38　2011~2017年全国人均拥有科学技术类博物馆经费情况

我国科学技术类博物馆的经费来源渠道包括政府拨款、社会捐赠、自筹资金以及其他渠道四类，其中政府拨款和自筹资金是两类主要的渠道，2011~2017 年各年占筹集经费总额的比例（见图39）。两类来源中又以政府拨款为最主要渠道，除 2013 年以外其他各年的经费均占到全国科学技术类博物馆筹集经费的 50% 以上，2015 年占比更是达到 70% 以上。这说明"十二五"以来，我国科学技术类博物馆的运行一直主要依赖于国家公共财政较为稳定的投入。与此相比，美国相关机构的表现具有较大差异。拥有 600 余家成员的国际组织"科学技术中心协会"（The Association of Science-Technology Centers）2014 年的一项调查显示，2013 年 145 家美国科学中心和博物馆的营业收入中，48.5% 来自门票销售和开展活动等业务活动，18.8% 来自公共财政资助，28.8% 来自民间资助，3.9% 为捐赠收入[1]。英国部分博物

---

[1] The Association of Science-Technology Centers：2013 Science Center and Museum Statistics，2014。

馆的表现与美国有所不同。英国科学博物馆集群（Science Museum Group）2017～2018 财年 8750 英镑的收入中，直接财政拨款约占 52%，21% 左右来自捐赠，20% 左右来自业务活动①。英国自然历史博物馆（Natural History Museum）2017～2018 财年 6968 万英镑的收入中，60% 左右来自直接财政拨款，13% 左右来自科学研究及其他资金的资助，11% 左右来自门票和服务等业务活动，9% 左右来自捐赠②。由此可见，相比较而言美国科学中心和博物馆的自我造血能力较强。

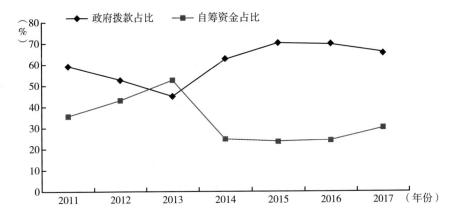

图 39 2011～2017 年全国科学技术类博物馆经费主要来源的占比情况

图 40 显示了 2011～2017 年我国科学技术类博物馆政府拨款的区域分布情况。各个年度东部地区公共财政对科学技术类博物馆的经费投入基本都达到当年全国总额的 70% 左右；西部地区和中部地区在 2011～2014 年水平相当，但 2015 年以后西部地区明显领先于中部地区。这说明近 3 年中部地区公共财政对科学技术类博物馆建设的支持力度整体上有一定减弱。

---

① Science Museum Group：SMG – Annual – Review – 2017 – 18，https：//group. sciencemuseum. org. uk/wp – content/uploads/2018/06/SMG – Annual – Review – 2017 – 18. pdf，2019 年 7 月 16 日。

② Natural History Museum：Annual – report – accounts – 2017 – 18，https：//www. nhm. ac. uk/ content/dam/nhmwww/about – us/reports – accounts/annual – report/annual – report – accounts – 2017 – 18. pdf，2019 年 7 月 16 日。

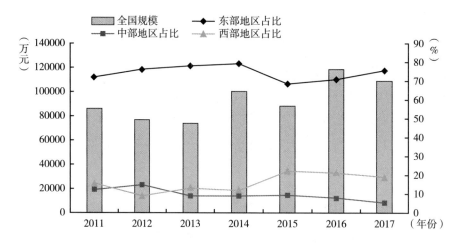

图40　2011～2017年全国科学技术类博物馆政府拨款的区域占比情况

（二）业务开展

我国科学技术类博物馆业务开展大致可以从科普活动的实施以及相关经费的使用两方面进行反映。

1. 科普活动

（1）免费开放情况

从全国科学技术类博物馆的表现来看，2011～2017年免费开放执行情况良好，呈现持续上升态势，2017年免费开放达到21.47万天，比2011年增长了约70%。从不同区域的占比分布来看，东部地区一直领先，各年度占比均达到全国总免费开放天数的50%以上，但近4年有一定下降趋势；西部地区各年度的占比均高于中部地区，且呈现逐步上升势头；中部地区占比一直不高且近年来略有下降（见图41）。

（2）科普（技）讲座

2011～2017年全国科学技术类博物馆举办科普（技）讲座次数逐年增加，2017年达到约2.47万次，比2011年增长149%。从不同地区的占比来看，东部地区一直领先，2011～2016年各年其占比均达到64%以上，但2017年有所降低；中部地区的数量规模持续上升，而占比一直在11%～

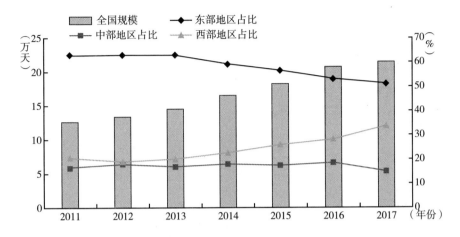

图41 2011～2017年全国科学技术类博物馆年免费开放天数

17%，波动幅度不大；西部地区的数量规模和占比在2014年以后均呈持续上升态势，2017年占比为39.35%，已接近东部地区表现（见图42）。

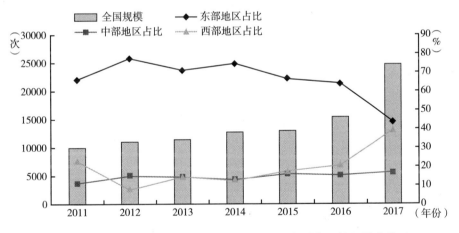

图42 2011～2017年全国科学技术类博物馆举办科普（技）讲座情况

（3）科普专题展览

2011～2017年全国科学技术类博物馆举办科普专题展览情况，如图43所示，呈现先下降后增加的态势，2017年举办专题展览8189次。不同地区的占比表现中，东部地区明显高于中部地区和西部地区，处于40%～60%的水平；中部地区各年度的占比基本在 15%～25%，但在 2014 年以后持续低于西部地区的表现；而西部地区在此时间段内的占比维持在 23%～33%。

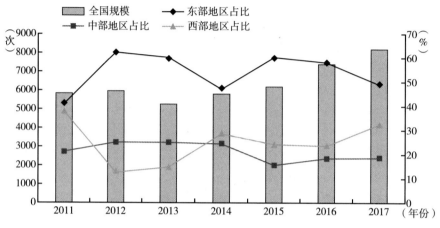

图 43　2011～2017 年全国科学技术类博物馆举办科普专题展览情况

（4）科普（技）竞赛

2011～2017 年全国科学技术类博物馆举办科普（技）竞赛次数呈现下降上升再下降上升再下降的波动态势，2017 年为 1666 次。不同地区的占比表现中，东部地区独占鳌头，除 2011 年略低以外，其他 6 年均达到 70% 以上；中部地区各年度的占比基本处于 10%～20%，但在 2014 年以后持续落后于西部地区；西部地区 2012 年以后的表现处于持续上扬状态，2017 年占比达到 22%（见图 44）。

2. 经费使用

科普经费使用额指实际用于科普管理、研究以及开展科普活动、科普场馆建设的全部实际支出。

图 45 展示了 2011～2017 年全国科学技术类博物馆科普经费使用情况，整体呈现先升再降再升再降的态势，2015 年经费使用额最低（12.8 亿元），2016 年达到最高（17.5 亿元）。其中，东部地区使用经费的占比最高，各年度均达到总额的 70% 以上；中部地区使用经费的占比在 3 个地区中最低，各年均不到 10%；西部地区各年的占比在 10%～20%（见图 45）。

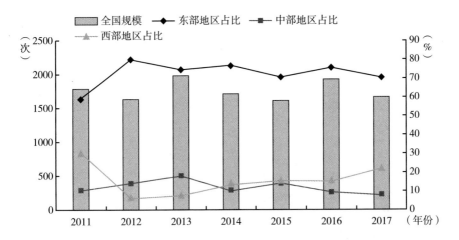

图44 2011～2017年全国科学技术类博物馆举办科普（技）竞赛情况

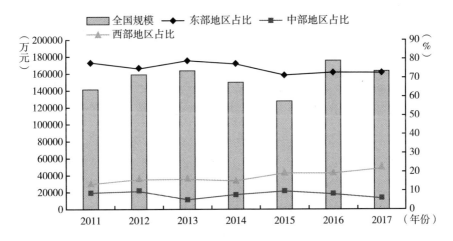

图45 2011～2017年全国科学技术类博物馆科普经费使用情况

2011～2017年我国科学技术类博物馆经费使用主要由科普活动经费和场馆基建经费两大部分构成。各年度两类经费支出共计占到经费使用总额的70%以上，2013年最高，达到83%左右。其中，科普活动经费的占比呈现整体上升态势，2011年约为17%，2017年已经接近33%。场馆基建经费的占比则表现出整体下降的态势，2011～2013年接近60%，之后基本稳定在41%～45%（见图46）。这在一定程度上反映，过去7年来我国科学技术类

博物馆整体的工作重心正在逐步从以设施建设为主的基础建设向推进科普业
务工作能力建设转移。

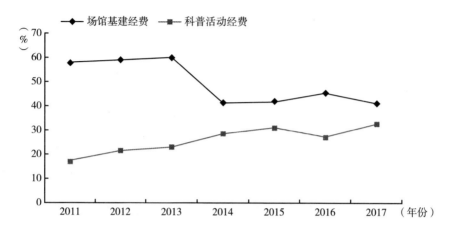

图46 2011～2017年全国科学技术类博物馆经费使用主要构成的占比

（三）运行效果

科学技术类博物馆的业务开展包括一般性展陈、科技讲座、专题性展
览、科技竞赛、科技活动周等不同部分。

1. 一般性展陈

科学技术类博物馆一般性展陈包括常设展览以及临时展览等。如图47
显示，2011～2017年全国参观人次总体呈现上扬态势，2017年约为1.42亿
人次，6年时间增幅约为93%。从不同地区表现来看，东部地区的参观人次
占总参观人次的比例各年度均达到60%以上，2012年高达73%，远远高于
中部地区和西部地区；西部地区的占比除2012年较低以外，其余各年度基
本在20%上下浮动，整体上高于中部地区的占比；中部地区的占比除2014
年以外，均未超过15%。

2. 专题活动

（1）科普（技）讲座

2011～2017年全国科学技术类博物馆举办科普（技）讲座的参加人次

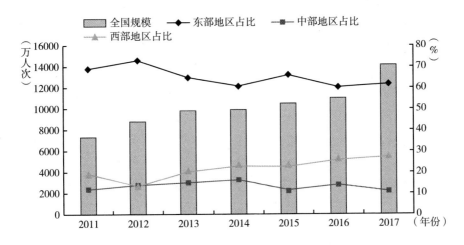

图47　2011～2017年科学技术类博物馆年度参观人次

如图48所示，全国范围来看，除2014年有所下降以外，其余年份均保持了持续上升态势。2017年参加人次达到820.71万人次，比2011年增长了1.54倍。从各年度不同地区的占比表现来看，东部地区在三个地区中占比最高，均达到50%以上，但波动幅度比较大；中部地区的占比在三个地区中相对最少，基本分布在6%～16%；西部地区占比的波动范围也相对较大，2012年不足10%，2016年已经超过40%。

（2）科普专题性展览

2011～2017年全国科学技术类博物馆举办科普专题展览的参观人次如图49所示。从全国范围来看，呈现下降上升再下降上升的态势。2017年达到7015.54万人次，比2011年增长了1.15倍。从各年度不同地区的占比表现来看，东部地区呈现上升下降再上升的态势，但均达到55%以上，远高于其他两个地区；中部地区的占比整体而言在三个地区中相对最少，均未超过15%，且近3年均低于7%；西部地区的占比呈下降上升再下降的态势，波动幅度较大。

（3）科普（技）竞赛

如图50所示，2011～2017年全国科学技术类博物馆举办科普（技）竞

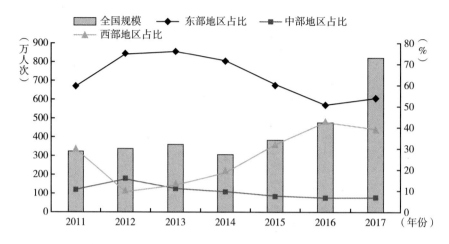

图48　2011～2017年全国科学技术类博物馆科普（技）讲座参加人次

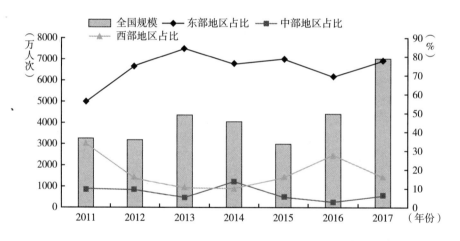

图49　2011～2017年全国科学技术类博物馆科普专题展览参观人次

赛的参加人次总体呈现上升再下降的态势，波动幅度较大，2015年参加人次最多，约为358万人次，2017年参加人次最少，约为98万人次。从不同地区表现来看，东部地区的参观人次占总参观人次的比例起伏较大，2017年高达84%，但2014～2015年均不到30%；中部地区的占比同样波动较大，其变化态势与东部地区正相反，但2014～2015年均达到60%以上；西部地区占比的变化幅度略小，但在三个地区中占比也相对较少。

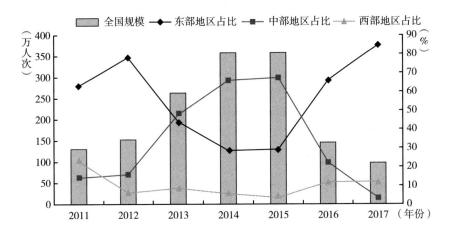

图50　2011～2017年全国科学技术类博物馆科普（技）竞赛参加人次

（四）非国有科学技术类博物馆

民办博物馆是我国博物馆体系的重要组成部分。根据国家文物局发布的全国博物馆名录数据（2016年），我国博物馆4826家中非国有博物馆建设数量为1246家①，其中大致划分出36家科学技术类博物馆，约占非国有博物馆数量的2.85%。可见，目前我国非国有科学技术类博物馆建成并运行的数量较少。

为更好地把握我国非国有科学技术类博物馆的业务状况，本研究围绕科普人员、科普经费（来源、使用）、科普服务能力（资源、受众）、科普活动、科普传媒等方面，以问卷调查和访谈的形式对其中8家非国有科学技术类博物馆开展了调查，并得出如下基本判断。

从科普人才队伍来看，8家非国有科学技术类博物馆中7家的科普专职人员数量都少于30人，但多于科普兼职人员。由此反映出我国非国有科学技术类博物馆的人才队伍建设还比较薄弱。虽然从业人员以专职人员为主，

---

① 郑州市文物局：《2016年度全国博物馆名录》，http：//wwj.zhengzhou.gov.cn/wwml/
678248.jhtml，2019年8月8日。

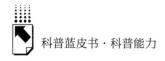

但专职人员队伍规模较小，且人才流失问题比较明显，此外科普兼职人员队伍建设也存在较大提升空间。

从科普经费来看，8家非国有科学技术类博物馆中政府拨款仅占年度收入的1/3左右，但所获捐赠占比远高于全国科普统计调查的整体水平。多数被调查博物馆认为，当前无论购买还是租赁场地，费用成本都非常高昂。

从科普服务能力来看，非国有科学技术类博物馆建设尚处于起步阶段，是我国国有博物馆的有效补充。私人经营博物馆创办者不少是精力、财力有限的收藏家，因此这些有限的民间支持和创办者个人靠自身的努力很难将科普服务能力提升到一个非常高的水平，因此整体而言运营能力较弱。

从科普活动开展来看，非国有科学技术类博物馆的业务类型与全国科普统计调查结果类似；但在年均举办活动次数上与全国科普统计水平相比存在较大差距。科普活动的举办形式以及频次受资金、人员、地域等多种因素影响。此外，非国有科学技术类博物馆与国有性质同行的合作与交流也比较有限。

从科普传媒渠道来看，部分非国有科学技术类博物馆在创建科普网站和创办微信公众号的传媒形式上较为活跃，但整体而言在内容建设规模上与全国水平相比还存在一定差距。

从对发展前景的预期来看，多数被调查对象认为，非国有博物馆是我国经济社会持续稳定发展大背景下公民文化需求增长的必然结果，具有不同领域科学文化普及的鲜明特色，工作开展形式比较灵活机动，是促进我国科学文化大发展、建立和谐社会的一支重要力量，未来具有较为广阔的发展前景。

三 "十二五"以来我国青少年科技馆站的发展

青少年科技馆站是指专门用于开展面向青少年科普宣传教育的活动场所，通常以青少年科技馆、科技中心、活动中心等命名。以下对建筑面积在

500 平方米及以上青少年科技馆站的整体情况进行分析。2014 年全国科普统计调查首次将青少年科技馆站的展厅面积、免费开放天数、年度参观人次等相关指标纳入统计范围，因此，针对这部分指标主要开展 2014～2017 年的情况分析。

（一）资源建设

1. 场地建设

（1）数量规模

2011～2017 年全国青少年科技馆站数量呈下降态势，2011 年为 705 家，到 2017 年为 549 家。从地区分布来看，2011～2015 年东部地区数量一度达到全国规模的 42%，但 2016～2017 年连续被西部地区超过；中部地区数量规模变化比较平稳，处于全国规模的 27%～32%；西部地区占比呈"先抑后扬"态势，2017 年占比达到 39%（见图 51）。

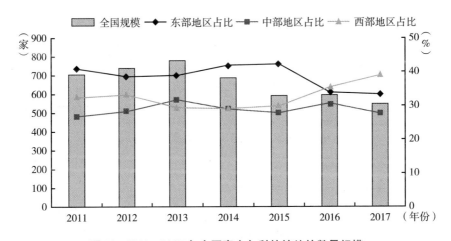

图 51　2011～2017 年全国青少年科技馆站的数量规模

（2）展厅面积

从展厅面积来看，2014～2017 年全国整体水平呈下降趋势，2017 年为最低值 44.69 万平方米。从不同地区来看，东部地区展厅面积约占全国展厅面积的 40%～50%，在三个地区中规模最大；中部地区展厅面积约占全国展厅面积的 20% ~ 27%；西部地区展厅面积约占全国展厅面积的 20% ~ 38%，在 2015 年后呈上升趋势，超过中部地区，并在 2017 年和东部地区水平持平（见图 52）。

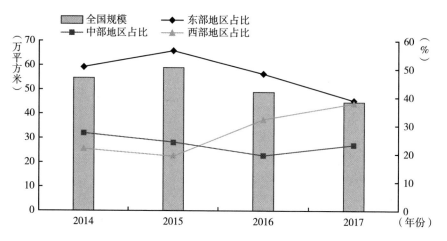

图 52　2014 ~ 2017 年全国青少年科技馆站展厅面积

2. 人力资源

全国青少年科技馆站的科普从业人员包括专职人员和兼职人员，2011 ~ 2017 年全国青少年科技馆站科普从业人员规模小幅缩减，2012 年最高超过 10 万人，到 2017 年回落至 7 万余人。从地区情况看，2011 年东部地区和中部地区几乎处于同一起跑线上，到 2017 年东部地区占比已经达到中部地区的 2 倍；西部地区占比整体处于上升态势，在 2013 年有小幅回落，但 2017 年已达到全国规模的 30%（见图 53）。

2011 ~ 2017 年我国青少年科技馆站科普专职人员数量基本保持稳定，2011 年规模为 9763 人，2017 年规模为 8984 人。其间，各地区占比情况均波动变化较大，东部地区从 30% 升至 46%，西部地区从 25% 升至 33%，中部地区从 45% 降至 20%（见图 54）。

2011 ~ 2017 年我国青少年科技馆站科普专职人员构成显示，各年度中级职称及以上或本科及以上学历人员的占比基本在 60% ~ 65% 浮动，规模比较稳定。随着各地区对科普工作的重视和大众科普意识的增强，科普创

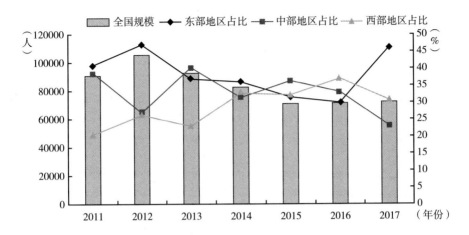

图53 2011~2017年全国青少年科技馆站人力资源情况

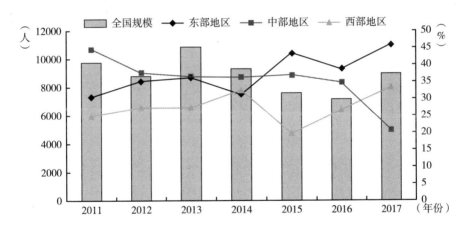

图54 2011~2017年全国青少年科技馆站科普专职人员的区域占比情况

作人员比例也在逐年上升,2011年占比为6.77%,2017年达到9.78%(见图55)。

3. 经费筹集

2011~2017年我国青少年科技馆站的经费筹集规模在3.5亿~5.8亿元,呈现下降上升再下降上升的态势。从不同地区的情况来看,东部地区表现较好,各年均占全国总规模的40%以上;中部地区和西部地区前6年占

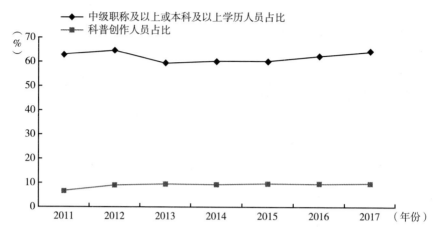

图55 2011～2017年全国青少年科技馆站科普专职人员构成

比持平，保持在10%～20%，2017年，西部地区反超东部地区和中部地区，占比达到46%左右（见图56）。

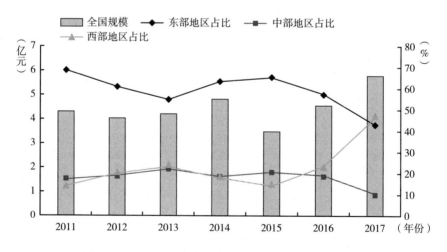

图56 2011～2017年全国青少年科技馆站经费筹集情况

2011～2017年全国人均拥有青少年科技馆站经费在0.26～0.42元，呈逐步上升趋势。东部地区人均经费在0.42～0.56元，各年的表现均高于全国平均水平；中部地区人均经费在0.14～0.22元，发展比较缓慢；西部地区人均经费在0.13～0.71元，2017年反超东部地区，涨势明显（见图57）。

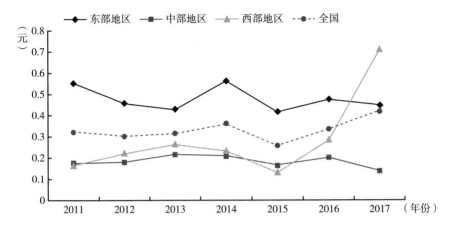

图57 2011～2017年全国人均拥有青少年科技馆站经费情况

我国青少年科技馆站经费主要来源包括政府拨款、社会捐赠、自筹资金以及其他渠道四类，其中政府拨款和自筹资金是两类主要的渠道。如图58所示，各年政府拨款占青少年科技馆站筹集经费总额的比例在69%～86%，呈整体上升趋势，自筹资金占比则呈整体下降趋势。这说明各地青少年科技馆站的经费来源主要依赖于政府拨款，自我造血能力不强。

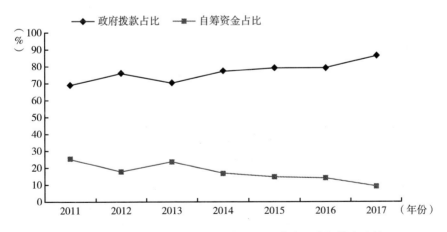

图58 2011～2017年全国青少年科技馆站经费主要来源的占比情况

如图59所示，东部地区2011～2016年政府拨款的经费投入均达到全国60%的水平，2017年时被西部地区超过；中部地区占比在10%～23%，到

2017 年稍有回落；西部地区前 6 年占比在 13% ~ 25%，但 2017 年时一跃反超东部地区，成占比首位。

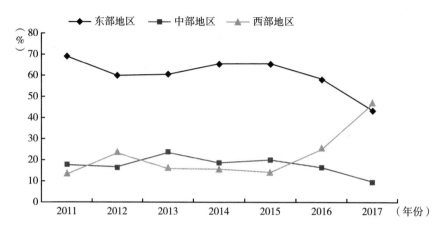

图 59　2011 ~ 2017 年全国青少年科技馆站政府拨款的区域占比情况

如图 60 所示，2011 ~ 2017 年东部地区自筹经费占比 2011 年一度达到全国自筹资金的 72%，这和东部地区经济水平较高、社会发展能力较强有关；2013 年和 2017 年西部地区青少年科技馆站自筹资金占比略超过东部地区；中部地区表现相对比较稳定，2012 年和 2016 年是两个高点，分别达到全国自筹资金的 25% 和 32%。

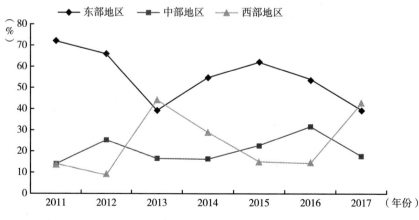

图 60　2011 ~ 2017 年全国青少年科技馆站自筹资金的区域占比情况

（二）业务开展

我国青少年科技馆站的业务开展情况，大致可以从科普活动的实施情况以及相关经费的使用情况两方面进行反映。

1. 科普活动

（1）免费开放情况

2014～2017 年全国青少年科技馆站年免费开放天数保持在 9 万～10 万天，表现比较平稳。其中，东部地区免费开放天数占比领先其他地区，2017年稍有回落也仍然达到 40% 以上；中部地区占比维持在 22%～28%，各年均落后于其他地区；西部地区呈逐年上升趋势，并在 2017 年达到 38%，接近东部地区水平（见图 61）。

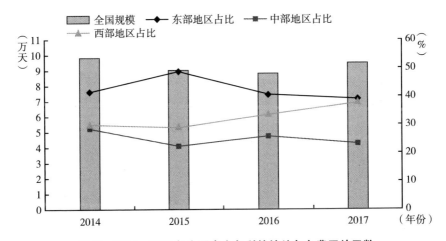

图 61 2014～2017 年全国青少年科技馆站年免费开放天数

（2）科普（技）讲座

2011～2017 年全国青少年科技馆站举办科普（技）讲座规模呈先升后降再升又降的态势，2017 年回升至约 1.77 万次。从不同地区的占比分布来看，东部地区领先其他两个地区，2015 年更是占到 59%；中部地区整体呈现下降态势，2011 年占比为 34%，2017 年占比为 23%，西部地区自 2016 年开始举办科普（技）讲座的能力增强，当年全国占比达到约 40%（见图 62）。

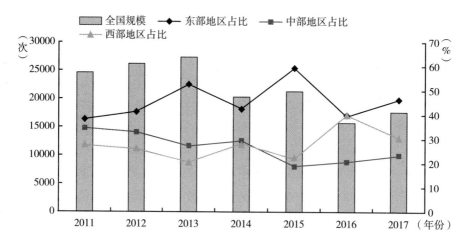

图62　2011～2017年全国青少年科技馆站举办科普（技）讲座情况

（3）科普专题展览

2011～2017年全国青少年科技馆站举办科普专题展览情况呈现总体下降趋势，2014年达到高点，为8502次，2017年降至5087次。在不同地区的占比表现中，东部地区整体高于其他地区，2015年占比超过50%；中部地区2012年达到44%，随后持续下滑，至2016年略有回升；西部地区各年度占比维持在20%～39%，2015年后超过中部地区（见图63）。

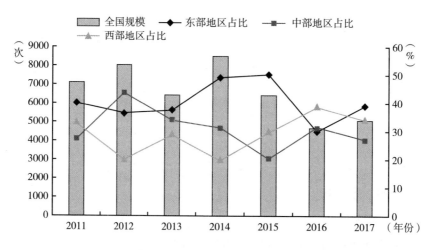

图63　2011～2017年全国青少年科技馆站举办科普专题展览情况

（4）科普（技）竞赛

2011～2017年全国青少年科技馆站举办科普（技）竞赛次数呈现整体下降趋势，2011年为4747次，2017年下降至2826次。不同地区的占比表现中，东部地区远高于其他地区，各年均超过50%；中部地区呈现先升后降又升的趋势，2012年表现最好，占到全国30%；西部地区呈现先降后升再降再升的态势，7年间在12%～23%波动（见图64）。

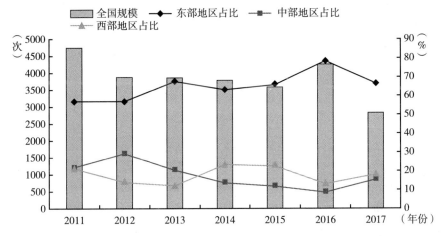

图64　2011～2017年全国青少年科技馆站举办科普（技）竞赛情况

2. 经费使用

科普经费使用情况一定程度上可以反映青少年科技馆站的建设重点所在。2011～2017年全国青少年科技馆站科普经费支出规模大致呈现上升趋势，2014年达到峰值6.9亿元。其中，东部地区的占比较高，仅在2017年稍落后于西部地区，其余年份均超过50%，2015年达到高点67%；中部地区呈平稳下降趋势，2011年经费使用额占全国规模的25%，至2017年下降至11%；西部地区在2016年之前使用情况均低于其他地区，随后持续上升，至2017年占全国规模的47%，超过东部地区（见图65）。

2011～2017年全国青少年科技馆站经费使用主要由科普活动经费和场馆基建经费两大部分构成。各年度两类经费支出总和基本占到经费使用总额的75%以上，2014年最高，达到86%左右。其中，科普活动经费支出的占

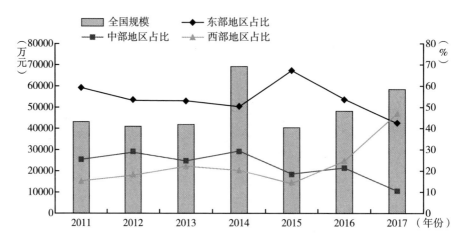

图 65　2011～2017 年全国青少年科技馆站科普经费使用情况

比在 2014 年和 2017 年较低，分别为 32% 和 33%，整体呈下降趋势；与之相反的是，场馆基建经费支出的占比在 2014 年和 2017 年达到高点，分别为 54% 和 52%（见图 66）。

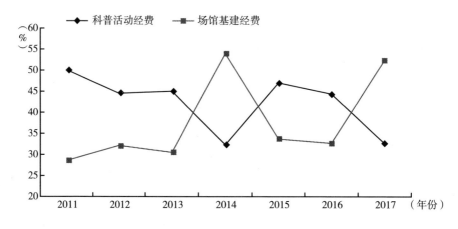

图 66　2011～2017 年全国青少年科技馆站经费使用主要构成的占比

（三）运行效果

青少年科技馆站的业务开展包括了一般性展陈、科技讲座、专题性展览、科技竞赛、科技活动周等不同部分。

1. 一般性展陈

如图 67 所示，2014～2017 年全国青少年科技馆站年度参观人次总体呈现下降态势，2014 年参观人次约为 1341 万人次，2017 年参观人次约为 1151 万人次。从不同地区表现来看，2014～2016 年东部地区占总参观人次的比例约为 58%，2017 年略有下降；中部地区的占比在 13%～22% 波动；西部地区整体呈上升趋势，2017 年升至约 35%，与东部地区的差距在逐渐拉近。

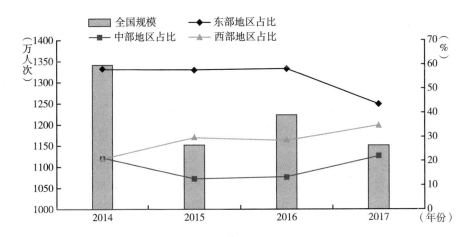

图 67　2014～2017 年全国青少年科技馆站年度参观人次

2. 专题活动

（1）科普（技）讲座

2011～2017 年全国青少年科技馆站科普（技）讲座参加人次如图 68 所示。从全国范围来看，2011 年和 2016 年是两个高点，均达到 720 万人次以上，其余年份则呈下降态势。从不同地区占比来看，东部地区整体表现优于其他地区，仅在 2016 年下降至 25%，被西部地区超过；中部地区在 2016 年之前呈下降趋势，2017 年增长至 26%；西部地区在 2016 年到达高点，约占全国水平的 60%，其余年份在 20%～35% 波动。

（2）科普专题性展览

2011～2017 年全国青少年科技馆站科普专题展览参观人次整体波动较

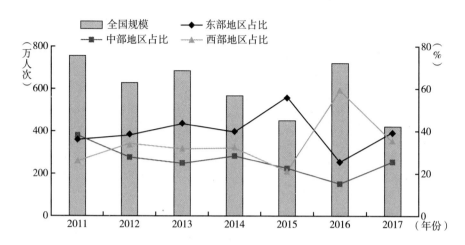

图 68   2011~2017 年全国青少年科技馆站科普（技）讲座参加人次

大并呈下降趋势（如图 69），高点在 2015 年（1121 万人次），低点在 2016 年（368 万人次）。东部地区在全国的占比于 2015 年达到高点（73%），其他年份在 27%~44%；中部地区和西部地区大致呈现先降低后上升的趋势，同在 2015 年降至低点 13% 左右。

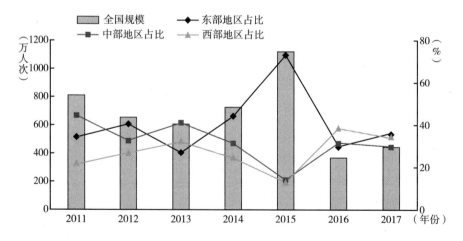

图 69   2011~2017 年全国青少年科技馆站科普专题展览参观人次

（3）科普（技）竞赛

如图 70 所示，2011~2017 年我国青少年科技馆站科普（技）竞赛参加人次整体呈现下降的态势，2011年最高约为599万人次。东部地区7年来一直领先其他地区，并呈上升态势；中部地区和西部地区占比情况较为接近，分别处于7%~29%和13%~22%，2014年以后西部地区表现略高于中部地区。

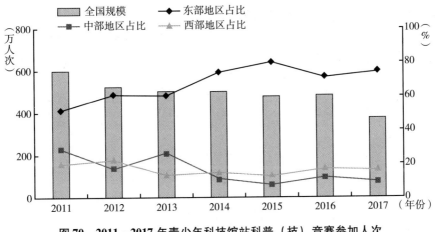

图70　2011~2017年青少年科技馆站科普（技）竞赛参加人次

四　"十二五"以来我国其他公共场所科普宣传设施的发展

其他公共场所科普宣传设施是指城市社区专用科普（技）活动室、农村科普（技）活动场地、科普宣传用车、科普画廊。以下从设施规模方面，对我国其他公共场所科普宣传设施的整体情况进行分析。

（一）城市社区专用科普（技）活动室

城市社区专用科普（技）活动室指在城市社区建立的，专门用于社区开展科普（技）活动的场所。2011~2017年我国城市社区专用科普（技）活动室总体变化幅度不大，各年都在7万~9万个。从不同地区占比来看，东部地区7年来一直领先其他地区，并呈平稳发展态势，各年占比处于47%~53%；中部地区表现略高于西部地区，各年占比处于24%~31%；西部地区占比最少，处于21%~23%（见图71）。

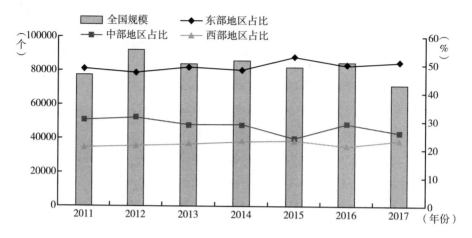

图71　2011～2017年城市社区专用科普（技）活动室数量规模

（二）农村科普（技）活动场地

农村科普（技）活动场地指各类专门开展科普（技）活动的农村科技大院、农村科技活动中心（站）和农村科技活动室等。我国农村科普（技）活动场地数量总体变化呈现先上升后下降的趋势，2012年达到高点52万个。从不同地区占比来看，东部地区整体优于其他地区，仅在2017年被中部地区反超；中部地区呈"先抑后扬"态势，2015年后逐年上升，2017年升至40%，超过东部地区；西部地区变化比较平稳，基本处于23%～28%（见图72）。

（三）科普宣传用车

科普宣传专用车主要包括科普大篷车、科普放映车、科普宣传车等专用于科普服务的流动设施。我国科普宣传用车数量在2012年达到高点2341辆后，呈略微下降趋势，2017年降至1694辆。从不同地区占比来看，东部地区和西部地区数量占比均优于中部地区。2016年西部地区占比达到全国的50%，并在2015年、2016年连续两年占比超过东部地区（见图73）。

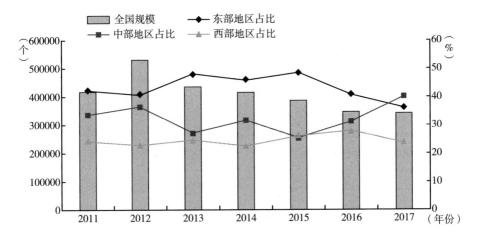

图72　2011~2017年农村科普（技）活动场地数量规模

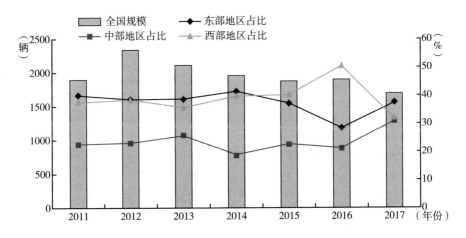

图73　2011~2017年科普宣传用车数量规模

（四）科普画廊

科普画廊，指固定用于向社会公众宣传科普知识，长10米以上的橱窗。2011~2017年我国科普画廊数量总体变化呈现略微下降的趋势，2012年达到高点25万个左右，2017年降至17.5万个。从不同地区占比来看，东部地区科普画廊数量占比均优于其他地区，并呈现上升的趋势；中部地区

2011年占比30%，随后整体有所下降，至2016年有略微回升；西部地区呈平稳上升态势，2011年占比17%，2017年升至21%（见图74）。

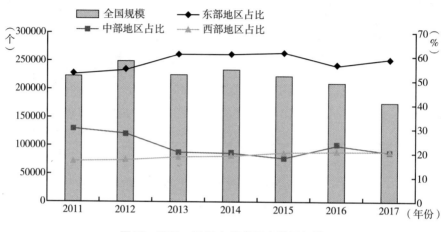

图74　2011～2017年科普画廊数量规模

五　结论与建议

（一）我国科普基础设施建设总体形势与面临问题

科普基础设施作为国家公共服务体系的重要组成部分，在我国科学技术普及工作中发挥着重要的载体作用，是国家、地区、城市经济和社会发展的基础支撑之一。"十二五"以来我国科普基础设施建设事业整体呈现不断发展的态势，部分工作处于较快的发展阶段。

1.科普基础设施建设整体政策环境不断改善

近年来，我国先后出台《全民科学素质行动计划纲要（2006～2010～2020年）》《科普基础设施工程实施方案（2011～2015年）》《全民科学素质行动计划纲要实施方案（2016～2020年）》《"十三五"国家科普和创新文化建设规划》等多项与科普基础设施建设相关的政策。这些措施为"十二五"以来我国科学技术普及工作整体上营造了良好环境，也使我国科普基础设施建设从发展理念、发展目标、实施步伐以及支撑条件等方面形成了较为系统的布局。

2.科普基础设施建设总体呈现向好态势且格局有所调整

"十二五"以来全国科技馆、科学技术类博物馆、青少年科技馆站三类主要场馆的建设总体呈现向好态势。三类主要场馆开展的科普（技）讲座、科普专题展览等业务活动处于相对比较稳定的状态。在人均科普使用经费等效率类指标的表现上，科技馆、科学技术类博物馆整体上保持增长。这表明我国科普基础设施建设整体处于稳中上升时期，"硬件"投入较为平稳，"软件"占比持续提升，且工作重心正逐步从设施建设向业务能力提升转移。

3.东部地区"领头羊"作用明显，西部地区后发"优势"显现

"十二五"以来我国科普基础设施建设中，京津冀、长三角、珠三角所在的东部地区表现整体优于中部地区和西部地区，多项指标领先优势明显。东部地区更强调业务开展能力建设，中部、西部地区则继续大力强化业务支撑能力建设。同时，西部地区近年也大力开展科普基础设施建设，多项指标保持了增长势头，与"十二五"初期相比有了较大提升，和东部地区的差距在不断缩小。

4.科普工作的社会影响继续扩大

"十二五"以来科技馆、科学技术类博物馆举办科普讲座、专题展览以及科普竞赛等活动的参与人数大体呈现上升态势。第十次中国公民科学素质调查显示，2017年公众参观科技馆等科技类场馆的比例达到31.9%[1]。这表明，近年来我国科普基础设施建设的社会影响持续扩大，成效比较显著。

但同时需要注意，当前我国科普基础设施建设中仍然存在一些问题。一是科普基础设施建设力度仍有待加强。例如，全国科技馆的现有数量规模与国家预期目标差距较大；二是区域发展非均衡性问题依然突出。东、中、西三大地区之间存在较大差异的基本形态并未得到显著改善；三是基层科普基

---

[1] Institute of Museum and Library Services：Museum Data Files，November，2018.

础设施的效能尚未充分发挥。相当一部分区县级科普基础设施的业务能力、服务能力和筹资能力比较薄弱；四是部分科普业务发展缓慢，工作模式比较单一，科普活动内容及表现形式与社会发展的贴近度有待改善；五是民间力量发挥的作用非常有限，民办科普基础设施社会性功能比较薄弱，部分场馆面临着资金来源不稳定而使发展难以为继的困境。

（二）未来发展建议

"常制不可以待变化，一涂不可以应万方"。我国科普基础设施建设要实现国家预定的发展目标，只有根据环境、条件、问题的变化打破惯性思维，才能形成有效的资源供给能力和强大的服务能力。建议未来工作可考虑从以下方面推进。

1. 开展我国科普基础设施体系建设的整体规划与部署

我国首先应开展面向 2020 年以后科普基础设施体系建设的中长期规划与部署，以形成未来 5~10 年全国范围内各层级工作的方向指引。总体上要适应我国在新的发展时期人民对美好生活日益广泛的需要。其次，要明确发展宗旨、总体和阶段性目标、重大任务布局等。再次，要着力解决区域发展不平衡不充分的问题。最后，各地区发展路径选择上需要因地制宜，在不偏离国家目标方向的原则下，通过不同路径探索，多层次、分阶段统筹和部署区域体系的建设任务。

2. 国家继续加强对科普基础设施建设的支持力度

通过科学技术普及等社会支持来保证"民生"、促进"民富"、实现"民谐"是我国一项长期而艰巨的任务。因此，未来科普基础设施建设还需要在国家的大力支持下进行层层推进。这种支持既要体现在资金支持方面，还要体现在相关公共部门的具体业务工作中。各部门需要从各自的工作出发，通过策略、方法、机制、行动等各类鼓励性手段来调动社会各方科普基础设施建设的积极性。此外，科协、教育部门等优势部门要以强带弱，通过联合推进等方式，帮扶弱势部门提升能力。

3. 与时俱进部署科普基础设施建设重点

未来科普基础设施建设在立足"固定馆舍 + 流动服务设施 + 自助服务设施"的多业态体系下，应实现科普服务对物理空间、虚拟空间和社会需求的全面覆盖。第一，科普工作的内容要不断拓宽，除传统科学观念与方法的传播外，要着眼生态环境、卫生健康、食品安全等民生关注热点和生物、人工智能、材料等前沿领域发展；第二，科普服务工作功能要不断进化，从"以物为本"向"物人并举"转变；第三，工作形式要随着公众需求方式和兴趣的变化而进行调整，展教资源的组织、内容表征以及展陈方式需更具有丰富度和动态适应性；第四，未来应将县（区）级科普基础设施建设作为国家大力发展的重点，强化县（区、镇、村）级基层科普设施的整合性建设；第五，进一步强化资源的共建、共知与共享工作，让科普资源更有序、充分地流动。

4. 提高科普基础设施建设中公共投资的引致效应

提高公共投资的引致效应，对于吸引"制度外"的社会要素流入和改善公共产品和服务的提供具有重要作用。具体操作中，可以考虑将财政经费主要投入于科普基础设施的硬件建设，而社会资金则主要用于各类科普业务的开展，以文化行业、旅游行业、教育行业、自然资源行业作为突破口，鼓励这些行业和部门的企业、社会团体、社会个人共同参与，为科普基础设施建设提供多元化力量。

5. 中部地区要更加积极地推进科普基础设施建设工作

科普基础设施是地方公共服务体系的重要组成部分，要切实落实好习近平总书记在 2019 年 5 月对做好中部地区崛起工作提出的 8 点意见。中部地区地方政府必须在本地区建设中发挥更加积极的主导作用，对包括科普场馆建设规模、布局安排、经费分配、业务构成、人才队伍支撑等有针对性地进行规划设计，并加大建设力度，以科技和科普双翼共展来满足未来中部地区产业创新、城镇化发展以及社会可持续发展的需要。

6. 加强人才队伍建设工作

人才队伍建设是未来我国科普基础设施建设中需要长期努力的方向。得人之要，必广其途以储之。相关建设部门和单位应本着"引进来、走出去"的思路，建立一套完善的科普人才培养、引进、培训、交流、考核、晋升机制，使外部优秀人才能够引进来，同时自身的高水平专家也能够走出去，由此将各建设单位乃至全国整体科普工作推向新的发展高度。

7. 强化民间科普基础设施的能力建设

我国民间科普基础设施建设要实现提升，还需要从以下方面来努力。一是建设单位要不断扩大科普兼职人员的人员规模，并加强其能力培养；二是民间建设单位在利用多样化科普传媒手段开展业务的同时，也要致力于提高资源的利用效率；三是以积极姿态广泛寻求合作，与业务链上下游建立紧密合作关系并不断增加合作深度；四是国家及地方政府对于非国有科技博物馆发展等的支持政策出台以后，管理部门要通过具体的机制安排来跟进，防止执行不到位的情况出现。

8. 建立以成果为导向的科普基础设施建设公共资源配置模式

建立包含目标、预期成果、成果指标、产出四个要素，以成果为导向的科普基础设施资源配置模式。目标作为指南，设定中长期愿景；预期成果则清晰反映工作周期内的当期成果；成果指标明确界定衡量成果的实现程度；产出反映执行中开展的具体活动。基于这样的机制，我国科普基础设施建设将不局限于仅考虑于办什么事和事情如何办，还必须考虑形成什么成果和产生什么成效。由此，科普基础设施建设管理部门和执行部门才能实现使命职责、预期成果、工作方案和资源需求的有机结合。

B.3
科普研学的现状及模式研究

严俊 何丹 潘锐焕 袁汝兵 宸铁梅 侯俊琳*

摘　要： 本研究剖析了科普研学的内涵与属性、现状及需求，对科普研学模式进行了比较分析，得出如下启示与建议：（1）加强政策引导，建立多部门联合协作的工作机制；（2）推动完善科普研学资源共享的深度合作机制；（3）建立科普研学综合服务平台；（4）加强中小学研学基地、营地的建设，创建一批以科学家精神为核心的教育纪念馆（厅）；（5）注重推行典范引领，形成有代表性、示范性的科普研学旅行线路。

关键词： 科普研学　研学旅行　研学基地

一　引言

随着教育部等 11 部门《关于推进中小学生研学旅行的意见》政策的出台，研学教育市场也愈加蓬勃发展。科普研学是研学旅行繁荣发展下的一种新的科普形式和重要组成部分。2018 年，首届中国科普研学论坛在北京召

---

* 严俊，民主与科学杂志社高级经济师，研究方向：科普能力建设、科普研学、科技传媒；何丹，北京市科学技术情报研究所研究员，研究方向：科技场馆、科技传播；潘锐焕，北京市科学技术情报研究所助理研究员，研究方向：科技传播、科普研究；袁汝兵，北京市科学技术情报研究所副研究员，研究方向：科技政策、科学史；宸铁梅，北京市科学技术情报研究所研究员，研究方向：科技信息研究；侯俊琳，中国科技出版传媒股份有限公司编审，研究方向：科学传播、科普出版。

开，探讨"科技创新资源向科普研学资源的转化"，同时科普研学联盟成立，众多高校、科研院所、科技馆、科普相关企业、研学旅行社、博物馆及科普基地加入联盟。2019年，第二届中国科普研学论坛以"科普研学发展和创新"为主题。在昆明召开，还有各种研学旅行研讨会层出不穷。科普研学逐渐兴起，是科普工作对素质教育和研学教育市场需求的积极响应，也是科普工作创新发展的体现。

研学旅行对科普工作的促进作用主要表现在以下三个方面：

第一，研学旅行有利于进一步发挥科普工作的科学教育功能。科普场馆作为研学旅行目的地之一，可以进一步促进馆校之间的联系，其特有的科学教育功能可以与中小学课程进行有效衔接，采用互动体验的形式可以让中小学生更好地接触科学、了解科学，让科普场馆发挥科学教育功能。

第二，研学旅行为科普工作带来更大的生机与活力。研学旅行为科技馆打开了一片更为广阔的天地与市场，以往的科技馆建成后面向的主要对象集中于本地市民，而研学旅行的形式给科技馆的空间延伸起到积极的促进作用，使地域间交流沟通更为紧密，更多的观众参与可以给科技馆带来更大的生机与活力。

第三，科普工作与研学旅行是"馆校结合"科学教育的一种创新发展。首先，常规的馆校结合主要集中在同地区间，如本市内馆与校之间的结合来开展科学教育，研学旅行的形式打破了地域的限制，馆校结合不再局限于本地区之间，而是向全国各地延伸，特别是科普教育资源丰富的一线发达城市；其次，科技馆也因为研学旅行使其场馆教育的发展赢得新的契机，科技馆与研学旅行两者是相互促进、共同发展的关系。

二　科普研学的内涵与属性

（一）科普研学的内涵界定

科普研学一词在2018年大量出现，但目前对科普研学还没有形成一致的认识，也没有明确的界定。

在政策层面，教育部等 11 部门发布的《关于推进中小学生研学旅行的意见》提出，主动依靠自然和文化遗产资源、红色教育资源及综合实践基地、高校和科研机构，建设一大批中小学生研学旅行基地，各基地针对性地开发自然类、历史类、体验类等多种类型的活动课程。这是科普研学开展的政策基础。黑龙江省和温州市的《关于推进中小学生研学旅行的意见》提出了将科普研学作为研学旅行的主要类型之一，海南省更明确提出要把科技馆作为科普研学基地，四川省提倡中小学生要有科普研学理念。

学术研究层面，朱才毅、周静①认为科普研学专指以科普为主题的探究性学习活动。科普教育基地应根据小学、初中、高中不同学段的课程设置，利用自身科普教育资源，开发系列科普活动教案，设计科普研学旅行路线，让学生在动手体验、互动交流中学习科学知识，探究科学原理提升青少年学生的科学素养，服务创新驱动发展。江苏省科技馆副馆长曾川宁表示科普研学是以青少年为主要对象，是科学普及类研究学习活动，是面向青少年的科学传播和科学教育的新方法和新模式，已经成为教育改革和科普创新的有效形式。尹玉洁②认为，如果学生在开展的研学旅行中学习到科学精神、科学思想、科学方法、科学知识，那么这样的研学旅行就可以称之为科普研学。

中国科协科普部副部长钱岩在第一届中国科普研学论坛上指出，科普研学是面向青少年的科学传播和科学教育的新方法和新模式。开展科学普及的研学旅行，有利于培养青少年的科学兴趣，促进书本知识和科学实践活动的深度融合，有助于提升孩子们的创新积极性和动手能力。探索面向提升青少年科学素养的科普研学的有益模式，支持科研院所、高等院校、高新企业的科技专家成为科普研学导师；呼吁更多的高校和科研院所向青少年开放，设

---

① 朱才毅、周静：《科普研学服务粤港澳大湾区建设》，《中国高新科技》2019 年第 11 期，第 113～115 页。

② 尹玉洁：《与教材结合的科普研学课程设计——以"生物进化的历程"为例》，《科普研学发展的融合与创新　第二届中国科普研学论坛论文选集》，中国科普研学联盟，2019，第 18～24 页。

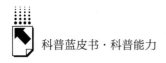

计开发优质科普研学课程；在科普研学活动中，不仅注重传授科学知识，更要传播科学精神和培养青少年的科学志向。

从研学旅行视角来看，研学旅行基地的主要组成是自然资源、高等院校、科研机构和综合实践基地等科普机构。科技类研学课程是六大类研学旅行活动课程的主要组成部分。研学旅行是综合实践活动的主要形式，科普研学是研学旅行的核心主题。自2017年5月1日起实施的《研学旅行服务规范》（LB/T 054-2016）行业标准，研学旅行的主要类型是知识科普型，知识科普型研学旅行即是"科普研学"。

从综合实践活动的视角来看，科普研学活动类型包括考察探究（原研究性学习，2000）活动、设计制作活动及职业体验等，包含内容有野外考察、社会调查、实验研究、研学旅行以及动漫制作、编程、机器人、动手制作、创客、STEAM、场馆教育、基地教育等多种活动形式。

从科普工作的角度，科普教育的重要形式是研学，是科普工作的主要内容。

综上所述，现阶段，科普研学主要是指科普机构基于自身科普资源，开展科技研学教育，参与研学旅行，服务青少年科学素质培养的一种形式。科普研学的服务对象主要是中小学生；科普研学的载体是研学活动，可以是科技考察、野外考察、实验研究、社会考察等；研学活动实施依据是研学课程；科普研学场所包括科技馆、科技类博物馆、科研机构、高等院校、综合实践基地、科技企业等。

（二）科普研学的属性及特点

科普研学具有科技教育和科技传播双重属性；本质是教育（对于学生是学习）；面向主体是中小学生；科学技术是内容；探究是方式和手段；科普是表现。具体科普研学活动包括研学的组织及管理、课程的开发、活动的开展评估等关键环节。

在实践层面，科普相关组织和机构为适应和满足当前研学需求而开展科普研学基地建设、课程、产品开发和活动。科普研学实施应包含科普研学基地、中小学生、科普研学活动课程和科普研学导师四个基本关键条件。研学教育为科普行业带来了新的机遇同时也对其提出了新的要求。从终生教育和全民教育、学习型社会以及教育从传统教育向全面素质教育发展的大趋势下，研学这一方式在科普工作中的重要性愈加明显。

（1）科普研学的属性

第一，科普研学是素质教育。科普是全民教育体系中的重要组成部分，是非正规教育中有活力的主要部分，提高全民科学素质是科普工作所追求的主要目的。科普研学是全民科学素质建设，特别是青少年科学素质教育的主要手段和方式。

第二，科普研学是科学传播。研学旅行课程可分为自然类、科技类、人文类和地理类等，科普内容几乎涵盖所有课程类型。科普研学的过程本身就是科技传播、科技普及的过程。当代科学传播，更加强调传播主体和受众的平等交流和对话，鼓励受众积极参与科学传播。这一思想与研学思想相一致。科普研学与研学旅行在这一方面相重合。

第三，科普研学是主题旅行。从形式上看，科普研学旅行是集体旅行、集中的食宿，在旅行时学习研究。相较于校内活动，研学旅行是校外实践活动。科普机构是由研学旅行的活动基地组成。科普研学是研学旅行的主题之一，科普研学以科技研学为主题，并已经纳入了中小学教学计划。活动组织方来审定确认科普研学线路、内容和效果评价，研学导师来组织实行科普研学课程。

第四，科普研学是活动课程。研学旅行是教育部等 11 部门联合发起的一种新型的中小学生实践活动，是纳入考察探究类的综合实践活动。科普研学首先是教学行为，活动课程才是核心。科普研学从狭义上讲是研学旅行的主要形式，不仅是活动课程，也是校外科学学习的重要形式。课程的决定因素是科普研学质量，科普研学课程遵守研学规律，在目标、设计、内容、实施与评价 5 个方面都要遵守。要以学生为中心，活动课程的设计和开发着重从学生的真正生活和需要出发，重视学生的真实体验和主动实践，培养学生的综合素质。科普研学是开放性的科学学习，应集中在发展科学兴趣、理解科学知识、从事科学推理、参与科学实践等方面。

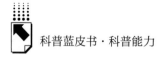

（2）科普研学的特点

科普工作主要包含科学教育、科学普及和科技传播等。科普研学是科普工作的主要组成部分。由于科普工作的实施主体、科普内容和服务对象的广泛性，科普研学具有以下特点。

第一，科普研学供给主体多样。从事科普研学的机构包括科技馆、科技类博物馆等专业性科普机构，高校、科研院所、科技企业、社会教育机构、科普类企业、旅行社等，由于技术门槛比较低，除了相关企业拓展或转型开展科普研学活动，还有新的企业不断进入这一领域。

第二，科普研学产品类型繁多。科普是科技工作中的重要组成部分。科学技术的研究和开发内容繁多，科普研学的内容也就同样繁多。

第三，科普研学是科普和教育的联合。科普研学是三个服务，即科普资源服务于研学市场的需求；科普基础设施服务于科普研学的需求；科普教育服务于青少年素质提高。科普研学是四个结合，（1）科普工作与科普研学工作的联合；（2）科普活动与科普研学教育的联合；（3）科普场馆与科普研学旅行的联合；（4）科普设计与科普研学课程的联合。

（三）科普研学的资源与分类

1. 科普研学的资源

（1）科普研学的内容资源

随着研学市场的发展，消费者逐渐从无目的到有目的地关注资源的选择。科普研学的内容对于科普研学的竞争力具有明显影响。随着科普研学的发展，研学主体从无目的地到有目的地关注资源的选择，从兴趣所致到预先规划；从关注有形资源到综合利用资源；从利用资源到引导中小学生主动探究学习。

40 家国家级营地开发 541 条线路，1123 门课程，其中科普研学主题为国防科工、科技类、自然类、地理类等。科普研学网 2018 年上线，并公布了爱上科学、探秘科技、超级工程等为主题的多条科普研学线路。营地点评网也提供一系列社会实践课程，如表 1 所示。

表 1　营地社会实践主要课程

课程活动类别	课程主题	能力成长
考查探究	全真课堂	国际化视野、创新思维、人际关系……
	名校参访	创新思维、目标养成、独立意识……
	自然探索	独立性、探险精神、安全意识……
	历史文化	家国情怀、传统文化、感恩养成……
	科学技术	实践能力、目标养成、STEAM……
	社会经济	财商管理、决策力、情商管理……
社会服务	心智才能	价值观、塑造世界观、自信力……
	背景提升	多元包容、创新思维、人际关系……
设计制作	手工工艺	动手能力、团队协作力、专注力……
	休闲娱乐	开阔视野、亲子关系、学会分享……
职业体验	艺术音美	艺术鉴赏、提升灵性、自我认知……
	户外体育	习惯养成、自然探索、环保意识……
	军事励志	意志力、行为习惯养成、品格养成……
	领袖成长	自我认知、自我管理、决策力……
	语言口才	现场表达、沟通能力、精神培养……
	少儿赛事	目标养成、个性塑造、国际视野……

资料来源：营地点评网，《全球研学绿皮书》。

（2）科普研学的场地资源

高校、科研院所、科普场馆、基地都是属于科普研学的场地资源。据教育部办公厅发布的"2018 年全国中小学生研学实践教育基地、营地名单"显示，377 个单位入选了"全国中小学生研学实践教育基地"，其中与科普相关的占比较大。目前，初步完成了覆盖全国的以营地为枢纽、基地为站点的互联互通网络布局，包括 40 家营地，581 家基地。

成都市成华区于 2019 年 1 月正式发布该区中小学生研学旅行版图，与四川科技馆、成都博物馆、大熊猫繁育基地、成都动物园、电子科技大学博物馆、成都拾野自然博物馆等 7 家机构签订馆校合作协议，打造首批"可行走的课堂"。

（3）科普研学的人力资源

科普研学导师能引导学生进行研究性学习，具备开发与选择课程资源的能力和资源转化能力，其中包括把科技资源转化为科普教育资源，科普教育

资源转化为科普研学课程资源；科普研学课程资源转化为研究性学习成果。随着科普研学的不断发展壮大，研学旅行的师资队伍应该提高准入门槛，逐步建立师资培训和资格认证系统。

为确保研学师资队伍和组织的建立，云南省科普教育基地联合会成立了专门的科普教育研究中心，专门聘请了云南大学、昆明理工大学和中科院昆明分院的教授和专家，建立了包括教授、博士、中小学资深教师在内的专业队伍，专业领域涉及教育、天文、地质、生态、植物、动物和传媒等学科，由这个团队负责定制式的研学课程开发和设计，以确保专业的水平。

2. 科普研学的分类

科普研学可以从不同的视角进行分类。

（1）按目标主题划分为自然科技类、工程技术类、社会科技类及综合类等。

（2）按组织者划分为两大类：一类由政府、科研院所、学校、校外教育单位等非营利性单位组织，这类研学旅行活动通常与学校的综合实践活动相结合，由学校教师带队参与活动；另一类由培训机构、文化公司、旅行社等营利性单位组织，更偏重个性化定制和用户体验。

（3）按活动地点划分为国内研学和境外游学。国内主要集中在自然资源丰富的有教育功能的旅游热门地区，以及高等院校、科研院所集中的地区。境外游学主要集中在美国、英国和日本等旅游热门国家和地区。

（4）按时间长短划分，大多数研学旅行活动时长 2 ~ 9 天，这种短期活动参加学生人数也最多，费用相对较低；10 天以上的研学旅行活动主要为境外研学旅行，参加的学生数量一般较少，费用较为昂贵。

（5）按研学深度划分，可以分为观展、参观、体验、探究考察、实验研究、设计制作等。

三　科普研学的需求分析

研究科普研学在各地区的发展现状，以及公众对科普研学的认识程度，设计模式、主题的偏好，可以更好地开展科普研学活动、满足公众教育需求，打下坚实基础，更有利于科普研学今后在教育市场的蓬勃发展。

本次研究对全国科普研学现状进行调查，主要采用了问卷调查法，针对家长、学生、单位三个主要群体发放问卷，定量分析全国科普研学开展现状以及各群体对科普研学的认识程度，使调查评估结果更加全面、贴近真实情况。此次问卷调查覆盖全国七大地理分区（华南、华东、华中、华北、东北、西南等），涉及 23 个省。问卷共发放 2305 份，其中研学机构组织管理部门 115 份，包括教育主管部门、学校、研学基地、旅行社、研学机构等科普研学组织和参与实施的单位；学生 1067 份，涵盖小学到高中各个年级，且具有代表性；家长 1123 份，涵盖各个职业、年龄段、省市地区，问卷回收率均为 100%。

根据学生、家长和组织单位对科普研学的需求调研、业内专家的指导意见，课题组设计了调查指标体系（见表 2）。

表 2 2019 年科普研学调研指标体系

一级指标	二级指标
课程研发与实施	主题内容
	线路(时长、时间)
	课程评价体系
目的地资源	教育基地
	研学营地
组织与实施(影响因素)	协调资源、旅行社资质、政府监管、出行安全、经费保障、研学导师效果评价、现场指导

问卷调查设计主要考察学生、家长和单位这三个群体对科普研学的认识、开展科普研学的意愿，以及对科普研学主题、时间、开展频率的偏好等，又分别针对不同群体的特征设置相应的问题，力求客观全面地调查科普研学发展现状。除此之外问卷中还包含一些受访者的基础信息，比如家长群体的职业、学历、子女就读年级段；学生群体的学校、年级、性别；单位群体的单位所属类型、单位规模、受访者担任职务等信息。

这样的设计有利于获得参与本次调查的受访群体的基本情况和更多交叉分析基础数据。

（一）教育主管部门、研学机构的需求

研究性学习是每个学生的必修课程。国务院《关于深化教育教学改革全面提高义务教育质量的意见》（2019 年）以及教育部等 11 部门《关于推进中小学生研学旅行的意见》（2016）、《中小学综合实践活动课程指导纲要》（2017）、《普通高中课程方案和语文等学科课程标准》（2017 年版）等政策的发布，标志着我国素质教育进入新的阶段。在教育层面，《中小学综合实践活动课程指导纲要》（2017），综合实践活动与学科课程设置在同等位置，甚至提升至国家义务教育及普通高中课程方案规定的必修课，把研学旅行归为考察探究活动的方式之一。《普通高中课程方案和语文等学科课程标准》（2017 年版）中要求综合性实践课程为 14 个学分，其中研究性学习要求 6 个学分，具体要求是完成 2 个课题研究或项目设计，以开展跨学科研究为首要目标，研究性学习与物理、外语等课程学分相同。这两个政策的出台使得研究性学习从选修变必修，从原来少数学生参与改成每个学生必学的课程。

综合实践活动课程应是从学生的真正生活和需求出发，把生活中发现的问题转变为活动主题，经过探究、体验等方式，培养青少年跨学科实践能力。在具体实施时，学校需要进行课程总体设计，配备教材、教师、设施等。近年来，北京市科学技术委员会支持北京市各学校根据自己特色开展科学实验室的建设，但仍然不能满足研究性学习活动需求。

素质教育全面发展促推研学市场快速增长。根据执惠探索文旅大消费研究院的测算，2019～2022 年，中国 3～16 岁的儿童、青少年人口将超过 2.3 亿，2022 年达到 2.34 亿，庞大的青少年群体支撑着我国研学行业的快速发展。在市场推动下，我国研学行业发展迅猛，研学旅行机构数量快速增长，据前瞻经济学人数据显示，2017 年约有 9000 家。国内研学旅行人数在 2018 年突破 400 万人次，市场规模达到 125 亿元，人均消费 3117 元，我国研学

旅行机构数量突破 12000 家。

在研学机构发展如此迅速的情况下，本次研究向 115 家单位发放了调查问卷，并根据调查结果从单位对科普研学的期望和评价两个方面进一步分析研学机构的需求现状。

本次问卷中共设有前沿科技、本地科技、基础科学、防灾减灾、国外科技五类科普研学活动主题，单位倾向选择的主题中排第一位的是"前沿科技：航空航天、信息技术、国防军事、生物医药、新材料等"，占 49.57%；排第二位的是"本地科技：本地区（省、市）自然历史、科学发明、科技成果、科学名人"，占 46.96%；排第三位的是"基础科学：数学、物理、化学、天文、地理、生物"，占 40.87%；排第四位的是"防灾减灾"，占 33.04%；排第五位的是"国外科技"，占 20.87%（见图 1）。

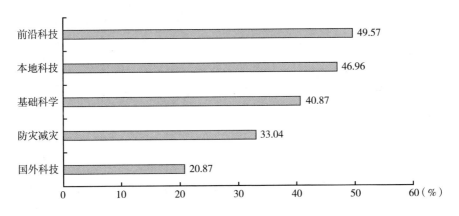

图 1　单位倾向选择的科普研学活动主题

在单位希望组织或参与的科普研学类型中，"展馆类占 74.78%：主要以知识普及类博物馆、科技馆为主"；"科研类占 46.09%：主要依托高科技企业、科研单位的实验室、生产工厂为载体"；"营地类占 41.74%：专门为科普研学建立的单一或综合主题的户外教育实践活动基地"；"景区类占 34.78%：主要是动物园、植物园、自然地质公园等"（见图 2）。

单位对组织或参加的科普研学活动效果评价中最多为"达到活动目的"，占 68.89%；18.89% 评价为"基本达到活动目的"；11.11% 评价为

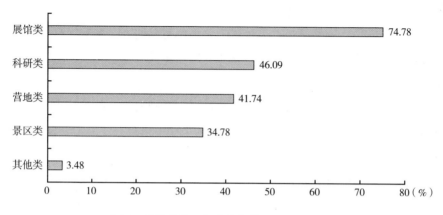

图2　单位希望组织或参与的科普研学类型

"超出预期"；剩余1.11%评价为"未达到活动目的"；没有受访群体认为活动"完全失败"。由此可以看出，科普研学举办方大多认为科普研学活动达到了预期目的。

进一步对单位属性与科普研学活动效果进行交叉分析发现，在受访单位中只有11.11%的中小学校认为科普研学活动未达到预期目的，受访研学营地均认为活动达到目的，并且只有11.11%的中小学校，10.53%的科技场馆，11.54%的科技/科普企业，11.43%的其他单位认为科普研学活动超出预期目的，其余大多单位均认为科普研学活动达到或基本达到预期目的。这表明目前供给方对于市场上提供的科普研学活动的评价一般，超出预期目的与没有达到预期目的的均较少（见图3）。

结合市场分析与问卷调查发现，目前研学市场发展迅速，研学机构数量飞速增长，但是质量却参差不齐，少部分研学机构认为科普研学活动效果超出预期，大多数研学供给方认为目前的科普研学活动只是能够达到或基本达到活动举办的目的，甚至部分研学机构认为活动没有达到目的。这表明科普研学仍处于发展初期，研学机构只是数量上的增多，质量上并没有大幅提高。同时，从科普研学活动类型的角度分析，单位更喜欢提供前沿科技、本地科技以及基础科学主体的科普研学，并且他们更倾向于选择在展馆、科研场所以及营地组织科普研学活动。

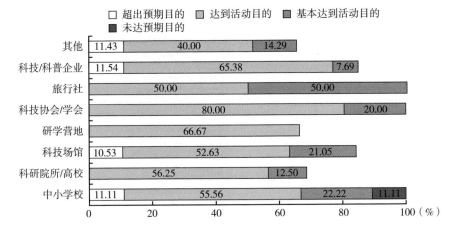

图3　单位属性与科普研学活动效果交叉分析

（二）学生和家长的需求

据教育部《2017 年全国教育事业发展统计公报》，我国普通初中在校学生人数达到 4442.06 万人，我国普通高中在校学生达到 2374.55 万人，我国普通小学在校学生达到 10093.70 万人。随着研究性学习成为必修课程，社会性研学教育在学校的渗透率会飞快提升。同时在我国《全民科学素质行动计划纲要（2006～2010～2020 年)》政策推动下，科普研学的市场飞速发展。但是，根据问卷调查结果分析学校所在地区与参加科普研学活动次数之间的关系发现，大部分省份中小学生参加科普研学次数在 3 次以下或者根本没有参加过，这表明多数中小学生都缺乏参与科普研学活动的机会，学生对科普研学的需求巨大（见图4）。

以下将结合 1067 份问卷，从学生对科普研学的认知情况和科普研学在学生群体中的普及情况两个方面对学生的需求现状进行具体分析。

据问卷统计结果来看，57.64% 的受访者对科普研学"一般了解"；27.18% 的受访者对科普研学"不了解"；8.53% 的受访者"没有听说过"科普研学；剩余 6.65% 的受访者对科普研学"非常了解"（见图5）。

同时，学生对科普研学的理解众多，77.13% 的受访者认为"科普研学

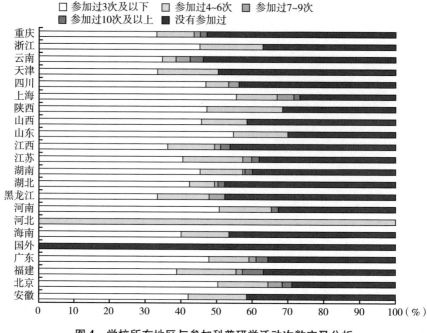

图4 学校所在地区与参加科普研学活动次数交叉分析

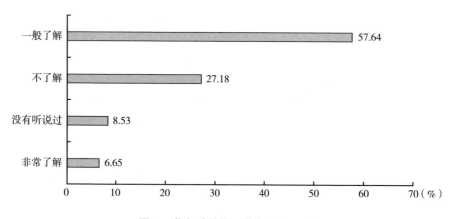

图5 学生对科普研学的了解程度

是通过外出参观、旅行、实践等活动方式来学习科技知识";73.29%的受访者认为"科普研学是一种重要的学习方式,会对我开阔眼界有益";71.70%的受访者认为"科普研学能丰富我的知识、提高解决实际问题的能力";

45.74%的受访者认为"科普研学会对我放松身心、增进同学间友谊有益"。（见图6）。

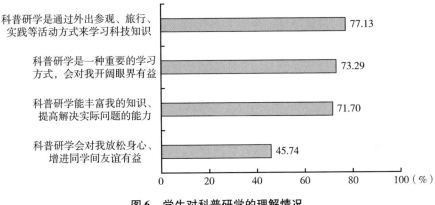

图6 学生对科普研学的理解情况

学生对科普研学内容主题的需求表现为，学生希望参加的五类科普研学活动主题中，排第一位的是"前沿科技：航空航天、信息技术、国防军事、生物医药、新材料等"，占65.42%；排第二位的是"基础科学：数学、物理、化学、天文、地理、生物"，占55.76%；排第三位的是"本地科技：本地区（国家、省、市）自然历史、科学发明、科技成果、科学名人"，占40.96%；排第四位的是"防灾减灾"，占38.52%；排第五位的是"国外科技"，占31.96%（见图7）。

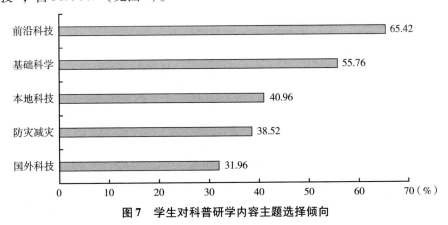

图7 学生对科普研学内容主题选择倾向

综上所述，目前中小学生对科普研学大多处于一般了解的阶段，且对科普研学的认同程度较高。这表明随着政策的推进，中小学生对科普研学已经有了一定的了解并且对科普研学十分认同，进一步说明学生对科普研学有巨大的需求，具体主要是对前沿科技、基础科学以及本地科技主题科普研学的需求。但是学生的信息来源大多还是学校以及互联网平台，表明旅行社等其他研学机构对科普研学活动的宣传力度较小，不足以满足目前学生的需求。

随着研学政策的逐步推进，家长对研学的认知进一步提高。受访者群体中，有83.88%的受访者通过互联网平台获取科普研学活动的信息；有78.18%的受访者通过学校途径获取科普研学活动的信息；有27.16%的受访者通过上级主管部门获取科普研学活动的信息；有13.54%的受访者通过旅行社获取科普研学活动的信息；有0.98%的受访者通过其他途径获取科普研学活动的信息（见图8）。

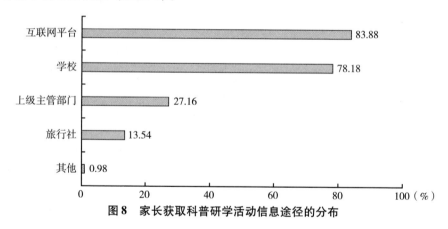

图8　家长获取科普研学活动信息途径的分布

从家长的角度，学生/孩子参加科普研学可以增进阅历、丰富知识、激发学习兴趣、提高独立思考能力等，是一种很好的促进孩子全面发展的活动（见图9）。

在受访群体中，有56.1%的受访者表示非常愿意让子女参加或再次参加科普研学，有39.18%的受访者表示愿意让子女参加或再次参加科普研学，有4.54%和0.18%的受访者表示让子女参加或再次参加科普研学的意愿为一般和不愿意（见图10）。

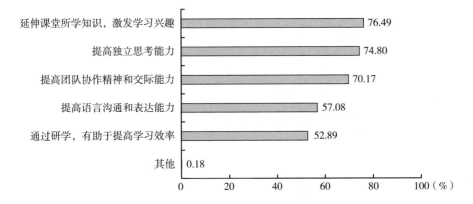

图9　家长希望子女通过科普研学提高的能力

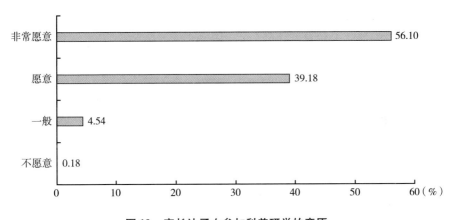

图10　家长让子女参加科普研学的意愿

家长群体中，有80.23%的受访者对知识普及类博物馆、科技馆的展馆类科普研学更感兴趣，63.13%的受访者对主要依托高科技企业、科研单位的实验室、生产工厂为载体的科研类科普研学感兴趣，59.66%的受访者对专门为科普研学建立的单一或综合主题的户外教育实践活动基地的营地类科普研学感兴趣，56.19%的受访者对动物园、植物园、自然地质公园类型的景区类科普研学感兴趣，0.27%的受访者对其他科普研学活动感兴趣，如团队合作科学小实验类活动（见图11）。

从需求端来看，研学旅行通过口口相传，在家长范围内不断传播，需求

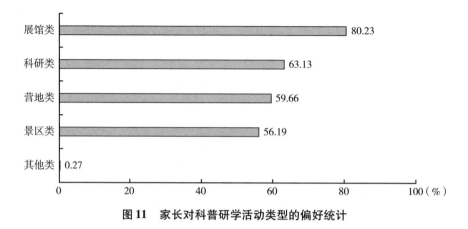

图11 家长对科普研学活动类型的偏好统计

量一年比一年高。在出台研学政策的省市地区，家长更倾向于让孩子参与研学旅行，携程游学平台总监贺静表示，在选择研学产品的时候，家长要尽量避免盲目跟风与追求名校，更多地应重视项目课程自身含金量。有些家长很重视研学实质内容，希望研学不是旅游产品换个包装和名字，或者加个讲座，而是纳入教学计划的课程。研学旅行的"研学导师"，除具备一定的活动组织能力外，还要具备教师资格证、心理学证书或者社工证，确保研学课程的专业品质。

（三）科普研学的影响因素

家长群体中，80.85%的受访者让子女参加科普研学活动时，考虑的因素包括研学课程、主题的专业性、趣味性，71.95%的受访者考虑安全与保障服务水平，65.36%的受访者考虑研学活动的师资力量、专业性、知名度，55.57%的受访者考虑研学线路设计的合理性，46.22%的受访者考虑交通、住宿、餐饮服务水平，34.64%的受访者考虑研学项目报价的高低（见图12）。

受访单位中，83.48%的受访者选择科普研学活动时考虑研学课程、主题的专业性、趣味性；54.78%的受访者考虑研学活动的师资力量、专业性、知名度；49.57%的受访者考虑研学线路设计的合理性；37.39%的受访者考虑安全与保障服务水平；25.22%的受访者考虑研学项目报价的高低；

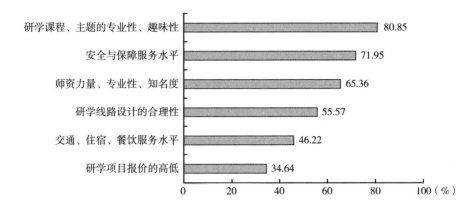

图 12　家长让子女参加科普研学活动的影响因素

20.00%的受访者考虑交通、住宿、餐饮服务水平；1.74%的受访者考虑研学活动的其他因素（见图 13）。

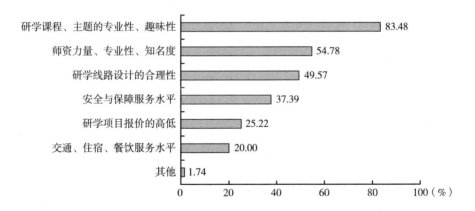

图 13　单位选择科普研学活动的影响因素

结合文献研究以及调查研究结果，安全要素、课程要素、场地和设施要素、时间和效果要素都是影响科普研学的关键因素。

政策和市场双双利好的情况下，研学旅行也越来越成为家长和学生们的"热门项目"。教育部基础教育司司长吕玉刚在教育部新闻发布会上表示研学旅行不是旅游，要有课程开发。目前，中小学校与教育主管行政部门并没有科学的规划研学旅行线路，大多套用旅行社的旅游线路，采用旅游攻略。

在活动中没有依据地域特色、学段特点，时代要求确定主题，使主题泛化和课程内容呈现单一片面。很多家长认为研学也只是去旅游，去旅游景点、科技馆参观，同时，学生是否参加研学，主要是家长的意愿，出行时间、活动时长、研学主题、开展形式由家庭的消费观决定，很多有经济实力的家长选择带中小学生出国扩展视野，其实研学旅行可以提高学生团队协作精神和交际能力，成熟的课程可以让孩子成长，家长应该根据学生年龄来选择适合的课程，根据国家旅游局在 2016 年 12 月 19 日发布的《研学旅行服务规范》（LB/T 054 - 2016）规定，"小学低年级学生以乡土乡情研学为主、小学高年级学生以县情市情研学为主、初中年级应以县情市情省情为主、高中生的研学可拔高到以省情国情研学为主"。

四　科普研学的模式划分与比较

（一）科普研学的模式划分

科普研学进行分类可按照目标主题划分、按组织者划分、按活动地点划分、按时间长短划分以及按照研学深度划分，在对其进行总结分析后发现，按照组织者即按主导机构划分，以及按照时间长短和研学深度即按活动方式划分更容易总结对比各科普研学模式的特点。按照主导机构将科普研学活动划分为中小学、科技场馆、科研院所、高校、科普机构五种模式，从开展模式、产品或课程类型以及相应的优势与不足四个方面进行归纳总结（见表3）。

表3　按主导机构分类科普研学模式归纳

主导机构	开展模式	产品或课程类型	优势	不足
中小学	"行前、行中、行后"三段模式	结合研究性课程学习的内容设计研学旅行课程	整体把握研学旅行开展的环节；增加研学旅行的安全保障；能结合自身研究性课程学习设计更合适的旅行研学课程	组织管理难度大、研学费用筹集难度高、安全保障压力大、教育实施难度大、教学安排难度大、家长的理解与支持难度高

续表

主导机构	开展模式	产品或课程类型	优势	不足
科技场馆	主题展览	运用馆藏资源设计以不同领域为主题的科普展区。鼓励孩子自主参与;探索馆校结合模式,鼓励深度研学	科普资源丰富;科技馆内研学的安全性有一定的保障	适合开展时间较短科普研学,很难达到深度研学的效果
	探索式自主学习			
科研院所、高校	协调单位、学术支撑单位、招生单位三方合作	三方合作开展科普研学旅行,将学生带进科普基地,亲身参与科研项目	让科研院所拥有的科学资源流动起来;推动科普研学市场的发展,让市场上承办科普研学旅行的机构更规范	高校、科普机构的实验室资源没有完全开发出来;能够进入高校、科普机构进行科普研学的受众较少
	高校深度研学模式	高校自主策划开展跨学科综合类的研学课程	高校自身拥有的丰富科普资源以及完善的科普体系	
科普机构	资源整合平台	依托科普研学联盟、科普研学联盟网站对科普研学资源进行深度开发整合	让使用者更好地获取科普研学资源,致力于解决目前科普研学存在的各种问题	目前科普研学联盟网络平台信息整合不完善,很难获取全面的信息,有待进一步扩充,提供更高质量的资源
	企业提供给受众自主开发的科普研学活动	开发科普研学路线,自主研发课程体系	高质量、内容丰富的产品体系,更容易打出科普研学品牌;行程更保障	存在起步难,真正有规模、正规的机构较少,机构研学课程设计质量参差不齐

按照活动方式分类,科普研学活动分为综合实践活动、营地教育、研学旅行三种模式。将这三种模式的产品或课程类型、特点以及不足进行总结归纳(见表4)。

科技场馆主导的模式主要是学生通过学校组织或是家长带领等渠道来到科技馆中,参加科技馆中不同主题的科研课程,以达到利用科技场馆的资源进行科普研学的效果。科研院所、高校发挥实验室优势,更能调动研学积极性,研学质量更有保证,同时,国家政策要求高校实验室对外开放,进行科普研学活动。科普机构的概念较为广泛,本报告的科普机构主要是指资源整

表4　按活动方式划分的科普研学模式归纳

活动方式	产品或课程类型	特点	不足
综合实践活动	科普研学基地广泛涉猎各领域,注重培养孩子实践动手能力的课程;针对特定的主题,设置深入探索的沉浸式课程	短期的综合实践类教育研学时间比较自由;不需要过多考虑衣食住行以及旅途安全等问题	开展时间较短,因此其科普研学活动大多局限在馆内
营地教育	包括周末、小长假营、夏令营和冬令营的假日营和将特色营地活动和课程引进校园的学校营	集中的营地教育培养营员独立生活的能力;在营地内衣食住行安全问题有保障	目前的营地教育缺少科普元素,可以酌情增加科普研学的占比
研学旅行	设置有主题的研学旅行课程,落地线路,可分类为主题研学营和综合研学营,侧重于冬令营、夏令营	多为旅行社、学校、科技馆所共同承办;研学时间较长,科普内容更为丰富;由旅行社承办,衣食住行以及旅行安全更有保障	家长对于科普研学旅行存在顾虑;科普研学旅行应该加强宣传、打出品牌,同时落实好安全保障

合平台类型的机构和能自主开发科普研学活动的企业团体。中小学校作为研学的组织者与管理者,面对组织管理难、教育实施难、教学安排困难大、安全保证压力大、家长的理解与认可难度高、研学旅行基地和旅游机构提供服务与学校期待存在差距大等一系列的难题。国家博物馆社会教育部黄琛认为,"研学更应该由学校而不是旅行社来组织,因为学校组织的研学活动有专业的课程设置以及师资配备,能保证基本严谨规范"。

(二)科普研学的其他途径

研学旅行应是学习和旅行的深度融合,不仅要强调其学习性,也不能忽略了其旅行的本质特色、游的乐趣。用"旅游＋"的发展思想来指导研学旅行,既着重于研学中旅游与教育的深度融合,也以旅行为手段,教育为目标,丰富地呈现研学中的实践性、探究性和体验性,积极探索创新发展模式。

1. "文旅＋教育"资源共享发展新模式

中国教育学会少年儿童校外教育分会副理事长王振民认为,"教育、文化、旅游行业跨界合作的趋势正在加快，传统的教育边界被打破，我们要做到三个转变，将文化资源转化为教育资源，将教育资源转化为课程资源，将课程资源转化为学习成果"。在文旅产业融合发展机遇下，从旅游目的地特色研学旅行项目打造、课程设计、人才培训、营地教育创新等多角度解码我国研学旅行和营地教育的发展方式，推动研学旅行营地教育与文旅产业融合创新发展，搭建研学旅行营地教育与文旅行业企业交流的平台，探讨"文旅＋教育"资源共享共荣发展新模式。

2. 温州研学实践教育"1＋X＋Y"模式

研学旅行"温州模式"注重引入民营资本，协同建设研学联盟共同体。育才控股集团、亚龙集团分别给陶行知基金会捐资100万元和50万元，专门用于研学旅行基地校长和教师培训、高端课程开发。青少年研学旅行协会由温州市161家单位共同发起成立，启动了"毕思理"智慧研学平台，根植于企业力量的温州研学旅行研究院以"研学旅行设计机构＋实施机构＋服务机构"的模式，建设形成浙南青少年研学实践基地，着力打造温州研学旅行全产业链。温州研学实践教育"1＋X＋Y"模式可有效解决全日制学校综合实践活动空间和资源不足的问题。

3. 全域研学旅行模式

在因矿而兴的黄石，地矿科普研学是重中之重，除了历史与自然赋予的条件，黄石矿博园是"全国科普教育基地""青少年科普研学基地"。黄石市文旅集团开发了三条地矿科普研学线路，研发了20多个精品研学课程，形成以"科普"为轴，"地矿""工业"为两翼的研学体系，着力打造"1＋N"全域研学旅行模式。

浙江开化钱江源国家公园研学地图，是按照"1＋10＋N"模式，即一个研学游目的地、十条主题研学路线、N个研学基地或营地。"钱江源国家公园研学线路"主要包括中国根雕艺术之乡国学之旅、中国铁军之源红色基因传承之旅和中国最美森林科普之旅等10条主题研学线路。

为推进区域研学"一体化"，宜昌市构建的研学旅行管理模式，"1＋4"模式即"市研学旅行协调小组＋学校、家长委员会、旅行社和基（营地"。由宜昌市教育局牵头成立，包括市发改委、市交通局、市文化局和市旅游局等11个部门。每学年（期）初，学校将研学旅行纳入教学计划，确定研学主题，并制订工作方案，由家长委员会审订研学方案，确定研学旅行线路、旅行社和收费标准，旅行社根据其工作方案做好食宿、交通等服务工作，基地负责课程的组织实施和综合评价。宜昌市青少年综合实践学校以营地辐射带动市内 N 个基地，组建区域研学基地联盟，推动区域研学实践一体化建设，在实践中，探索研学实践区域一体化的"1 + N"运行模式。

五 推进我国科普研学开展的对策建议

国务院和教育部已经出台研学旅行的相关政策和文件，对研学旅行的学校、政府予以合理的经费扶持。教育主管部门和旅游行政主管部门联合交通、安全等行政管理部门协同建立研学旅行协调小组，财政部门设置专项旅游发展基金和奖励经费来扶持旅行社和教育机构开发研学旅行课程，同时，将实施研学旅行纳入教育公平的重要环节，鼓励社会资本加入，给予旅行课程政策支持。政府应促使研学旅行健康发展，建立研学旅行规范，用行业标准来规范研学旅行。但是，目前相关的政策、制度尚不健全，仍存在研学费用高、研学质量监控管理的制度不完善和学校组织搞形式主义等难题；研学旅行组织不规范，存在重游轻学、主题不明确和路线规划相对不够重视等问题；研学旅行设施不完善，研学导师缺失、活动课程探索研究性不够和教育内涵缺乏等方面的问题，因此，本报告提出以下五点意见建议。

（一）加强政策引导，建立多部门联合协作的工作机制

教育部教育发展研究中心王晓燕指出，在2017年的研学旅行中，研学旅行研究所科技类服务项目仅占11.7%[①]，排在自然教育、户外运动、拓展

[①] 齐旭：《2018中国研学旅行和营地教育行业研究报告》，执惠探索文旅大消费研究院，2018。

体验、传统文化、人文素养、体育、艺术美学、领导力、军事、心理、综合等服务项目之后，占比较低。究其原因，11 个部门中并没有科技部门的参与，没有形成有效的联动机制，毕竟就科普来说，科技部是政府主管部门，科协组织是主要社会力量。因此，加强科普研学的政策引导，需要建立教育部门、科技部门联合协作的常态化工作机制，教育部门负责制定行业规范和标准，有针对性地提出科普研学的需求，科技部门负责调动和整合科技资源，引导广大科技工作者积极参与科普研学，提高科技资源的利用率，是满足科普研学需求的必然选择。

（二）推动完善科普研学资源共享的深度合作机制

全面健康推动中小学研学旅行不能仅靠教育部门，还需要其他多个政府部门的相互协作，需社会机构的参与，更需要民间组织力量协助和家长的理解与帮助，形成政府与机构、政府与学校、学校与社会机构、学校与家长之间万众一心，全面构建中小学研学旅行服务体系。目前，相关配套机制和体系还尚未形成，学校方面不能被动地等待体系完善，而是要主动联合各方力量促成良好合作关系，同时，要充分利用开放的科技教育资源，结合中小学生需求，推动科普研学旅行课程不断完善。以上海自然博物馆为例，上海自然博物馆作为牵头单位，联合上海市 11 家场馆成立了以"博物致知、守望自然"为宗旨的"自然联盟"。世纪明德联合了政府主管单位、研学专家、研学旅行示范基地、营地共同启动"研学教育共同体"。

（三）建立科普研学综合服务平台

首先，建立科普研学智慧服务平台，针对研学市场的需求、研学资源的开发和研学服务质量监控等逐一进行研究和学习，研究创建学生与家长、学校、研学基地、旅游行政管理部门和旅行社研学旅行服务平台 App。其次，建立完善的研学旅行产品质量监督体系，围绕研学旅行的全过程，落实责任领导和阶段实施任务，对标课程目标及相关标准，从政府、学校、行业、企业等层面建立健全以"教育部门主导，行业组织、学校和企业积极参与"

的研学旅行服务监督机制，实行"一事一报、即事即报""及时纠错、杜绝影响扩大"的监督指导工作机制。最后，完善研学效果反馈评估机制，及时反馈和纠偏，使研学旅行尽快回到课程目标这个正确的轨道上来。

（四）加强中小学研学基地、营地的建设，创建一批以科学家精神为核心的教育纪念馆（厅）

开发和利用基地、营地资源是实施研学旅行的最根本前提，教育主管部门、旅游部门、学校和社会作为研学资源的开发主体方，要全方位协作，搜索身边一切有可能成为研学旅行基地或研学旅行路线的资源，充分发现其研学价值。第一，促进旅游基地转型为研学基地；第二，丰富研学旅行基地类型，做好不同层次的开发；第三，促进研学旅行资源"点""线""面"的结合。要实施研学旅行的教育目的，全面的基地创建是必须的，也是研学旅行开展的首要前提条件。研学旅行基地不是单纯地在现有的旅游景区挂上"研学旅行基地"牌子，而是要精选旅游目的地，并对参观的景区景点、组织的研学线路或课程等进行重新筹备和计划，并强调其教育目的，发掘其教育内涵，制定研学旅行基地手册，由此来指导研学旅行。根据新课改要求，充分考虑其地域的现有人口、学校分布、学生流向和资源现状，将基地建设统一纳入教育事业发展和城镇建设规划，以"1＋X"为基本模式，即一个学生综合实践活动总基地，若干个有区域特色、鲜明个性的校外实践分基地。分步骤地实施、有条不紊地建设综合实践基地，采取先筹备计划、重设计开发、后实施和再优化战略，逐渐建设和完善综合实践基地和课程的实施。

受中国土地性质影响，教育机构拿地比较困难。与景区、户外拓展基地、地产等企业合作，延伸作为景区配套或者旅游地产配套，并起到盘活这些存量资源的作用。国内优秀的营地教育机构基本上都有房地产商或资本在背后支持，例如：游美国际营地、青青部落等分别完成了千万级 Pre－A 轮融资。不管是创投资本还是产业资本，这些资本支持的营地比较容易且较快地形成自己的营地品牌，从而走在行业前列。国内营地教育机构成立时间普遍较短，70%的机构成立不足5年，拥有营地数量少，针对这种情况，可以通过改造来提升营地的数量，例如，日照1971青少年研学实践教育营地原为1971年建立的陈疃镇中学学堂。

中国科协党组书记、书记处第一书记怀进鹏表示："每一个时代都有其培育的人才，也有其成就的事业，而我们这个时代所面临的就是科技强国的使命"。中国工程院院士杜祥琬概括"科学家精神"为"追求真理，实事求是，锐意创新，使命担当"。近年来，黄大年、南仁东、钟扬等为科学事业忘我奋斗到生命最后一刻的先进事迹在科技界和全社会引起强烈反响。为在科普研学中进一步弘扬科学精神，建议在高校、科研院所、企业、科技馆等有条件的地区，创建一批以科学家名字命名的科普研学教育纪念馆（厅），从而更有效地向青少年宣传科学家精神，激发其爱国和创新的热情。

（五）注重推行典范引领，形成有代表性、示范性的科普研学旅行线路

在研学旅行标准制定和实施过程中，充分发挥政府和市场的"双向作用力"和行业典范的引领作用，在国家制定的"及格线"基础上，充分发挥市场的主体作用，鼓励行业自设"优秀线"，引导市场向健康方向发展。可以从各地找典范、从实践企业中找样板、从示范学校中找范例，形成有代表性、示范性的科普研学旅行线路，逐步形成布局合理、互联互通的研学旅行网络。

此外，尚需构建一套包含研学产品、研学基地、研学导师和旅行社四个方面质量评价内容和评价标准的研学旅行质量评价体系，深入研究研学旅行学习目的和学习内容，建立研学旅行学校教学标准、基地服务标准体系，促使研学旅行服务规范化。

B.4
科普对经济高质量发展的影响研究

王宏伟　朱承亮　张　静　关　磊　王　珺*

摘　要： 与科技创新驱动经济社会发展的方式不同，科学普及通过提高公民科学素质、促进新技术和新知识的传播，为经济社会发展提供高素质的人力资源保障，促进科技成果转化为现实生产力，从而推动经济社会的持续高质量发展。本研究借鉴以往相关研究，在经济增长核算框架下，分别构建科普投入与全要素生产率和经济增长关系的分析模型，实证检验科普投入促进全社会技术进步、生产率提高，进而推动经济发展的作用机制。结果表明全社会的科普经费投入增加能够有效促进全要素生产率的提高，且在东部地区，这一促进作用相对超过研发经费的影响；科普投入能够有效促进地区经济增长，但促进作用仍明显小于传统生产要素；科普投入对地区经济增长的贡献率为7%~9%。

关键词： 科学普及　经济高质量发展　全要素生产率　经济增长核算

　　习近平总书记指出"科技创新和科学普及是实现创新发展的两翼，要

---

* 王宏伟，中国社会科学院数量经济与技术经济研究所创新政策与评估研究室主任，研究员，博士生导师，研究方向为科技政策与评估、技术创新与经济增长；朱承亮，中国社会科学院数量经济与技术经济研究所副研究员，硕士生导师，研究方向为创新创业与经济发展；张静，中国科协创新战略研究院助理研究员，研究方向为科技政策与评估；关磊，中国社会科学院大学博士研究生，研究方向为科技创新；王珺，中国社会科学院大学博士研究生，研究方向为科技创新。

把科学普及放在与科技创新同等重要的位置"。当前,中国已进入高质量发展新时代,加强国家科普能力建设已成为建设创新型国家的一项重大战略任务。中国已逐步形成良好科普工作格局,国家科普能力不断提升,但与科技创新相比,科普工作任重道远。调查显示,2018 年中国公民具备科学素质的人口比例仅为 8.47%,相当于美国等发达国家 20 世纪 80 年代的水平,成为制约中国实现高质量发展的重要因素。2018 年,中国科技进步贡献率达到 58.5%,其中科技创新对经济增长的贡献在 30% 左右。那么,当前科普对经济增长的贡献是多少?科普能否支撑创新发展两翼功能?本报告基于科学普及驱动经济发展的特征,在经济增长核算框架下,分别构建科普投入与全要素生产率和经济增长关系的分析模型,实证检验科普投入促进全社会技术进步、生产率提高,进而推动经济发展的作用机制。

一 我国科普工作取得的成就及存在的问题

(一)我国科普工作取得的成就

随着近十几年的科普事业发展,科普工作在各个方面取得了卓有成效的成就。一是科普政策不断完善。中国公民科学素质建设形成了以《宪法》为依据、《科普法》为指导、《科学素质纲要》为统领,国家总体布局、各部委联合协作,全力推进落实的政策体系格局。二是科普人才队伍明显壮大。从数量上看 2017 年科普人才数量较 2006 年增长了 13.55%;从结构上看创作人员的比例不断增加;从教育背景上看,具有中级职称及以上或大学本科及以上学历人员数量正在稳步提升,这一比例在 2017 年达到 55.55%,较 2006 年提升了 14.38%。三是科普经费投入力度显著增强。2017 年科普经费筹集额较 2006 年增幅高达 241.8%。四是科普基础设施加速完善。2017 年全国科技馆、科技类博物馆、城市社区科普(技)专用活动室、农村科普(技)活动场地等基层科普设施数量较 2006 年均有大幅增长。五是大众传媒科普资源持续增加。统计数据显示,当前我国科普类图书和期刊、科技报纸以及科技广播和电视节目的数量呈现不断增长的态势。六是科普的信息化水平显著提高。近年来，通过大力实施"互联网+科普"和科普信息化建设工程，传统科普与信息化的融合水平和深度不断加强，满足公众个性化需求也不断精准，科普的时效性和覆盖面得到不断提升。七是科普产业有了一定的发展，科普产业作为朝阳产业、绿色产业，已成为高成长服务业的核心产业，对于优化经济结构、提升经济贡献度、推动经济可持续发展具有独特优势。

（二）我国科普工作存在的问题

当前科普工作同样存在着一些问题。一是科普专职人员数量有待增加。按照中国科协《科普人才发展规划纲要（2010～2020年）》到2020年全国科普专职人才要达到50万人，全国中级职称及以上或大学本科及以上学历达到科普人才总数的75%，而2017年这两项数据则分别为22.7万人和55.55%，距离目标仍有较大差距。二是相比科技投入经费，科普经费的投入还有待提升。近年来科普经费筹集额与科研和开发机构R&D经费支出占比最高值仅为8.75%，并且呈不断减少趋势（见表1）。三是科普资源的形式与当前传播有一定的差距，新媒体在带来便利性的同时，也造成了科普传播的无序发展，导致此类科普人才匮乏、科普内容版权难追究等问题也日益突出。

表1　科普经费和科研经费占比

单位：亿元，%

年份	科研和开发机构R&D经费支出	科普经费筹集额	科普经费占科研和开发机构R&D经费比重
2006	567.30	46.83	8.25
2007	687.90	/	/
2008	811.30	64.84	7.99
2009	996.0	87.12	8.75
2010	1186.40	99.52	8.39
2011	1306.74	105.30	8.06
2012	1548.93	122.88	7.93
2013	1781.40	132.19	7.42

年份	科研和开发机构 R&D 经费支出	科普经费筹集额	科普经费占科研和开发机构R&D 经费比重
2014	1926. 20	150. 03	7. 79
2015	2136. 49	141. 20	6. 61
2016	2260. 18	151. 98	6. 72
2017	2435. 70	160. 05	6. 57

资料来源：国家统计局网站，课题组自行整理。

二 科普与经济社会发展的关系研究

（一）科普对经济社会发展作用的历史演进

中国科普工作伴随着新中国诞生走过了 70 周年的发展历程，为中国特色社会主义建设做出了巨大贡献。中国科普史是中国特定社会文化背景下的科普史，中国科普的产生和发展与社会的政治、经济、军事、文化等因素密切相关，其内容和形式也随着社会发展发生变化①。新中国成立之初，科普工作为提高劳动生产技能和国家建设水平发挥了重要作用，改革开放以来，科普工作为推动中国经济社会发展进入快车道做出了重要贡献。当前，我国以人民为中心、党的坚强领导、各部门大力推动、全社会共同参与、上下协同联动的科普工作格局初步形成，国家科普能力和科普公共服务水平也在不断提升。结合刘新芳（2010）关于当代中国科普史的研究，本报告将新中国成立 70 周年以来科普工作对经济社会发展作用的历史演进划分为以下五个阶段。

（1）科普工作开创与探索阶段（1949～1977 年）。此阶段我国经济社会发展水平较低，国民科学文化素质也偏低，在这种背景下广大人民群众对科普的需求非常强烈，此期间科普工作主要发挥着反封建、反迷信、提倡健

---

① 颜燕：《对中国科普史研究的几点思考》，《中国科普理论与实践探索：2009〈全民科学素质行动计划纲要〉论坛暨第十六届全国科普理论研讨会文集》，2009，第 266～269 页。

康生活方式、促进干部思想改造等作用，一方面对开启民智、战胜愚昧、扫盲教育起到重要作用；另一方面对提高生产力，搞好经济建设，改变我国当时"一穷二白"面貌做出了突出贡献。

（2）科普工作恢复与发展阶段（1978～1994年）。此阶段，"科学技术是第一生产力"这一科学思想的广泛传播，对国民思想解放起到重大作用，人们的思想观念发生了重大改变，科普的经济功能也进一步得到充分彰显，民众科技意识也逐步形成，给我国经济社会发展注入了强大动力。总体来讲，此阶段科普工作以传授基本科学知识和实用技术知识为主，对促进我国现代化建设事业发展做出了突出贡献。

（3）科普工作反思与探索阶段（1995～2001年）。此阶段，我国科普工作更加强调科普的文化功能，基于提高全民科学文化素质的科普观逐渐形成，这顺应了科普国际化发展趋势，逐步实现了我国科普工作与国际科普的接轨。

（4）科普工作创新与发展阶段（2002～2015年）。此阶段，我国提出要建设创新型国家，我国科普工作进一步繁荣发展，我国公民科学文化素质进一步提升，科普工作为建设创新型国家和自主创新能力建设做出了重要贡献。

（5）科普工作新时代发展阶段（2016年至今）。随着我国经济社会进入新时代，科普工作也进入新时代，新时代对科普工作提出了新要求，科普工作也将为新时代高质量发展、建设创新型国家和世界科技强国、满足人民日益增长的美好生活需要做出更多更大贡献。

（二）科普对经济社会发展作用的机理分析

科普工作主要通过提高公众科学素养、传承科学技术知识、推动科技成果转化、维系人与自然和谐、营造社会文化环境等机制促进经济社会发展。

（1）科学素养是公民素质的重要组成部分，公众具备基本科学素养的高低一定程度上表征了一个国家的科技发展水平和科普水平。我国自改革开放以来，公民科学素养得到显著提升，但是依然存在不少问题。科普工作有助于提高公众科学素养，也就提高了经济社会发展所需的人力资本，从而促进经济社会发展。

（2）科技具有较强继承性，已有的科技成果积淀是科技进步的重要前提，科技知识的积累和继承离不开科技知识的传播和普及，科普为新科学的建立开辟了道路，也为科学发展提供了力量和源泉。

（3）科普是科技成果转化为现实生产力的重要载体和关键渠道，科技是驱动经济社会发展的关键要素，而要发挥科技作用必须通过科技转化才能转变为现实生产力，科普在实现科技成果转化过程中发挥着重要作用。

（4）科普通过科普行为系统开展社会活动，从而对个人和群体发生作用，使个人和群体相应的技能、素质、观念和行为等发生显著改变，进而对人类所处社会环境、经济环境、文化环境、政治环境和科技环境等产生影响，更重要的是，科普致力于维系人与自然之间的和谐关系，从而实现经济社会高质量发展。

（5）创新文化和创新生态是科普的重要内容和高层次目标，科普是传播创新文化和塑造创新生态的重要渠道，并在整个社会范围内为创新文化和创新生态的形成和发展奠定基础，科普有助于为经济发展营造良好的社会氛围和创新生态。

（三）经济社会发展对科普的需求分析

当前我国加强科普工作发展是顺应世界百年未有之大变局的需要，是适应未来科学技术发展趋势的需要，是建设创新型国家和世界科技强国的需要，是步入经济社会高质量发展的新时代的需要，是满足人民日益增长的美好生活的需要。

（1）当今世界正面临百年未有之大变局，未来 10 年将是世界经济新旧动能转换、国际格局和力量对比加速演变、全球治理体系深刻重塑的 10 年，中国要在世界百年未有之大变局中顺势而为，必须坚持创新引领，必须做好科普工作。

（2）当前，全球新一轮科技革命和产业变革正在孕育兴起，科技交流、创新模式已经产生了深刻变化，如果科学普及与科学技术的发展步伐相脱节，将必然反作用于科学技术发展，不利于科学技术进步，科普兴，科技才能兴；科技兴，国家才能强，科技与科普的同步发展和进步，更能唤醒公众对科学知识的向往，对于国家科学技术的长远发展意义重大。

（3）建设创新型国家和世界科技强国给中国科普工作发展提出了新的要求，目前我国公民科学素养相当于美国20年前的水平，新时代科普工作任重道远，创新型国家战略目标的提出要求加强国家科普能力建设，普及科学技术，提高全民科学素质是建设创新型国家和世界科技强国的内在要求。

（4）当前，我国正处在转变发展方式、优化经济结构、转换增长动力的攻关期，中国特色社会主义进入了新时代。新时代国际形势和我国科技创新环境都发生了显著变化，国家、社会和人民对科普工作也提出了新的更高要求，迫切需要科普工作适应人民和时代需求，把握新时代科普发展新趋势、新特征，推动科普工作转型升级。

（5）随着中国经济社会进入高质量发展新时代，我国社会主要矛盾也发生了重大变化，已经转化为人民日益增长的美好生活需要和不平衡不充分的发展之间的矛盾。这意味着对科学知识、科学精神、科学思想和科学方法的多样化、全方位、高层次需求已成为人民日益增长的美好生活需要的重要组成部分，因此加强科普工作是满足人民日益增长的美好生活需要的必然要求。

此外，通过对美国、欧盟、日本、韩国和联合国教科文组织等典型国家和国际组织的科普促进经济社会发展的经验启示研究发现：

（1）民间与私人力量在国外科普事业发展中发挥着重要作用，而国内科普事业经费来源依然以政府支持为主，单一资金支持渠道，不仅限制了民间参与科普事业的热情与方式，也对多渠道传播科学文化知识造成了不利影响。

（2）国外通过在重要科技事业如欧洲核子研究中心设立半开放区，允许大众可以近距离观察科学研究的过程，体会科研的魅力与价值，对于科学文化传播起到重要推动作用。

（3）在展示形式上，国外科普教育具备较高的互动性与趣味性，而我国许多科普场馆多以静态展示为主，无法全方位的表现展品所表达的科学含义；在传播手段上，国外科普工作通过线上线下手段加强科学知识传播，并注重吸引针对青少年等重点群体，而我国科学文化传播手段在吸引青少年参与的线上渠道建设以及新媒体的运用上依然欠缺。

三 科普投入对地区全要素生产率的影响

目前，已有大量学者从理论机制上阐述了科学普及对经济发展的推动作用。贺天平和张克军①发现山西科普工作在营造和弘扬科学精神、全面提高科技素质等方面收到良好效果，通过与农村环境和农业、能源和重工业、三晋文化等山西实际相结合，为山西实现可持续发展发挥了舆论宣传作用，对山西经济社会发展发挥了促进作用。向常胜和李明生②从企业和农村经济发展的角度论述了科普对区域经济发展的作用，认为科普提高了中小企业的技术水平；调整优化了农业产业结构，实现了农业增效和农民增收；有利于农村劳动力转移；推动了农业可持续发展；提高了农民的科学文化素质，促进了社会主义新农村建设。

另有部分学者认为科普投入是指为实现科普事业的健康发展，投入科普领域的相关资源，包括科普人员资源、科普场地资源和科普经费资源等。随着国家对科普投入的增加，教育事业、社会化科普工作健康发展，我国公民的科学素质得到很大提高，经济社会也得以快速发展。学者采用指标体系评价方法、灰色关联度分析和计量经济模型等方式实证检验科普投入对经济发展的促进作用。伍正兴和王章豹③通过对我国东、中、西部三大区域以及各省科普投入指标（万人科普人员数、人均科普专项经费等）与经济指标（人均GDP）进行分析，得出区域科普发展水平与其经济发展水平之间存在

---

① 贺天平、张克军：《论科普对山西省经济社会的促进作用》，《晋阳学刊》2003年第3期，第37~40页。

② 向常胜、李明生：《试论科普对区域经济发展的重要作用》，《长沙铁道学院学报》（社会科学版）2008年第1期，第58~59页。

③ 伍正兴、王章豹：《我国区域科普非均衡发展的实证分析及与经济协调发展的对策》，《科技进步与对策》2012年第9期，第50~53页。

正相关关系。王诗云和黄丽娜[1]采用灰色关联分析法分析了我国各省内部科普经费、科普人员、科普设施、科普图书、科普活动与经济发展之间的关联程度，实证研究表明，各省科普事业与经济发展密切相关，且科普与经济发展的关联度有明显的空间集聚效应。任嵘嵘、郑念和邢钢[2]也采用灰色关联度分析方法分析了科普各类指标与科技进步之间的关联性。郑念和张利梅[3]从技术进步对经济增长的促进作用方面探讨了科普投入产生的经济效益，并采用柯布—道格拉斯生产函数从定量角度检验了技术进步对经济增长的贡献，从而得出科普投入的贡献率。

为研究全要素生产率指数的影响因素，科埃利等提出了两阶段方法，即第一步采用数据包络方法（DEA）计算全要素生产率指数，第二步以 DEA-Malmquist 方法测算的生产率指数为因变量，以影响因素等为自变量构建模型，研究各自变量对全要素生产率变动的影响程度。本研究构建两阶段模型分析科普投入对全要素生产率变动的影响，具体过程如下。

（一）地区全要素生产率指数测算

1. DEA-Malmquist 方法（以下简称"DEA 方法"）测算模型构建

DEA 方法运用线性规划方法构建观测数据的非参数分段曲面（或前沿），测算目前经济社会生产与既定投入下所能达到最大产出前沿面之间的距离，反映生产的效率水平，加上生产前沿面在技术进步作用下的向前移动，共同构成全要素生产率指数。按 Fare 等的定义，在 t 期技术条件下，以产出为导向的从 t 期到 $t+1$ 期的 Malmquist 生产率变化是：

$$M_0^t(x^t, y^t, x^{t+1}, y^{t+1}) = D_0^t(x^{t+1}, y^{t+1}) / D_0^t(x^t, y^t) \tag{1}$$

---

[1] 王诗云、黄丽娜：《我国科普服务与经济发展关系的区域差异研究——基于灰色关联与空间相关性的实证分析》，《科普研究》2016 年第 6 期，第 21～26 页，第 100 页。

[2] 任嵘嵘、郑念、邢钢：《科普与科技进步关联性研究》，《科研管理》2013 年第 S1 期，第 290～295 页。

[3] 郑念、张利梅：《科普对经济增长贡献率的估算》，《技术经济》2010 年第 12 期，第 102～106 页，第 112 页。

其中，$D_0^t(x^t, y^t)$ 是距离函数，(x^t, y^t) 是 t 期的投入和产出向量。在 $t+1$ 期的技术条件下，从 t 期到 $t+1$ 期的 Malmquist 生产率变化为：

$$M_0^{t+1}(x^t, y^t, x^{t+1}, y^{t+1}) = D_0^{t+1}(x^{t+1}, y^{t+1})/D_0^{t+1}(x^t, y^t) \tag{2}$$

因此，Malmquist 生产率及进一步分解为技术变化和效率变化的公式为：

$$M_0^G(x^t, y^t, x^{t+1}, y^{t+1}) = [M_0^t(x^t, y^t, x^{t+1}, y^{t+1}) \times M_0^{t+1}(x^t, y^t, x^{t+1}, y^{t+1})]^{\frac{1}{2}} =$$

$$\{[D_0^t(x^{t+1}, y^{t+1})/D_0^t(x^t, y^t)] \times [D_0^{t+1}(x^{t+1}, y^{t+1})/D_0^{t+1}(x^t, y^t)]\}^{\frac{1}{2}} = \frac{D_0^{t+1}(x^{t+1}, y^{t+1})}{D_0^t(x^t, y^t)} \times$$

$$[\frac{D_0^t(x^t, y^t)}{D_0^{t+1}(x^t, y^t)} \times \frac{D_0^t(x^{t+1}, y^{t+1})}{D_0^{t+1}(x^{t+1}, y^{t+1})}]^{\frac{1}{2}} \tag{3}$$

式（3）中最后一个等号的第一项代表技术效率变化，第二项是技术变化，共同构成了全要素生产率指数。与其他测算方法相比，DEA 方法能够处理多投入、多产出问题；无须事先确定各指标的权重，测算结果客观性强。

2. 变量说明与资料来源

本研究采用 DEAP Version 2.1 软件测算我国各地区的全要素生产率及其分解出的技术进步和技术效率提高因素。其中模型的产出要素为地区生产总值，投入要素为各地区劳动人员和物质资本存量。

（1）地区生产总值（地区 GDP）。地区生产总值，是指按市场价格计算的一个地区所有常驻单位在一定时期内生产活动的最终成果，用于代表地区在一定时期的所有经济产出。由于当年市场价格下的国内生产总值变动包含市场价格的波动因素，不能准确反映经济增长，需要剔除价格影响，测算可比价的地区生产总值。基于地区各年"以上年 = 100"的国内生产总值指数，得到以 2006 年为基期的地区生产总值定基指数，进而计算得到我国各地区各年度以 2006 年价格水平为基准的可比价地区生产总值，

$$可比价 GDP = 基期 GDP \times GDP 定基指数 \tag{4}$$

测算过程中使用的我国各地区、各年度的地区生产总值指数和地区生产总值，均来自各年度《中国统计年鉴》。

（2）物质资本存量。物质资本存量是经济生产过程中的重要投入要素，

通过提供服务流对生产做出贡献。核算物质资本存量，就是将提供服务的不同类型资本品数量以某年不变价格计算额实际货币统一量纲，并进行跨时期累加。由于资本品提供服务流的效率会因为物理磨损和经济贬值而降低，需要考虑资本品折旧，并对资本品价值的时间模式做出假设（OECD，2009）。目前普遍采用的资本存量核算方法为永续盘存法（PIM），认为生产性资本存量是在考虑资本品折旧的情况下以不变价格将过去投资进行加权加总，

$$K_t = K_{t-1}(1 - \delta_t) + \frac{I_t}{p_t} \qquad (5)$$

其中，K_t 为第 t 年的物质资本存量，K_{t-1} 为 $t-1$ 年的物质资本存量，δ_t 为 t 年的经济折旧率，I_t 为 t 年的投资额，p_t 为定基的资本价格指数。本报告梳理以往研究对各年投资流量指标选择、基期资本存量估算、不变价投资换算和折旧率确定等方面的处理方法，选择合理、可信的变量指标和统计资料，核算我国各地区 2006～2017 年的物质资本存量。

（3）劳动投入。劳动投入，指经济社会生产活动中投入的劳动力，以往多数全要素生产率研究采用国家和地区从业人员数衡量劳动投入。近年来，相关研究表明，由从业人员和资本投入等传统生产要素测算的全要素生产率存在一定程度的高估问题，建议使用反映受教育水平差异的人力资本作为劳动投入变量，使分离出的"余值"部分能更好地反映经济总量生产的技术进步和效率提高。因此，本研究分别采用从业人员数和人力资本两种劳动投入测算全要素生产率。其中，各地区、各年度从业人员数来自各年度《中国统计年鉴》；人力资本存量测算借鉴岳书敬和刘朝明[1]的方法，即采用平均教育年限和劳动力数量的乘积表示人力资本存量。其中，平均受教育年限使用全国 6 岁及以上人口作为统计口径，将居民受教育程度划分为：文盲和半文盲、小学、初中、高中（含中专）和大专及以上，且把各类受教育的平均累计受教育年限分别定为：0 年、6 年、9 年、12 年和 16 年。则 6 岁

---

① 岳书敬、刘朝明：《人力资本与区域全要素生产率分析》，《经济研究》2006 年第 4 期，第 90～96 页，第 127 页。

及以上人口平均受教育年限的计算公式为：

$$h = \text{Primary} \times 6 + \text{Junior} \times 9 + \text{Senior} \times 12 + \text{College} \times 16 \tag{6}$$

其中，Primary、Junior、Senior 和 College 分别表示小学、初中、高中（含中专）、大专及以上教育程度人口。相关资料来源于历年《中国统计年鉴》和《中国人口统计年鉴》。其中，第三次、第四次、第五次和第六次全国人口普查分别提供了1982年、1990年、2000年和2010年的数据，1987年、1993年以及1995~2015年（除去2000年和2010年）的数据来自历年的人口抽样调查。对于数据缺失年份，采用插值法补齐。

3. 2006~2017年我国地区全要素生产率

在核算基础变量的基础上，本研究使用DEAP Version 2.1软件测算除香港、澳门、台湾地区和西藏自治区以外的中国其他30个省份（自治区、直辖市）在2006~2017年的全要素生产率指数。由于劳动投入指标采用从业人员和人力资本两种数据，全要素生产率指数也将相应分为从业人员测算的全要素生产率指数（TFP_W）和人力资本测算的全要素生产率指数（TFP_H），各年度生产率指数折算以2006年为基期。

如图1所示，我国全要素生产率指数稳步提高，2017年以从业人员测算的全国平均全要素生产率指数（TFP_W）为1.332，全要素生产率较2006年提高了33.2%。以人力资本作为劳动投入变量反映了从业人员受教育程度高级化带来的生产率提高，从全要素生产率中剥离了人力资本因素，

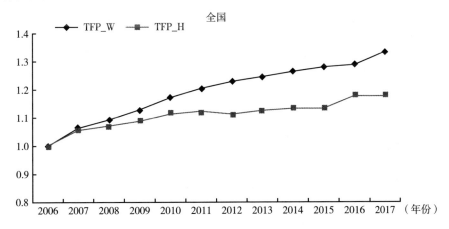

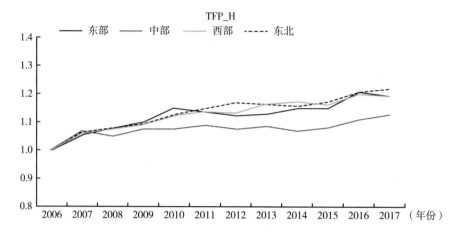

图1 2006~2017年我国东、中、西、东北地区及全国全要素生产率指数

注：东部地区包括北京、天津、河北、上海、江苏、浙江、福建、山东、广东和海南；中部地区包括山西、安徽、江西、河南、湖北和湖南；西部地区包括内蒙古、广西、重庆、四川、贵州、云南、陕西、甘肃、青海、宁夏、新疆；东北地区包括辽宁、吉林、黑龙江。

因此，以人力资本测算的全要素生产率指数（TFP_H）相对小于以从业人员测算的全要素生产率（TFP_W）。2017年以人力资本测算的全要素生产率指数（TFP_H）为1.176，全要素生产率较2006年提高17.6%。从地区来看，以人力资本测算的全要素生产率指数（TFP_H）为例，东部地区全要素生产率一直保持稳步增长，随着基数增加和后发地区的追赶，2011年东部全要素生产率指数被东北地区超越，2014年被西部地区超越。到2017年，东部地区全要素生产率指数为1.195，东北地区达到1.217，西部地区为1.191，略低于东部地区。但中部地区全要素生产率增速相对较低，仅为1.126，在一定程度上反映了中部地区仍存在较大的技术进步和生产效率提高空间。

表2列出了30个省份（自治区、直辖市）从业人员和人力资本测算的全要素生产率指数。可以看出，2017年，多数省份全要素生产率指数大于1，即全要素生产率较2016年有所提高。其中，四川、陕西、湖北和重庆四省（市）以从业人员测算的全要素生产率指数（TFP_W）最高，全要素生产率较2016年的增长幅度超过70%；湖北、重庆、四川、山东和辽宁省

（市）以人力资本测算的全要素生产率指数（TFP_ H）最高，全要素生产率较 2016 年增长幅度超过 40%。部分省份出现全要素生产率指数小于 1 的情况，例如 2017 年河北、湖南和广西以人力资本测算的全要素生产率指数（TFP_ H）分别为 0.995、0.885 和 0.875，均较 2006 年有小幅下降。

表 2　我国 30 个省份的全要素生产率指数

省份	TFP_W			TFP_H		
	2007 年	2012 年	2017 年	2007 年	2012 年	2017 年
北京	1.057	1.158	1.349	1.052	1.113	1.154
天津	1.028	1.124	1.233	1.015	1.067	1.112
河北	1.036	1.064	1.076	1.035	0.987	0.995
山西	1.090	1.136	1.188	1.077	1.053	1.108
内蒙古	1.040	1.064	1.193	1.040	0.969	1.002
辽宁	1.073	1.366	1.516	1.066	1.292	1.406
吉林	1.032	1.139	1.126	1.027	1.059	1.058
黑龙江	1.092	1.190	1.236	1.089	1.149	1.189
上海	1.114	1.267	1.356	1.049	1.125	1.138
江苏	1.083	1.402	1.487	1.078	1.271	1.309
浙江	1.009	1.236	1.375	0.992	1.102	1.205
安徽	0.997	0.890	0.758	0.997	0.890	0.761
福建	1.068	1.256	1.442	1.065	1.086	1.262
江西	1.040	1.291	1.344	1.028	1.157	1.221
山东	1.077	1.405	1.671	1.053	1.209	1.468
河南	1.021	1.261	1.352	1.055	1.197	1.274
湖北	1.300	1.570	1.725	1.247	1.345	1.506
湖南	0.989	0.811	0.860	0.989	0.811	0.885
广东	1.063	1.129	1.060	1.062	1.085	1.016
广西	0.968	0.689	0.805	0.968	0.761	0.875
海南	1.100	1.310	1.384	1.104	1.200	1.286
重庆	1.083	1.496	1.723	1.069	1.318	1.485
四川	1.090	1.586	1.789	1.060	1.299	1.471
贵州	1.038	1.426	1.564	1.118	1.398	1.500
云南	1.022	0.795	0.738	1.030	0.924	1.014
陕西	1.097	1.573	1.741	1.045	1.089	1.219
甘肃	1.065	1.345	1.363	1.094	1.170	1.240
青海	1.086	1.154	1.650	1.060	1.227	1.193
宁夏	1.048	1.133	1.208	1.057	1.008	0.886
新疆	1.065	1.278	1.330	1.050	1.129	1.032

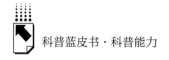

（二）科普投入对全要素生产率指数的影响分析

1. 全要素生产率指数

全要素生产率指数影响因素模型的因变量 y_i 为上一阶段测算的各地区全要素生产率指数，因变量向量 X_i 既包括本研究的关键变量科普经费投入，也包括研发投入、基础设施、产业结构、对外开放程度等为代表的控制变量，以保证模型结果的稳健性。待估计的面板模型为：

$$TFP_{i,t} = \alpha_0 + \alpha_1 lnKP_{i,t} + \alpha_2 lnRD_{i,t} + \alpha_3 lnFDI_{i,t} + \alpha_4 lnINF_{i,t} + \alpha_5 lnTH_{i,t} + \mu_i \quad (7)$$

其中，$KP_{i,t}$ 为各地区的科普经费投入；$RD_{i,t}$ 为研发投入强度，即地区研发经费投入占地区生产总值的比重；$FDI_{i,t}$ 为外商直接投资占地区生产总值的比重，反映地区的对外开放度；$INF_{i,t}$ 为人均拥有等级道路长度，代表地区基础设施的发展程度；$TH_{i,t}$ 为地区第三产业产值占地区生产总值的比重，反映地区产业结构差异。

2. 变量说明与资料来源

变量说明与资料来源如表3所示。

表3　各解释变量描述统计结果

变量	单位	平均值	标准差	最小值	最大值
科普经费投入	万元	36522.87	42584.05	1016.2	269586.00
研发投入强度	%	1.45	1.07	0.2	6.01
对外开放度	%	568.17	734.40	76.42	7503.11
基础设施条件	米/人	2.85	1.68	0.52	11.80
产业结构	%	42.55	9.16	28.6	80.6

科普经费投入。本研究采用各地区、各年度投入的科普经费代表地区科普投入，数据来自各年度《中国科技统计年鉴》和《中国科学技术协会统计年鉴》。

研发投入强度。经济社会生产率的提高来自技术研发投入的增加，全社会生产总值中用于科技研发的经费比例越高，技术进步和生产率提高越快。数据来自各地区、各年度《中国科技统计年鉴》和《中国统计年鉴》。

对外开放度。以往大量研究认为，发展中国家与发达国家通过对外开放和贸易往来将有助于国家之间的技术溢出，从而提高发展中国家的技术进步和生产率。本研究采用外商直接投资占地区生产总值的比重，作为地区对外开放程度的指标。数据来自各年度《中国统计年鉴》。

基础设施条件。良好的基础设施条件将有效提高生产效率，促进生产聚集和企业之间的交流、合作，提高地区经济规模效应，进而提高经济社会生产率。本研究采用地区人均拥有道路面积代表基础设施水平，数据来自各年度《中国统计年鉴》。

产业结构。产业结构升级是经济社会发展的必然过程，也伴随着全社会生产率的不断提高。三次产业结构升级对全要素生产率提高具有正向作用。本研究采用第三产业产值占地区生产总值的比重代表地区产业结构差异，数据来自各年度《中国统计年鉴》。

3. 科普投入对地区全要素生产率的影响

科普经费投入与地区全要素生产率存在线性相关关系。如图 2 所示，多数全要素生产率指数和科普经费投入散点分布在拟合直线附近。部分省份和

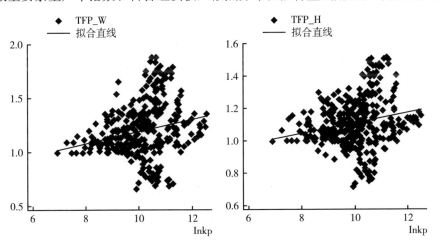

图 2　全要素生产率与科普经费投入的散点图

年份存在科普经费投入大，但全要素生产率的增长相对较慢，散点远离拟合直线，位于直线右下方；部分省份和年份全要素生产率增长较快，但科普经费投入相对较少，散点位于远离直线的左上方。

基于 2006~2017 年的地区面板数据，本研究使用 Stata 14.0 软件对方程（7）进行全国各省（自治区、直辖市）、东部各省（自治区、直辖市）、中部各省（自治区、直辖市）和西部各省（自治区、直辖市）面板回归①，结果如表 4 所示。

表 4　全要素生产率影响因素实证结果

检验指标	TFP_W				TFP_H			
	全国	东部	中部	西部	全国	东部	中部	西部
lnkp	0.130 ***	0.112 ***	0.122 ***	0.097 ***	0.070 ***	0.065 ***	0.093 ***	0.043 **
	(7.55)	(4.51)	(3.11)	(3.20)	(6.01)	(3.51)	(3.22)	(2.19)
lnrd	0.136 ***	0.062	0.075	0.239 ***	0.072 ***	0.072 **	0.095	0.102 **
	(3.65)	(1.26)	(0.83)	(3.51)	(2.86)	(1.99)	(1.42)	(2.31)
lnth	0.256 ***	0.427 ***	0.208 *	0.176	0.152 ***	0.294 ***	0.157 *	-0.022
	(3.76)	(4.01)	(1.87)	(1.36)	(3.29)	(3.73)	(1.91)	(-0.26)
lninf	0.191 ***	0.205 ***	-0.014	0.280 ***	0.072 ***	0.160 ***	-0.050	0.151 ***
	(5.45)	(3.89)	(-0.14)	(4.14)	(3.06)	(4.16)	(-0.67)	(3.42)
lnfdi	0.056 ***	0.007	-0.057	0.135 ***	0.014	0.017	-0.023	0.043 *
	(2.65)	(0.27)	(-0.92)	(3.44)	(1.00)	(0.88)	(-0.51)	(1.69)
_cons	-1.549 ***	-1.720 ***	-0.480	-1.494 ***	-0.296 *	-0.835 **	-0.213	0.333
	(-6.00)	(-4.81)	(-0.95)	(-3.09)	(-1.69)	(-3.14)	(-0.57)	(1.06)
Sigma_u	0.197	0.111	0.218	0.201	0.133	0.079	0.170	0.140
Sigma_e	0.109	0.075	0.105	0.110	0.074	0.058	0.077	0.075
rho	0.767	0.685	0.812	0.770	0.763	0.648	0.831	0.778
Wald chi2(5)	333.14	217.23	28.34	166.57	177.71	137.78	21.08	80.41

注：括号内是 t 值，*、** 和 *** 分别表示回归系数 10%、5% 和 1% 的显著性水平。

---

① 为保证各地区面板模型的样本量，本部分不再按照东部、中部、西部、东北部四地区划分，而采用东、中、西三地区划分方式。其中，东部地区包括北京、天津、河北、辽宁、上海、江苏、浙江、福建、山东、广东和海南；中部地区包括黑龙江、吉林、山西、安徽、江西、河南、湖北和湖南；西部地区包括内蒙古、广西、重庆、四川、贵州、云南、陕西、甘肃、青海、宁夏、新疆。

在全国范围内，各解释变量对全要素生产率指数均体现为显著的正向促进作用。对于以从业人员测算的全要素生产率，科普经费投入的弹性系数为0.130，即科普经费增加1%，地区全要素生产率平均增长0.13%；同时，研发经费投入强度的弹性系数为0.136，研发经费投入强度增加对地区全要素生产率的促进作用相对高于科普经费投入；产业结构和基础设施的弹性系数分别为0.256和0.191，均高于科普经费投入，产业结构高级化和基础设施建设增加对地区全要素生产率的提高作用更加明显；地区对外开放程度的弹性系数为0.056，为各解释变量中最低。在我国目前的科技创新发展阶段，由外商直接投资产生的技术溢出，从而促进全要素生产率提高的效果已相对弱化。对于以人力资本测算的全要素生产率，科普经费投入的弹性系数为0.07，与其他解释变量弹性系数的相对大小与从业人员测算的全要素生产率模型相同。可以认为，科普经费投入增加将有效促进地区公民科学素质提高，明显促进地区技术进步和科技效率提高，从而提高全要素生产率。但相对于科技研发投入而言，科普经费投入对全要素生产率的作用仍较小，也更加间接，需要以公民科学素质的普遍提高为条件。

从不同地区来看，东部、中部、西部科普经费投入均显著促进了地区全要素生产率的提高。对于东部地区，科普经费投入的弹性系数为0.112，相对高于研发投入强度的弹性系数，且研发投入强度弹性系数不显著；而对于西部地区，科普经费投入的弹性系数仅为0.097，相对小于研发投入强度（0.239）。可以认为，科普对于全要素生产率提高的重要作用已在东部地区逐步凸显，西部地区全要素生产率提高仍主要依赖于作用更加直接的科技研发活动。

（三）基于增长核算法的科普贡献率测算

为进一步研究科普对经济产出的作用，反映科普的经济效益，本研究在经济增长的核算框架下，将科普投入作为一项"生产要素"纳入全社会生产函数模型，测算科普投入对经济增长的贡献率。

135

1. 纳入科普投入的增长核算模型构建

经济增长核算方法由美国经济学家 Denison 提出，在 Solow 的新古典经济增长模型基础上，使用经济增长核算的统计数据首先分析了 20 世纪美国经济增长的原因。该方法假定全社会的经济产出 Y 与物质资本投入 K 和劳动投入 L 之间满足生产函数关系为：

$$Y_t = A_t \cdot F(K_t, L_t) \tag{8}$$

对式（8）左右两端关于时间求全微分，并同时除以 Y_t 得到公式为：

$$\frac{Y'}{Y} = \frac{\partial F}{\partial K} \cdot \frac{K}{Y} \cdot \frac{K'}{K} + \frac{\partial F}{\partial L} \cdot \frac{L}{Y} \cdot \frac{L'}{L} + \frac{A'}{A} \tag{9}$$

其中，$\frac{\partial Y}{\partial K} \cdot \frac{K}{Y}$ 和 $\frac{\partial Y}{\partial L} \cdot \frac{L}{Y}$ 分别为资本和劳动要素的产出弹性系数。Denison 基于新古典增长理论中关于完全竞争市场、技术进步外生和投入要素规模报酬不变的假设条件，认为投入要素的边际产出等于其相应的要素报酬，要素规模报酬不变，其产出弹性系数等于各自的要素报酬份额。因此，投入要素的边际产出等于其要素报酬为：

$$\frac{\partial Y}{\partial K} = \frac{r_t}{p_t}, \frac{\partial Y}{\partial K} = \frac{w_t}{p_t} \tag{10}$$

于是产出弹性系数可以表示为要素的报酬份额为：

$$S^k = \frac{r_t}{p_t} \cdot \frac{K}{Y} = \frac{\partial F}{\partial K} \cdot \frac{K}{Y}, S^t = \frac{w_t}{p_t} \cdot \frac{L}{Y} = \frac{\partial F}{\partial L} \cdot \frac{L}{Y} \tag{11}$$

经济增长核算方程因此可以写为：

$$\frac{Y'}{Y} = S^k \cdot \frac{K'}{K} + S^l \cdot \frac{L'}{L} + \frac{A'}{A} \tag{12}$$

各要素的报酬份额与增长率的乘积占地区经济增长率的份额即为该要素对经济增长的贡献率。

借鉴以往研究经验，本研究采用柯布·道格拉斯生产函数形式，加入科普投入要素后，增长核算生产函数模型为：

$$Y_{i,t} = A_t \cdot K_{i,t}^{\alpha} \cdot P_{i,t}^{\beta} \cdot L_{i,t}^{v}, \tag{13}$$

其中，$Y_{i,t}$ 为各地区、各年度的地区生产总值，A_t 为各地区生产率水平，$P_{i,t}$ 为各年度、各地区科普投入形成的资本存量，$K_{i,t}$ 为全社会物质资本存量中除了科普投入形成资本存量外的其他物质资本存量，$L_{i,t}$ 为各地区的人力资本。对式（14）两端分别取对数，得到待估计模型为：

$$\ln Y_{i,t} = \ln A_t + \alpha \cdot \ln K_{i,t} + \beta \cdot \ln P_{i,t} + \gamma \cdot \ln L_{i,t} + \mu_{i,t} \tag{14}$$

其中，α、β、γ 分别为全社会物质资本存量、科普投入资本存量和人力资本的产出弹性系数，是该模型的待估计系数。全社会物质资本存量、科普经费资本存量和人力资本对经济增长的贡献如式（15）～（17）所示：

$$物质资本贡献 = \alpha \cdot \frac{K'}{K} / \frac{Y'}{Y} \tag{15}$$

$$科普经费资本贡献 = \beta \cdot \frac{P'}{P} / \frac{Y'}{Y} \tag{16}$$

$$人力资本贡献 = \gamma \cdot \frac{L'}{L} / \frac{Y'}{Y} \tag{17}$$

2. 变量说明与资料来源

上述经济增长核算模型使用的地区生产总值、物质资本存量和人力资本存量测算方法与式（4）～（6）的描述一致，本部分着重说明科普投入资本存量的核算过程。

科普投入资本存量核算的思路与物质资本存量一致，也采用永续盘存法进行测算，将为社会经济生产提供服务的科普投入以某年不变价格进行跨时期累加，其中各年度资本服务流将因为各种因素存在贬值和降低，需要考虑资本折旧。与一般物质资本不同，随着知识扩散速度和更新速度的提高，科普投入资本的折旧率也会相应高于其他物质资本。本研究将借鉴吴延兵（2006）等学者对 R&D 资本折旧的研究结论，假设科普投入资本的年均折旧率基本与 R&D 资本折旧率相同，为 10%～15%。核算科普投入资本的基础数据均来自各年度《中国科技统计年鉴》。

3. 科普投入对经济增长的贡献

科普经费资本与地区生产总值之间存在显著的线性相关关系。如图 3 所示，多数科普经费形成的资本存量与地区生产总值的散点分布在拟合直线附近，二者之间存在比较明显的线性相关关系。

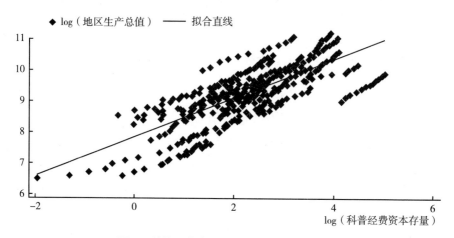

图 3　科普经费资本与地区生产总值散点图

基于 2006～2017 年的地区面板数据，本研究使用 Stata 14.0 软件对方程（15）进行面板回归，测算科普经费投入对地区经济增长的促进作用。地区范围仍包含全国、东部各省（自治区、直辖市）、中部各省（自治区、直辖市）和西部各省（自治区、直辖市）四个层面，结果如表 5 所示。

表 5　科普投入影响经济增长实证分析结果

检验指标	模型 1				模型 2			
	全国	东部	中部	西部	全国	东部	中部	西部
lnkpcpt	0.100 ***	0.131 ***	− 0.036	0.137 ***	0.086 ***	0.127 ***	− 0.029	0.120 ***
	(7.10)	(4.79)	(− 1.40)	(7.28)	(6.27)	(4.88)	(− 1.17)	(6.58)
lnocpt	0.546 ***	0.588 ***	0.716 ***	0.446 ***	0.500 ***	0.538 ***	0.672 ***	0.391 ***
	(31.61)	(16.32)	(33.28)	(18.19)	(27.74)	(14.45)	(29.79)	(15.51)
lnwf	0.393 ***	0.223 ***	0.331 ***	0.459 ***	—	—	—	—
	(11.38)	(3.80)	(5.93)	(10.40)				
lnhcpt	—	—	—	—	0.443 ***	0.304 ***	0.347 ***	0.513 ***
					(12.83)	(5.29)	(6.97)	(10.97)

检验 指标	模型1				模型2			
	全国	东部	中部	西部	全国	东部	中部	西部
_cons	0.428* (1.73)	1.405*** (3.66)	-0.611 (-1.45)	0.705** (2.12)	-0.423 (-1.51)	0.622 (1.44)	-1.058** (-2.49)	-0.210 (-0.54)
Sigma_u	0.162	0.174	0.135	0.105	0.157	0.169	0.127	0.105
Sigma_e	0.065	0.062	0.037	0.060	0.063	0.059	0.035	0.059
rho	0.863	0.888	0.932	0.751	0.862	0.891	0.930	0.764
Wald chi2(5)	10582.1	3884.73	8941.64	4538.33	11357.9	4278.94	9868.10	4904.71

注：括号内是 t 值，*、** 和 *** 分别表示回归系数10%、5%和1%的显著性水平。

在全国范围内，对于以从业人员作为劳动投入进行测算的模型1，科普经费资本对经济增长的弹性系数为0.100，在1%水平上显著。同时，其他固定资本弹性系数、从业人员产出弹性系数分别为0.546和0.393，均超过科普经费资本。科普经费资本对地区经济增长的作用仍相对较弱。对于以人力资本为劳动投入进行测算的模型2，人力资本对经济增长的促进作用进一步提高，其产出弹性系数为0.443，科普经费的产出弹性系数为0.086。可以认为，科普经费形成的资本存量虽然能够有效促进地区经济增长，但促进作用仍明显小于传统生产要素。

从不同地区来看，东部和西部地区的科普经费产出弹性系数均为正且显著，中部地区科普经费产出弹性为负且不显著。可以认为，中部地区科普投入尚未形成促进地区经济增长的规模效应，地区经济增长仍显著依赖于以基础设施为代表的其他物质资本投入。

根据式（15）~（17）测算我国全社会物质资本、科普经费资本和人力资本对经济增长的贡献率如图4所示。2007~2017年，我国科普经费资本对经济增长的贡献率基本保持在7%~12%，全社会其他物质资本对经济增长的贡献率为45%~75%，人力资本对经济增长的贡献率波动较大，处于-16%~35%。物质资本对经济增长的贡献仍处于主导作用，科普经费资本的贡献相对稳定。

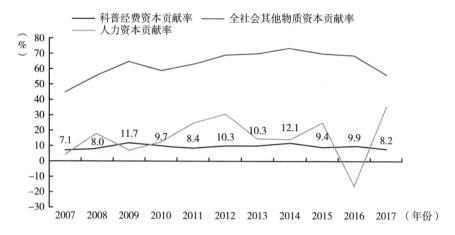

图4　各要素投入增加对地区经济增长的贡献

从图5的地区比较来看，西部地区的科普经费资本增长相对较快，年均增长率达到18.6%，东部地区的增长率相对较低，仅为9.9%。表5的估计结果表明，中部地区科普经费资本的产出弹性不显著，东部和西部地区科普经费产出弹性系数差异不大，约为0.13，因此，西部地区科普经费资本对经济增长的贡献率相对高于东部地区。如图5所示，东部地区科普经费资本对经济增长的贡献率基本处于7%～19%，西部地区科普经费资本的贡献率于2013年达到25%，相对较高。

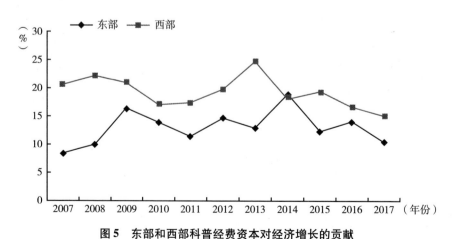

图5　东部和西部科普经费资本对经济增长的贡献

四　主要结论与对策建议

（一）主要结论

第一，全社会的科普经费投入增加能够有效促进全要素生产率的提高，且在东部地区，这一促进作用相对超过研发经费的影响。在全国范围内，科普经费投入的弹性系数为 0.070~0.130，且在 1% 的水平上显著，表明科普经费投入增加 1%，能够有效促进全要素生产率提高 0.07%~0.13%。同时，研发经费投入的弹性系数为 0.072~0.136，也在 1% 的水平上显著。科普经费增加对全要素生产率提高的促进作用相对小于研发经费的影响。但在东、中、西部三大地区层面来看，东部地区聚集了大量、高层次创新资源，全要素生产率保持了多年的快速提高，中部地区全要素生产率增速相对较低，基本保持稳步增长趋势，但东部和中部地区的科普投入对全要素生产率的促进作用均逐步凸显，弹性系数显著为正，且超过研发投入的弹性系数。相对的，西部地区近年来通过科技进步和科技资源配置效率提高，快速提高全要素生产率，近年增速上超越了东部地区。但科普投入对全要素生产率的促进作用仍相对较弱，生产率提高主要依赖于作用更加直接的科技研发活动。

第二，科普经费形成的资本存量有效促进地区经济增长，但促进作用仍明显小于传统生产要素。在全国层面，科普经费资本的产出弹性系数为 0.086~0.100，在 1% 的水平上显著，表明科普经费形成的资本每增加 1%，将带来经济增长 0.086%~0.1%。同时，除科普经费外的其他物质资本存量的产出弹性系数为 0.5~0.545，劳动投入的产出弹性系数约为 0.400，均远超过科普经费资本的产出弹性系数。从东、中、西三大地区层面来看，东部和西部地区的科普经费产出弹性系数均为正且显著，中部地区科普经费产出弹性为负且不显著。可以认为，中部地区科普投入尚未形成促进地区经济增长的规模效应，地区经济增长仍显著依赖于以基础设施为代表的其他物质资本投入。

141

第三，科普经费资本对地区经济增长的贡献率为7%～9%，其中西部地区的贡献水平相对更高。由产出弹性系数和科普经费资本增长率乘积与地区经济增长率的比值，本研究测算了科普经费资本即其他传统生产要素增长对地区经济增长的贡献率。测算结果表明，2006年全国各地区科普经费资本年均增长率为11.34%，对经济增长的贡献率为7%～9%。从地区来看，西部地区的科普资本年均增长率达到18.6%，接近东部地区增速的2倍，西部地区科普资本对经济增长的贡献率也相应较高，于2013年达到25%的高点。可以认为，西部地区科普经费投入对地区全要素生产率提高的促进作用虽然相对较弱，但通过科普产业发展、创新文化形成和新就业岗位的增加等方式仍有效促进了地区经济社会的快速增长。

（二）对策建议

1. 完善科普政策体系与相关机制

一是完善政策体系。积极构建长远的制度框架，制定见实效的重大政策。在制度层面，中国科协应优化环境层面政策工具的应用结构，推动科普事业与科普产业协同发展；在政策层面，加大政策的持续性，并辅之以科普评估政策，对政策进行不断的优化与完善。还应明确政策实施细则，实现有限科普资源的科学有效供给。在科普政策实施层面，首先应对一些科普政策进行政策实验，为更好落实科普政策法规进行铺垫。其次，应加强科普政策实施力度，强化科普政策执行结果的监测、评估和总结工作，建立明确的奖惩机制。最后应提高公民的积极性与参与公共事务的能力。

二是对科普政策进行细化与完善。应强化科普政策内容的系统性，对科普政策内容所缺失的重要方面进行填补，加强其完整性；应构建科普政策目标体系，对科普政策目标进行细化，以提高政策目标的可操作性和精确性。

三是完善部门之间的协同机制。加强各部门间的协同性和进行信息资源整合是保障科普工作顺利进行的重要保障。首先，应建立整体顺畅、内外和谐的部门间的沟通渠道，促进信息资源整合与共享。其次，要加强部门间的协同凝聚力，弱化部门之间的差别，以平衡整体与个体的利益诉求为目标，发挥部门间协同的整体效应与联动效应。最后，在科普政策制定中，必须要明确政策主体权责，做到责任明晰，分工精确，为部门间的合作提供制度保障。

2. 提升科普各项工作的重视程度

重视科普工作，加大科普宣传教育，提升全民科学素养，既能惠及广大民众，也能为国家的创新能力与可持续发展提供支撑。在政策导向上，要将公民科学素质工作纳入发展总体规划、科教兴国和人才强国行动计划以及中国科协全面战略的重要内容。从政治上切实把科学普及工作摆在应有的突出位置，大力推动《中华人民共和国科学技术普及法》落地见效形成"政府主导、科协主抓、行业部门主动、人民群众主体"的工作新格局。做好人才培养、经费投入的重要保障。

在加大科普人才的培养方面，完善好多层次、分类别的科普人才培养体系。首先，做好专职科普人才的提升工作，继续做好高层次科普人才的培育工作。其次，做好科普人才的培养工作，对于专职科普人才，通过社会化培训，不断持续提升科普的意识与能力。最后，对于兼职科普人才，提供网络平台以及自主性的培训，保证其能够充分助力科普事业与科普产业的发展。

在加大科普经费的投入方面，首先，要加大公益性科普事业的投入，建立有效的监督管理机制，保障经费投入，建立与我国国情相适应的科普投入机制。其次，加大多元化资金投入保障机制，鼓励社会团体、民间集体和个人参与科普产业，增加科普投入的保障机制，确保科普事业的顺利发展。最后，推进科普产业化多元投资体系的建立，有利于缓解科普资金缺乏的问题。

3. 做好公益性科普事业提升公共服务水平

大力推广政府购买服务，引入市场机制，按照公开、公平、公正原则，严格程序，通过合同、委托等方式向社会购买，交由具备条件、信誉良好的社会组织、机构和企业等来承担，推动公共服务提供主体多元化、提供方式市场化，带动科普企业的发展。

4. 做好科普产业发展促进经济高质量发展

一是做好顶层规划，明确产业发展方向。政府要根据科普产业本身的发展特征和公众多样化的科普需求，制定科普产业促进政策，规范市场秩序和规则，引导科普企业建立自我发展的经营机制和社会效益与经济效益相统一的经营目标。

二是充分发挥政府和市场的合力。科普事业的生产资本由国家或社会提供，而科普产业资本更多来源于社会资本注入，政府无法直接主导，为此应当通过健全和完善科普业扶持政策措施，吸引民间投资，为科普产业积聚更多的资本力量。同时科普产业的发展可能对意识形态、舆论思潮、价值观念、社会风俗等产生重大影响，其发展可能不能单凭市场来解决，需要强调国家的规范和控制，使社会效益最大化。

三是精准研判，找准科普产业消费着力点。在科普产业的推进措施上，国家和政府应当出台税收优惠等具体措施，支持科普产品的研发，鼓励科普产业的创新；发展科普产业集聚区，建立科普人才培养基地，培育若干重点科普企业；加大资金支持力度，拓宽中小型科普企业的融资渠道；强化对科普创新和科普产品的知识产权激励，保护科普企业和科普人才创新的合法权益。在促进科普产品消费上，分析研判公众当前消费新趋势，从不同人群的消费喜好和现代生活方式中寻找着力点，引导城乡居民转变消费观念，推动科普消费总体规模持续增长。在促进科普产业发展上，优先发展科普产业示范领域，发挥示范引导效应推动科普产业发展，鼓励相关企业利用自身的产品、技术、服务和设施优势，向科普产业转型。

参考文献

刘新芳：《当代中国科普史研究》，中国科学技术大学博士学位论文，2010。

吴延兵：《R&D 与生产率——基于中国制造业的实证研究》，《经济研究》2006 年第 11 期，第 60 ~ 71 页。

B.5
我国金融科普模式发展现状与趋势[*]

吴忠群　冯　静　田光宁　史富莲[**]

摘　要： 金融安全是国家安全的重要组成部分，对国计民生和社会稳定具有重大而深刻的影响，是国家治理体系和治理能力现代化的重要方面，应该高度重视并采取有效措施加以捍卫。纵观国内外金融安全的经验与教训，加强公众的金融教育和引导，既是金融安全的重要内容，也是维护金融安全的有效途径。为此，本报告以金融科普模式为视角，重点考察了我国在金融科普模式方面的基本状况。在此基础上，分析了我国金融科普模式方面存在的问题，并对未来发展趋势进行了简要分析。本报告认为，建立高效金融科普体制将为维护金融安全、促进金融效率以及改良金融生态等产生重要推动作用。

关键词： 金融科普　金融科普战略　金融科普模式

一　概述

"科普"的内涵极其丰富，其定义至今并未形成统一的表述。在国际学

[*] 本文得到中国科普研究所委托项目（190109EZR027）资助。
[**] 吴忠群，华北电力大学经济与管理学院教授，博士生导师，主要研究方向为行为金融、金融工程、经济增长等；冯静，华北电力大学经济与管理学院讲师，研究方向为货币金融；田光宁，华北电力大学经济与管理学院副教授，主要研究方向为宏观金融；史富莲，华北电力大学经济与管理学院副教授，主要研究方向为财务会计。

术界，科普通常被称为"公众理解科学"（Public Understanding of Science）或"科技传播"（The Communication of Science and Technology）。我国 2002 年颁布的《科普法》，极大地丰富和深化了对科普的理解：首先拓展了科普本身的内涵，把倡导科学方法、传播科学思想、弘扬科学精神全部纳入科普的范畴，远超科学技术知识的范围；其次深化了对科普方式的理解，把公众参与科学作为根本的科普方式；最后扩大了科普的实施主体，远不止科协一个机构，而是规定国家机关、武装力量、社会团体、企事业单位、农村基层组织等其他力量都负有科普职责。①

　　科普对于国家的发展具有不可忽视的作用，大体上可以从微观和宏观两个角度来看。从微观角度看，人的认知、观念、信仰等对人的行为具有决定性作用，人的行为则是社会建构的基础，社会是全体社会成员的集合，社会状况是所有人行为的结果，要想达到和睦相处、合作共赢、风清气正、积极进取的社会理想，其直接基础是人的行为，只有社会整体或大多数人具有正确的认知、观念、信仰等精神要素，才能保证其行为的合理性、正当性，进而为形成公序良俗的社会奠定基础，科普就是把已经得到广泛验证的知识，包括自然知识和社会知识，传播给公众，这样人的思想就会受到科学的熏陶或指引，脱离错误和愚昧，对于人的正确意识（包括认知、观念、信仰等）的形成具有重要的基础性作用，从而促进社会的发展；从宏观角度看，一国政治、经济、文化等各个方面都建立在一定的理念、信仰、规则之上，这些规则的制定和推行需要民意的认可和支持，而民意支持的前提是认同，只有公众理解并接受这些理念、信仰和规则才能真正认同，科普建立了政权与民众之间相互沟通、理解的桥梁，能为国家治理提供有力支撑。② 第十次中国公民科学素质调查发现，截至 2018 年，我国公民具备科学素质的比例约为 8.47%，按照流行看法，10% 是创新型国家的下限，可见我国的公民科学

---

① 《中华人民共和国科学技术普及法》，https：//baike. baidu. com/item/，发布时间：2002 年 6 月 29 日。

② 罗晖、何薇、张超等：《动员全社会力量实现公民科学素质目标》，《科普研究》2015 年第 3 期，第 5~8 页，第 39 页。

素养还处于较低水平，亟待进一步提高。需要指出的是，历次公民科学素质调查都只针对自然科学，没有包含社会科学，这是不全面的，建议以后的科学素质调查应该把人文社会科学包括进来，并合理匹配各部分之间的比例和权重。

目前，我国正加快实施"创新驱动发展战略"，该战略要求把经济增长方式转移到依靠科技进步和提高劳动者素质上来，一方面需要培养千千万万的科技人才；另一方面需要普通劳动者科学素质的普遍提高。科普的意义正在于把科学文化知识向整个社会传播，使所有社会成员都得到科学的滋养，从而在最大的范围内提高全社会的科学素养。此外，必须指出的是，这里的科技不仅仅是指一般所理解的工程技术，而应包括社会科学和人文知识，否则是不全面的科技，甚至产生事与愿违的后果。总而言之，科普不到位，则科学素质低，科技创新难。

随着经济全球化的不断加深，金融在社会经济生活中发挥的作用愈加重要，一方面金融对每个人的影响越来越多、越来越大，渐已成为普通人生活所离不开的重要部门；另一方面，由于其所处的配置资源的核心地位，对经济、社会的方方面面都发生着直接或间接的重大作用。可以说，国家的金融稳定、金融效率和金融安全关系着国家的整体稳定、效率和安全，而如果要使这些方面达到较为理想的状况，不仅需要金融部门的努力，而且需要全社会共同的行动。试想，一个普通民众处于"金融科盲"的社会，其金融体系的稳定、效率和安全从何而来？因此无论是为了促进整个国家的金融稳定、效率和安全，还是增进普通居民个人的福祉，加强金融相关知识的普及都是十分必要和迫切的。目前很多国家都已意识到，金融科普对于维护金融安全和社会稳定具有极为重要的积极意义。①

为实现与时俱进的科普目标，面向金融领域知识与应用的科普，是大幅提升公民解决实际问题和参与公共事务所需的能力，适应和引领经济发展新形势的必要手段，也是普遍提高人民生活水平和质量、提升社会文明程度的

---

① 罗望：《四川省金融学会开展金融知识宣传活动》，《西南金融》2006年第4期，第43页。

有效方法。它具有推进大众创业、万众创新，全社会掌握并运用金融科技，享受金融成果，促进国内经济发展动力转换、结构优化、质量提升的积极意义。

综上所述，"金融科普"（Financial Science Popularization）是把与金融相关知识、技能、方法、理念向大众的通俗化传播和普及。与金融科普的概念相对应，金融科普模式是指开展金融科普活动的基本方式，主要涉及组织形式、运行方式以及基本手段等议题。金融科普模式解决的是金融科普由谁负责、如何管理、如何运行等根本性问题，决定了金融科普活动的内在机制和外在表象。从形式上看，金融科普模式是基于金融科普建立起来的集教育、宣传、服务为一体的运行机制和实体机构的统一。传统的金融科普模式包括"金融知识普及月""反假人民币宣传月""金融知识六进"等，因为它们规定了具体金融科普的基本方式，因此属于科普模式的范畴。需顺便指出的一点是，模式不是一个刻板的划定，根据需要可以归纳或构造不同的模式，比如上述所提的三种模式也可以划归为"传统金融科普模式"这一概念，同时它们每一个也可以看作具体的金融科普模式。金融科普作为科学普及的重要组成部分和民众生产生活的重要构成因素，其有效与否，不仅关系着金融创新的群众基础，也关系着我国在建设中国特色社会主义道路上的金融稳定和社会发展。特别是经历过2008年爆发的全球金融危机后，金融科普的现实需求更加迫切。

从国际上看，尽管各国对金融科普的理解不尽相同，但是基本的目的是一致的，即金融科普的根本目的在于使个体乃至全社会具备正确的金融观念，并推动金融创新和经济进步及社会稳定。由全球性投资专业人士会员组成的CFA Institute所发布的2019年上半年研究数据显示，全球金融从业人员总量在4100万人上下，而中国的整体数量占到全球总量的20%，已经超过美国，成为全球金融从业人员最多的国家。可以预见，金融科普能否开展得好，对于真正提升一个国家的整体创新与经济实力将起到举足轻重的作用。

前不久，中国人民银行在其一份公开报告中指出，由于金融全球化日益深化，金融风险变得愈加突出而广布，潜在风险隐患不断增加，对我国经济运行和金融稳定均提出了严峻挑战。[1]

基于上述基本情况，本报告认为，如何大力深化金融科普，扩大金融科普受众范围，拓展知识广度与深度，是当前我们所面临的刻不容缓的难题。推广金融科普的意义在于提升公民金融素养，增强公民获取和运用金融知识的能力，防范金融诈骗等犯罪，合理利用并保护自身金融权利，塑造全民了解经济、读懂政策的意识。同时，也为国家大力发展普惠金融、预防金融危机奠定坚实的群众基础、营造适当的社会氛围，更有助于高质量打好防范化解重大风险、精准脱贫的攻坚战，夯实全面建成小康社会的基石。

二 金融科普模式的现状

（一）现行金融科普模式的类型

我国现行的金融科普模式，主要有三大类型，具体情况如下。

第一，依据是否以营利为目的，可以分为公益科普模式和产业科普模式。金融公益科普主要由各地各级政府或相关金融主管机构根据国内外经济形势和当地教育、民生发展的需要举办，所涉及的往往是金融学科知识最基础、最常识化的部分。例如，在四川省省委宣传部联合四川省科技厅、四川省科协等单位发起的"科普之春"科普活动月中，四川省金融学会组织中国人民银行成都分行金融研究处、货币金融处、征信管理处、法律事务处等部门，"以百姓的眼光和视角看金融"为原则准绳，以通俗易懂、易于接受的方式向广大市民进行金融常识、金融征信与法规、反假币和诈骗知识的普及，由员工主动向广大市民发放宣传资料，解释金融知识和政策，受到广大市民的欢迎和好评，也收到良好的社会效果[2]。金融产业科普模式则有多方

---

① 中国人民银行：《中国金融稳定报告（2019）》，http：//www.pbc.gov.cn/goutongjiaoliu/113456/113469/3927456/index.html，发布时间：2019年11月25日。

② 罗望：《四川省金融学会开展金融知识宣传活动》，《西南金融》2006年第4期，第43页。

联合，特别是有金融机构的参与，为拓展相关产品和服务的需要而主办，所涉及的则是与各自所开发的金融工具、产品有关的更为专业化的金融知识。在此模式下，特别具有代表意义的是创立于 2005 年、被誉为"中国金融第一展"的北京国际金融博览会（以下简称"金博会"），该展已经成为展示中国金融业发展，促进区域经济金融交流合作的重要平台。在各级政府、金融机构和市民百姓的大力支持下，2018 年金博会共有银行、证券、基金、保险等 150 余家金融机构参展，集中展示金融科技、普惠金融、服务实体经济等最新成果。

第二，以其宣传方式为依据，可以分为静态科普模式和动态科普模式（总称"场馆基地巡展流动站"）。和其他学科的科普模式一样，金融科普也存在动静两种传播方式，静态传播方式主要指场馆、基地等科普宣传形式，具体包括公共图书馆、图书阅览室、科技类场馆、博物馆、行业园区、科普画廊或宣传栏、展览馆、科技示范点、高校及科研院所实验室等。动态传播方式则主要指巡展、科普流动站、科普宣传车之类的无固定场所、便于移动的宣传形式。

一般来说，场馆、基地因其存在的持久性，可以涵盖更多的科普内容和吸引更大规模的科普投资，因此能服务于更深入、更专业的科普工作；而流动形式下的金融科普则因其灵活性、及时性、便于移动性，从而使受众更为广泛，两者各有优势。

根据 2019 年 12 月 2 日科技部发布的 2018 年全国科普统计数据，近年来我国科普相关的场馆数量增加比较快，而且单位规模也有扩大趋势。统计数据显示，截至 2018 年底，我国科普相关场馆的总数达到 1460 余个，按 2018 年底的全国常住人口总数计算，平均不到 96 万人拥有一个科普场馆，全国所拥有的科普场馆展厅总面积达到近 526 万平方米，[①] 其中科技馆 518 个，科学技术类博物馆 943 个。从参观人次方面看，科技馆和科学技术类博

---

① 张伟：《我国科普事业稳定发展 双创科普活动载体持续增加》，《中国高新技术产业导报》，http://www.chinahightech.com/html/paper/2019/1230/5533768.html，发布时间：2019 年 12 月 30 日。

物馆对公众的吸引力基本相当，前者每年吸引的参观数量接近 7637 万人次，馆均达到 14.74 万人次；后者每年吸引的参观数量约为 1.42 亿人次，[①] 馆均达到 15.06 万人次。

有研究指出，我国科普发展的空间巨大，并且具有良好的社会基础，不仅民众的科普需求意愿与日俱增，而且科普的参与者和科普渠道也在迅速扩展。有报道显示，科研机构和大专院校都对科普事业显示出了持续增加的热情，正在成为我国科普事业的重要力量。2018 年全国科研院所和高校已经举办各类科普活动逾 1 万场次，受众近 997 万人次。2018 年全部科普活动所吸引的受众估计接近 9 亿人次，比 2017 年增长近 16%[②]，足见科普需求的热烈程度，这其中，组织科普（技）讲座 91.01 万次，吸引听众 2.06 亿人次。举办科普（技）专题展览 11.64 万次，共有 2.56 亿人次参观。举办科普国际交流活动 2579 次，共有 93.66 万人次参加。

上述背景为我国的金融科普提供了良好的科普场所、科普人员及科普活动的基础，就具体举措落实而言，金融科普活动宣传类型有以下 5 种：（1）金融科学知识成就展示型；（2）实用金融技术普及服务型；（3）金融科技交流洽谈型；（4）金融科普沙龙活动型；（5）金融科普示范榜样型。

第三，以其传播媒介为依据，可以分为传统媒体模式和新媒体模式。所谓传统媒体模式是与所谓新媒体模式相对而言的，并不是说传统媒体模式一定是过时的或趋于消亡的，而只是产生的时间较早。传统媒体主要有：（1）书、报、刊物等正规出版物；（2）黑板报、海报、灯箱等简易媒体；（3）广播、电影、电视等高强度媒体。新媒体是一个不断丰富和扩展的概念，目前主要有以下形式：（1）互联网；（2）移动通信设备，如手机等；（3）各种信息平台，包括语音、App 等多种渠道。在传统媒体模式中，易于被公众接受且重视的形式是广播、电影、电视，简易媒体是最缺乏吸引力

---

① 张蕾：《解读最新全国科普统计数据》，《光明日报》2019 年 12 月 25 日，第 8 版。
② 张伟：《我国科普事业稳定发展 双创科普活动载体持续增加》，《中国高新技术产业导报》，http://www.chinahightech.com/html/paper/2019/1230/5533768.html，发布时间：2019 年 12 月 30 日。

的形式，正规出版物则因为需要付费或者内容过于专业也难以吸引普通公众，总体看，传统媒体科普模式一个共同特点是缺乏科普信息的即时性和科普受众之间的互动性，其效果受到明显制约。相对于传统的科普形式，基于互联网和移动通信的新媒体科普模式，尽管因其受众必须具备相应的文化和收入水平以使用互联网和移动通信终端，而在阶层上有所局限，但它颠覆了传统媒体单一、单向的传播方式，代之以多渠道、去中心化的传播方式，拥有不可替代的互动性。例如，微信、微博、经济论坛、贴吧、b站（哔哩哔哩网站）社区、短视频App等的适时留言、评论、弹幕功能等，为提高科普的针对性、普适性发挥了不可估量的作用。当然，科普网站、科普栏目、科普交互、科普电子书、科普动漫、科普视频与游戏对用户而言也极富吸引力，并能潜移默化地发挥金融科普的功能。例如，由中国科学院主办的科学新媒体服务平台，为网络用户带来内容丰富的网络科普视频服务。还有一些地区科普服务，如北京地区的北京科普之窗、北京数字博物馆；上海地区的上海科普志愿者网、上海数字科技馆等。可以预见，随着信息科技及相关服务产业的发展，新媒体科普模式将发挥越来越重要的作用。[①] 据统计，截至2018年6月底，我国普通互联网使用者超过8亿人，手机用户也接近8亿人。[②] 因此，充分发挥大众传媒和经济文化的作用，有助于营造金融科普宣传的浓厚氛围，激发全社会金融创新创业的活力，培育宏观经济生态环境。

从目前情况看，金融科普图书、期刊、广播电视的金融科普栏目等传统传播形式的绝对规模在持续扩大，与此同时，随着互联网产业供求双向的迅猛增长和互联网普及率的稳步提升，以移动互联为代表的新媒体逐渐成为金融科学传播的重要平台，且在我国科普事业中产生了巨大的、不可替代的作用。[③] 以发展的眼光看，新媒体模式具有传统媒体模式所不具有的特质，[④]

---

① 王姝力：《关于科普信息化建设的思考》，《科协论坛》2011年第11期，第46~48页。
② 中国互联网络信息中心：第42次《中国互联网络发展状况统计报告》，http://www.cac.gov.cn/2018-08/20/c_1123296859.htm，发布时间：2018年8月20日。
③ 李佳芮、张健、孙苗等：《关于海洋科普信息化建设的探讨》，《海峡科技与产业》2016年第11期，第75~77页。
④ 石磊：《新媒体概论》，中国传媒大学出版社，2009。

这些特质将为科普事业带来新的增长点，并有力地加快金融科普的步伐。最根本的转变将是为落实"让公众参与科学"的新科普发展理念提供有力的技术保障。有调查显示，[1] 电视和互联网（含移动互联网）已经取代其他媒体形式成为公众获得信息的主渠道，其中每天看电视了解科技信息的公众约占受访者的 68.5%，每天访问互联网的约占 64.6%。更为具体的调查显示，社交平台（如微信等）、门户网站、搜索引擎以及专业科普网站（如果壳网、科学网等）是公众更为乐于使用的信息获取渠道，其中社交平台最受青睐，使用率约占被访者的 96%，随后依次是门户网站（约 83%）、搜索引擎（约 80%）、专业科普网站（约 68%）。另外值得注意的是，一些新媒体形式如电子书报刊、微博等所占比例明显低于前四类媒体，使用率只有50% 左右，而众多科普类新媒体（包括 App、数字科技馆、科学博客等）对公众的吸引力远低于预期，这其中 App 只有约 30%，数字科技馆约 29%，科学博客不到 25%。

可以肯定的一点是，如今以传统媒体传播、场馆展示为主的传播方式正在朝着传统媒体和新媒体融合、互动的方向加速转变。统计数据显示，2018年新建专门科普网站 2688 个，环比上升 4.59%；新增科普类微博 2809 个，新增论坛帖子 90.42 万篇，环比上升约 36%；新增科普类微信公众号 7067个，新增论坛帖子 100.87 万篇，环比分别上升约 29% 和 15%。[2] 由腾讯公司和中国科普研究所合作完成的《移动互联网网民科普获取及传播行为研究报告》显示，从科普内容的传播渠道上看，超过 86% 的内容分享通过微信完成，其中 47.3% 是分享给好友，39.3% 是分享至微信朋友圈。朋友圈是目前最活跃的社交平台，容易引发裂变式二次传播，是传播扩散的有力手段。

（二）金融科普模式相关利益主体

各种金融科普模式都围绕从金融科学知识的掌握者向缺乏相关知识的受

---

[1] 中国科普研究所：《2018 年第十次中国公民科学素质调查主要结果》，http://www.crsp.org.cn/uploads/soft/180919/1-1P919200S4.pdf，发布时间：2018 年 9 月 19 日。
[2] 张蕾：《解读最新全国科普统计数据》，《光明日报》2019 年 12 月 25 日，第 8 版。

众的传播，因此其相关利益主体可据此分为金融科普供给主体和需求主体。从科普模式的主体性原则出发，金融科普始终以公众为中心，一方面在于公众对金融科普活动的参与状态积极主动与否；另一方面则关注公众的金融素养在参与科普活动的过程中是否得到提升。

金融科普供给主体，是指科普工作的组织者、策划者、执行者和管理者。根据我国目前金融科普的发展状况，供给主体主要由两大部门构成：一是各级各地政府及金融监管机构、中国人民银行及其各级分行、各省金融学会——它们往往是金融行业的监管者，肩负社会稳定、金融稳定和发展的职责，也是能及时了解金融发展态势、掌握金融理论知识和主导知识传播的专门机构；二是各大商业银行和非银行金融机构，它们是金融知识的实践者，也通常是涉及各类金融诈骗发生、运作的一线，也往往是金融科普的服务窗口。

金融科普的供给主体最关心的是受众金融素养，而金融素养的定义可以概括为两个维度：理解（个人金融知识）和运用（个人金融的应用能力）。总体来看，金融素养是指人们掌握的经济金融基本知识和使用这些知识的能力，并且能用这些知识、能力以及其他金融技能来有效地管理金融资源，从而提高其一生的金融福祉。

消费者作为我国现代经济和金融体系中的基础组成群体，国民的金融科学素质由其金融素养重要性可见一斑。其中，较具有权威性和代表性的是中国人民银行金融消费权益保护局开展的消费者金融素养调查，涵盖了消费者基本情况、储蓄与物价、银行卡管理、贷款常识、个人信用管理、投资理财、保险知识和金融教育八部分内容。该调查不仅较为全面地反映了我国消费者的金融素养情况，[①] 而且为分析金融科普需求主体提供了一个很好的理论参照。

本报告认为，金融科普需求主体，是指科普工作的对象，即科普受众。

[①] 徐佩玉：《中国消费者金融素养水平总体提升》，《人民日报》（海外版），http://finance. people. com. cn/n1/2019/0802/c1004-31271500. html，发布时间：2019 年 8 月 2 日。

金融科普的需求主体主要有以下几类：一是各级政府，它们需要根据金融和经济形势的发展进行本地区的经济发展规划，保证社会稳定和民生发展；二是金融立法执法机构，它们需要对金融案件进行立法、释法、执法等工作；三是银行、证券、信托等各类金融机构，它们需要及时学习本行业新形势、金融产品新设计以提高竞争力和安全性；四是不具备金融专门知识的城乡居民和小型企业，这些普通大众往往是最需要金融科普知识的群体。

另外有分析认为，弱势社会群体，包括小微企业以及各类因种种原因而处于困境中的人口，其金融素养严重不足，对其生存、脱贫和发展产生了很大的负面影响，而且容易成为金融诈骗（financial fraud）的受害者。[①] 事实上，近些年来金融诈骗已经成为危害公私财产安全、妨碍金融稳定的严重威胁，全国范围内呈现法案量逐年上升、诈骗金额不断增加的特点，而且涉及面广，受骗人数多，善后处理难。[②] 值得警惕的是，互联网不受空间限制的虚拟实体特质，为金融诈骗的实施提供了天然的条件。很多犯罪团伙通过第四方支付平台的支付通道，诱骗受害人在"金融投资"类 App 上充值，再以炒外汇、期货、比特币等借口让百姓进行"投资"，而这些所谓的"定价"只不过是嫌疑人在 App 后台人为操纵的数字，并非真实的市场价格波动。

所谓"第四方支付"平台是借助第三方支付平台的支付结算功能，私建的具有支付结算功能的外接平台，这类平台没有经过任何正规部门的审批，也不受任何监管，一旦出现违法行为调查取证十分困难。当然，并非所有的第四方支付都是不好的，只要它不欺诈行骗，作为一种支付结算方式确实极大地便利了交易，降低了交易成本，深受市场喜爱。问题是，在公众缺乏相应的金融知识时，好事也可能变成坏事，据了解，很多金融诈骗正是利用公众金融知识不足的盲区，轻而易举地实施了诈骗活动。

金融诈骗犯罪不论是对民众还是对社会都会造成巨大的损失，一方面金

---

① 孙杰贤：《互联网让金融真正普惠》，《中国信息化》2016 年第 5 期，第 44~46 页。
② 潘樾：《金融诈骗罪的构成特征及立法完善》，《华东经济管理》2005 年第 6 期，第 117~120 页。

融诈骗中蕴藏着巨大的金融风险，一旦爆发容易引发大规模的群体性事件，进一步可能影响社会稳定。另一方面，金融诈骗犯罪往往与金融机构工作人员的共同犯罪或者贪污、挪用、受贿、玩忽职守、滥用职权等职务犯罪交织在一起，案中有案，案外有案，错综复杂。金融犯罪严重破坏作为市场经济基础的公平、公正、公开原则和信用制度，具有巨大的危害性和破坏力。

通过金融科普的手段为弱势人群"扫盲"，为金融业从业人员"敲响警钟"，是强化金融管理、减少金融诈骗犯罪率的重要手段。在我国进一步深化改革、扩大金融市场开放的道路上，加强金融科普和建立健全金融制度与法规作为发挥微观金融个体活力、稳妥处置和化解金融风险、保障金融市场平稳运行的必要条件，其实施更是刻不容缓。

经过近年来的努力，我国公民的金融素养有所提高，并保持了一定的上升势头，以金融素养指数为例，2017 年的全国平均分是 63.71 分，到 2019 年时上升到 64.77 分。① 但是，区域间的不平衡状况仍然明显存在，各地在细分的金融素养指标上存在显著差异，因此平均分只是一个粗略的评价，具体的、细致的影响因素和存在的问题还有待于加强调查研究。

首先是对待金融科普的态度。这是决定金融科普需求的关键因素。尽管很多调查似乎表明公众大体上能够理解金融科普的积极作用，但是还只是一个模糊的认识，因此，未来金融科普在加强公众对金融科普重要性认识上还有大量工作要做。其次是实际行为表现。目前公众在日常简单的金融活动中的自我保护意识较强，表现出谨慎的行为表现，但是借助正规金融服务满足自身需求的能力明显不足，无论在融资还是投资方面都非常被动。再次是对金融知识的掌握。被访者对储蓄、存款等日常使用广泛的简单金融业务知识掌握较好，答对率超过 60%，但对于投资理财知识的掌握明显不足。最后是对金融技能的掌握。被访者对保护个人权益的法律合规性以及司法处理程序的原则性要领有比较好的掌握，但是对于如何实际操作的细

---

① 中国人民银行金融消费权益保护局：《2019 年消费者金融素养调查简要报告》，http：//www.199it.com/archives/916193.html，发布时间：2019 年 8 月 2 日。

节方面疏于了解。① 对消费者金融素养的调查与研究为我国目前的金融科普民众状况开辟了道路，也有助于形成未来"初步广泛科普——民众知识掌握度——进一步有针对性的科普"这一良好的反馈机制和上行通道。

还必须强调的是，金融科普模式下的相关利益主体也是当前我国普惠金融的主力建设者和重点服务对象。"普惠金融"议题是在 2005 年召开的联合国大会上提出并表决通过的，它不仅是一个概念，而且是一套方案和具体行动，目的是使金融惠及全球每一个角落每一个家庭，尤其是为弱势群体能够享受到金融服务提供应有的机制和条件。它强调公益性和利他性，往往体现国家和社会意志，现实中多体现为政策性的开发金融工具，致力于调节贫富差距，小微企业、农民、城镇低收入人群等弱势群体是其主要受众。从我国的实际情况看，普惠金融不仅对于维护公众的金融权益、促进社会公平有重要意义，也是全面建设小康社会、推动创新型国家建设、脱贫攻坚、优化资源配置以及提升金融效率的必然要求，发展普惠金融有利于促进金融业可持续均衡发展，助推经济发展方式转型升级，增进社会公平和社会和谐，也可以进一步降低金融诈骗的发生率。② 普惠金融实施的基础也必定建立在金融科普发展较为完善的条件下。

三　我国金融科普模式存在的主要问题

首先，重科研、轻科普，科普与科研脱节现象仍然存在。在科普和科研的相互关系上，我们必须认识到科学既要向上追求知识和真理，也要向下运用该知识和真理服务于经济社会和群众生产生活，如此科研才能成为推动社会发展的引擎③，这也是科普存在的重要意义。一方面，这要求各类科研机构重视科普工作，使自己的科研成果能够更好地走近公众；另一方面，也对

① 徐佩玉：《中国消费者金融素养水平总体提升》，《人民日报》（海外版），http://finance.
people.com.cn/n1/2019/0802/c1004 - 31271500.html，发布时间：2019 年 8 月 2 日。
② 孙杰贤：《互联网让金融真正普惠》，《中国信息化》2016 年第 5 期，第 44 ~ 46 页。
③ 中国科技产业编辑部：《让科普与创新比翼齐飞》，《中国科技产业》2016 年第 7 期。

我国的科普体制建设提出了要求，即如何提高科普的效果和效率。① 尤其是如何把金融科普纳入统一领导的框架内，这是亟须加强研究和开展试点的工作。这方面我国已经明显落后于世界先进国家。

其次，地区间、城乡间的科普发展很不平衡。就我国目前金融科普整体现状来看，已经取得了一定成绩，公民科学素质的提升速度正在进入快速车道，但结构性问题和挑战依然严峻。突出表现之一是地区之间的科普发展很不平衡，大体上与我国总体经济的不平衡态势相对应，即东部经济发达地区显著好于中西部经济落后地区；不平衡的另一个突出表现是城乡之间存在迥然的分野，从大都市、中心城市、一般城市、县级城镇到普通乡村形成了泾渭分明的梯度性递减；不平衡的第三个表现是存在明显的马太效应，即弱势群体与整体水平的差距仍在拉大，比如农村妇女和农村少数民族居民，她们的金融知识素养几乎是空白。造成这些失衡的原因很多，但是其中最为重要因素可能是经济上的，一方面中央财政预算本来就很少，例如 2015 年中央财政预算的科技支出为 2587.25 亿元，其中只有 0.74% 预算用于科普，即 19.16 亿元，平均每个人不到 2 元；相比于同年的美国，其联邦财政预算的研究与开发经费（Research & Development）为 1354 亿美元，其中用于科普的经费占到 2.1%，② 即 29 亿美元，人均达到 9.2 美元，③ 按汇率折算后，人均比我国高数 10 倍。另一方面，我国的科普投资体制很单一，几乎完全依靠中央财政拨款，因此在中央财政拨款非常稀少的情况下，弥补资金不足的渠道也并不畅通。尤其需要指出的是，金融科普并不在传统的科普范围内，其经费的来源由于缺乏统一的领导机构而面临更多困难。

最后，以政府投入的公益模式主导科普的大背景下，按涉及的学科领域分，科普投入实际上主要集中于航空航天、物理、生命科学等自然科学领

---

① 徐延豪：《把握新形势　落实新举措》，《科协论坛》2013 年第 5 期，第 2~3 页。
② 由于统计口径的不同，美国联邦预算中与我国科普概念大致相同的口径是 STEM 教育（即科学、技术、工程、数学教育），此处引用的美国科普经费预算按此口径处理。
③ 罗晖、何薇、张超等：《公民科学素质也是核心竞争力》，《光明日报》2015 年 5 月 22 日，第 10 版。

域，而非金融科普所隶属的社会科学领域，这显然造成了金融科普的先天不足。而除上述问题之外，金融科普本身在运行机制、科普效果和效率、可持续发展等方面也存在着不容忽视的问题。

以上仅从表观上对金融科普存在的问题做了一个简要说明，这是很不够的，看似简单的现象都有其深刻的深层原因，以下从体制和机制方面对造成上述现象的成因加以分析。

（一）金融科普模式的运行机制问题

金融科普和其他学科的科普一样，具有较强的正外部性。金融科普所惠及的人群，除目标受众之外，整个社会特别是金融行业和机构，也因此而获得稳定发展和创新的大众基础；也因为外部性的存在，由市场提供金融科普必然存在某种失灵，此时政府必须肩负起治理溢出效应的责任，因而我国当前的科普投入中政府一直是占比最高的主渠道。

根据科技部 2019 年底发布的 2018 年度全国科普统计数据，2018 年度全国科普经费筹集额达 161.14 亿元，比 2017 年增加 0.68%。其中政府拨款仍是主体，达 126.02 亿元，占全部经费筹集额的 78.20%，比 2017 年提高了 1.38 个百分点。而由社会捐赠、自筹资金、其他收入渠道形成的科普投入，尚不足 1/4。由此也造成了当前政府作为主导的金融科普运行机制所存在的问题，其中最主要的，就是金融科普的重要性未能凸显。

今后，如何发挥政府统筹、企业效力的"公益 + 产业"多层次金融科普模式，形成多元化投入的科普机制，将成为亟待攻克的难题。为此，对政府而言，最重要的工作莫过于建立统一领导的金融科普体制和运行机制，从而真正加强对金融科普的领导、部署、监督，从根本上提升金融科普地位，改进金融科普的效率。除此之外，还要扎实推动金融科普的产业化、逐步放开科普市场化，全力确保金融科普的"创作—宣传—落实"产业链向纵深发展，树立全民参与、理解运用的科普价值观。对企业金融科普而言，一是要运用科普来宣传创新金融产品；二是运用先进的科学技术帮助企业选准金融科技项目突破口；三是运用金融科技引导企业开拓市场、形成与目标消费者的精准对接①。最终，通过不断的改革和实践，促进并逐渐依靠企业和全社会投资科普事业，使金融科普、科技创新顺理成章，水到渠成。

（二）金融科普模式效果及效率问题

金融科普效果不突出，效率不高的"双低"现象相当普遍。金融科普大多数情况下是公益活动，因此金融科普内容与受众的需求之间往往存在偏差。相关科普部门的金融科普活动大都是更重形式，对于科普的内容是否符合社区居民的需求、是否及时、实际效果有没有吸引力，都可能不够关心。比如，有报道，一些金融科普活动只是随意地发放一些小广告或者在居民活动区域放置一些宣传板，不仅没有对金融知识的内容进行必要的设计和安排，而且几乎没有考虑到受众的兴趣所在，基本是做样子、应付差事，即使制作精美也不能吸引居民的兴趣，② 很难收到实际效果。客观地说，这种形式主义的做法不仅浪费了宝贵的人力、物力、财力，而且使公众产生所谓金融科普就是走过场的不良印象。

何以金融科普流于形式，创新动力不足？究其根源，还在于政府主导的公益模式下，金融科普缺乏竞争和评价、监督机制，因而无法及时跟进社会发展动态，也缺少动力在传播媒介上及时吸收科技新成果。比如，对于银行的新媒体业务，如网上银行、手机银行，甚至年轻人已经使用非常普遍的支付宝等新型支付工具的使用，许多社区的老人都渴望学会却缺少学习途径。在半懂不懂或者完全不懂的情况下，他们很容易成为网络金融诈骗的受害者；或者因为过于谨慎，坚持使用传统的现金支付方式，成为被金融新科技所抛弃的人群，生活质量受到影响。

总体来说，金融科普模式不健全是造成金融科普效率和效果低下的主要原因。由于模式不健全，造成缺乏长远规划、目标不清，队伍建设严重落后、人

---

① 黄丹斌：《科普宣传与科普产业化——促进科普社会化刍议》，《科技进步与对策》2001年第1期，第106~107页。
② 孟凡刚：《解决几组矛盾　提升社区科普工作效率》，《科协论坛》2017年第9期，第19~22页。

才匮乏、人浮于事，没有统一领导、难以有效分工协作、责任无法落实，资金来源十分不稳定、阻碍了工作的稳定开展，凡此种种，最终都对金融科普效率产生负面影响。因此，改革和完善金融科普模式是提高金融科普效率的根本途径。此处，科普模式包括体制和机制等所有方面的基本制度安排。只有这样才能消除前述弊端，使金融科普有领导、有目标、有责任、有考核。有研究认为加强对金融科普效率的后评价能够促进其效率提高，甚至建议引入第三方监督机制。① 我们认为，加强后评价固然有助于对金融科普工作的激励，从而促进其效率，但是其前提一定是金融科普体制达到基本的完善程度，像目前这种情况，连被评价的责任主体都尚未明确，后评价是达不到应有效果的，进一步说，后评价也是金融科普体制本身的一个组成部分，皮之不存毛将焉附。

（三）金融科普模式可持续发展问题

前文已指出，金融科普模式涉及从体制到机制、从宏观到微观的方方面面。大的方面包括由谁负责直接领导并承担主体责任，有哪些机构或人员参加，如何开展工作，运行经费如何保障和落实，等等，小的方面包括科普工作组织、科普内容创作、科普知识传播等具体事项，② 然而金融科普模式的可持续发展问题，归根结底是金融科普的人才问题、资金问题和产业化问题。鉴于此，以下分别从人才、资金和产业化三个方面对金融科普模式可持续发展问题予以讨论。

1. 人才问题

这里，金融科普人才是指在金融科普的某一方面达到较高水平，乐于从事金融科普相关工作的人士，尤其是对金融科普抱有一定热情，具有科普组织管理能力、创作能力的专业人士。金融科普人才问题短期看是如何吸引人才的问题，因为短期上建立金融科普人才队伍，其实质就是如何把人群中已

---

① 关峻、张晓文：《"互联网＋"下全新科普模式研究》，《中国科技论坛》2016 年第 4 期，第 9～101 页。
② 李健民、刘小玲：《科普能力建设：理论思考与上海实践》，《科普研究》2009 年第 6 期，第 35～41 页。

经存在的符合金融科普人才标准的人士找到并吸收到队伍中，而且事实上人群中总会存在符合标准的人才，关键是如何吸引他们；从长期看是如何培养、使用人才的问题，因为长期上完全可以采取有目的培养的办法，实现人才队伍的高质量和稳定性。关于人才队伍的重要性很多作者都进行过探讨，① 基本上都认为这是促进金融科普发展的重要环节。

没有源源不断的高质量金融人才，任何模式的金融科普都将成为无本之木、无源之水。金融科普的可持续发展，不仅面临金融科普学科专业的人才培养问题，也面临相应的人才发展问题。首先，专职从事金融科普创作的人才极为紧缺，无论是科协还是高校，真正愿意并有能力撰写深入浅出、通俗易懂的科普金融作品的人才凤毛麟角。这一方面与当前的考核激励机制有关，比如很少有机构把科普工作纳入考核指标体系中，即使是一些专门的科普组织，也缺乏对科普工作的科学评价体系，普遍存在重数量轻质量、以偏概全、权重分配不合理等问题；另一方面，全社会没有形成对科普事业应用的正确认识，这是制约科普人才发展的更为深层的原因。其次，从目前自由创作者提供的金融科普作品看，质量参差不齐，其中不乏故弄玄虚、欺骗投资者的低级伎俩等错误内容，公众接触到这些内容后，不仅在思想上被误导，而且在实践中会遭到损害，久而久之，公众会对金融科普本身产生怀疑乃至抵触，可以说，低劣的金融科普作品对于金融科普质量的提高乃至金融科普本身都产生着不良影响。② 最后，金融行业的高薪吸引力，也阻碍着掌握了金融专业知识的人才投向公益化的科普行业。因而大力吸引和管理金融科普"志愿军"也成为可持续发展的一个重要论题。短期上，在科普体制不可能进行大的改革的条件下，如何建立起一支以各省金融协会、金融办（即"地方政府金融服务办公室"）为依托，成立金融科普志愿者服务社，招募、组织并管理金融科普人才，加快金融科普优秀作品的创造

---

① 李群、王宾：《中国科普人才发展调查与预测》，《中国科技论坛》2015 年第 7 期，第148 ~ 153 页。
② 李群、王宾：《中国科普人才发展调查与预测》，《中国科技论坛》2015 年第 7 期，第148 ~ 153 页。

和推出,① 从而配合开展形式多样、内容丰富的金融科普志愿服务活动,已经成为未来金融科普专业队伍发展的重要课题。

2. 资金问题

金融科普模式可持续发展所面临的资金问题,不仅仅在于资金投入的规模大小,还在于资金投入的多元性。

实际上,当前金融科普模式发展所面临的各类问题,几乎都可以从资金面找到解决的答案。例如,由于知识更新加速导致的金融科普内容不适应科普市场需求的问题,以静态科普模式为主的"展墙讲单"② 老四样不适应受众传播媒介创新需求的问题,都需要一定的资金支持金融科普从业人员更新知识、制作互动性更好的、更符合大众视角的纪录片、视频等。以自然科学的科普为例,旧金山探索馆(Exploratorium)从 1969 年 9 月创办,到 2013 年 4 月开放新馆,这家被《美国人科学月刊》誉为"全美最棒的博物馆",其 2017 年的预算为 4800 万美元。可以说,没有足够的资金支持,就没有现代化的金融科普产品和高质量的科普效果。

国际经验表明,资金来源的多元化是保障充足资金投入的重要手段。例如美国科技中心协会(ASTC),这是一个由众多科普场馆联合起来形成的组织,据统计,这些会员场馆的经费平均只有 30% 来自政府及其附属机构,还有大约 30% 来自社会捐助,其余部分基本靠自身的创收能力,比如办展览、开讲座等,而且自我创收的能力仍在不断被挖掘和提升的过程中,据报道,其中一些大型场馆的自我创收已经占到其总收入的 70% 甚至更多。③

在旧金山探索馆的例子中,资金来源更多的是吸引与学校、各类机构乃至商业公司的合作,其运营经费持续得到美国国家科学基金会(NSF)、美

---

① 黄卉:《关于新形势下科普志愿服务创新发展的实践与思考》,《科协论坛》2017 年第 2 期,第 36~39 页。
② "展墙讲单"是指科普途径还停留于办科普展览("展")、在墙上贴材料("墙")、做讲座("讲")和在公众场合发科普宣传单("单")这些传统的方法。
③ 武夷山:《国外科普新观念与我国的科普工作》,《科学》2006 年第 1 期,第 4~6 页。

国国立卫生研究院、国家艺术基金会、国家人文基金会、美国国家航空航天局的支持，旧金山艺术中心甚至酒店的资助，以及旧金山的儿童、青少年和他们的家人、加州海岸保护协会（California State Coastal Conservancy）和许多基金会、公司和个人的资助。这种多元化能够消弭单一渠道资金主体依赖带来的弊端，促进科普的持续发展。

从国际经验可以看出，政府在金融科普工作中扮演的是"抛砖引玉"的角色，也就是说，政府为金融科普做出顶层设计和安排，投入少量资金使之运转，以此吸引社会资金和个人投资，并最终走向科普机构具有自我创收能力的轨道。在美国，国家科学基金往往充当为开展科普事业提供原始资本的角色；欧盟与美国类似，其最高科研专门领导组织为欧盟科学研究总署，该组织内设有一个专门负责指导科普工作的机构，称"科学与经济和社会司"（Science，Economy & Society），该机构具体负责为欧盟科普机构提供必要的资金支持；英国与美国和欧盟都不尽相同，虽然早期英国政府对其科普事业发挥较大影响，但很长时间以来，英国科学促进协会（British Association for Advancement of Science）担当着英国科普事业主要推动者的角色，这是一个独立于政府的民间慈善机构；日本的科普发展模式与其他西方国家差异较大，它的科普政策由代表国家的文部科学省负责制定，政府用于支持科普事业的经费由专门机构科学技术振兴厅负责拨付和管理，据报道，日本文部科学省掌握政府科技经费的约60%；加拿大政府领导科普事业的部门是其联邦工业部，加拿大国家自然科学与工程研究理事会则负责资金支持，由此带动和引领社会投资，包括非政府组织和民间团体等，尤其是非政府组织起着举足轻重的作用；俄罗斯政府对科普的支持力度较弱，但还是起到"抛砖引玉"的作用，目前已经形成了以社会力量为主的科普发展和投资模式，其中民间志愿者团体是最积极的成员，往往以各种专业协会和基金会的形式展开活动。①

---

① 董全超、许佳军：《发达国家科普发展趋势及其对我国科普工作的几点启示》，《科普研究》2011年第6期，第1~21页。

　　我国直到目前还没有正式颁布国家级的关于科普经费方面的政策或法规，最新相关文件是 2007 年 1 月 17 日由科技部牵头联合其他 7 个部委发布的《关于加强国家科普能力建设的若干意见》（国科发政字〔2007〕32 号），该文件提出要加大科普事业方面的投入，并提出对科普工作中的突出人物、成果进行奖励的原则性规定。这是对《科普法》的具体落实行动。[①] 但是该文件中没有提及金融科普问题，发文机构中也没有金融或社会科学方面的领导机关。考虑到我国金融科普分散开展、尚无统一领导机关的现实，建议对科普相关工作和活动采取一事一议的"项目管理"形式加以统筹和支持，但是即使如此也需要一个专门机构受理相关的申请，可行的办法是由中央指定专门的机构负责此事，这样国家只需要投入少量资金就可以带动大量社会投资的跟进，由此将对金融科普产生巨大的推动作用，据调查，很多企业和民间机构对此抱有兴趣。[②] 在这一点上，一个可资借鉴的经验来自上海，2007 年，上海市政府在专题性科普场馆建设方面投入经费 3000 多万元，带动全社会投入 24000 万元，带动比为 1∶8。[③] 上海的经验说明政府调动市场力量是完全可行的，政府投入种子基金，允许非营利性组织或企业作为运作主题，采取市场化的手段吸引社会资金的"政府推动型"资金投入模式，正在逐步取代过去的"政府包办型"公益科普事业的主导地位，这为金融科普提供了一条广阔的发展之路。[④]

　　3. 产业化问题

　　理论和实践经验都证明，产业化是金融科普事业发展的基本归宿。这是因为，国家不可能长期负担金融科普发展的全部资金，这样做既无效率也无

[①] 科技部等八部委：《关于加强国家科普能力建设的若干意见》，http：//www.gov.cn/ztzl/kjfzgh/ content_ 883813. htm，最后检索时间：2008 年 2 月 5 日。

[②] 董全超、许佳军：《发达国家科普发展趋势及其对我国科普工作的几点启示》，《科普研究》2011 年第 6 期，第 1 ~ 21 页。

[③] 李健民、刘小玲：《科普能力建设：理论思考与上海实践》，《科普研究》2009 年第 6 期，第 35 ~ 41 页。

[④] 刘长波：《论科普的公益性特征与产业化发展道路》，《科普研究》2009 年第 4 期，第 24 ~ 28 页。

法承受；社会力量投资于金融科普事业需要一定的回报，如果不能及时获得
预期中的收益，社会投资将受到巨大打击。上述两点要求科普主体必须具有
一定的创收能力，否则不可能向投资人提供回报，自身发展也会缺乏资金，
而要实现创收，产业化几乎是不二法门。实际上，这种认识在《科普法》
已有载明："国家支持社会力量兴办科普事业。社会力量兴办科普事业可以
按照市场机制运行。"①

　　长期以来，文化产品和文化服务的经济价值被低估甚至被忽略了，文化
科普类事业被视为靠国家财政养活的部门。这种观点是不正确的。实际上，
文化产业的增长速度已经超过信息产业，正在成为新兴的主导行业，科普产
业化有着广阔的市场前景。② 公众的文化消费需求与日俱增，与之相比的是
我国金融科普的产业化发展非常迟缓。③ 2018 年 7 月发表的《中国科普产业
发展研究报告》指出，目前我国科普产业的产值规模近 1000 亿元，而大众对
金融科普知识、科普产品和服务的需求与科普产业供给水平和能力之间存在
巨大缺口，已经成为现阶段阻碍我国科普工作发展的主要矛盾。金融科普的
社会化和产业化的协调发展、互相补充是促进金融科普可持续发展的必然要求。

　　整个科普产业是一个新兴的、处于起步阶段的产业，金融科普也是如
此。金融科普的产业化主要表现在两个方面，分别为金融科普设施与服务体
系和金融科普创作。促进金融科普产业化，需要政府尽快出台投资科普事业
的政策和法规，以扶持和保障投资者的利益；鼓励投资发展，重构金融科普
设施。企业金融科普可建立企业科协，通过企业科协组织科技人员在科普的
基础上加快金融产品创新，以拓展市场，推动经济发展，促进企业转型升
级。例如，我国正在尝试实施科普设施所有制的多元化，动员社会热心人士
投资金融科普事业。此项举措在广东和海南省已有良好的开端，企业投资数

① 《中华人民共和国科学技术普及法》，https://baike.baidu.com/item/中华人民共和国科学
技术普及法/7545232? fr = aladdin，发布时间：2002 年 6 月 29 日。
② 董光璧：《探索科普产业化的道路》，《求是》2003 年第 5 期，第 48 页。
③ 罗斌：《试论科普产业经济的发展模式》，《2004 年科技馆学术年会论文选编》，中国科学技
术出版社，2004，第 317 ~ 320 页。

亿元增建科普设施、科普基地。①

当今，科技发展已经为经济社会提供了强大的物质基础，金融科普应该充分利用科技手段特别是网络科技手段，在市场机制的基础调节下，从事金融科普产品的创意、生产、经营和消费将越来越丰富多彩且充满生机。在金融科普产业化模式方面，政府可以通过财税政策鼓励金融科普教育业、出版业、影视业、网络信息业的规模化发展。在国内形成的三大主要科普产业集聚区，即京津冀地区、长三角地区和珠三角地区，率先设立金融科普专项资金，带动社会投资，择优资助公众欢迎、创新突出、自主知识产权含量高的项目，促进金融科普产业的起飞。②

总之，改变我国金融科普产业化落后的局面并非难事，因为从国家的大环境、市场的需求、经济技术基础等所涉及的方面看，我们具有良好的条件和足够的资源可利用，关键是树立起产业化发展的目标和方向，然后才能有所作为。首先是制定有利于金融科普产业化的政策和措施，无论是正规的科研院所还是普通的专业人士，都蕴藏着金融科普的能力和潜质，只要政策措施得力，这些能量就会显现出来，推动金融科普产业化迅速发展，这些政策的核心应该是使从事科普产业有利可图、有规可依、公平竞争；其次是需要政府对金融科普进行必要的监管，防止市场失灵，应对市场准入、市场竞争与交易、经营运作等重要环节加以规范监管，制定有利于行业可持续发展的监管制度与措施，防止不正当竞争等③；最后，政府相关责任部门必须建立完善的金融科普投入约束监督机制和科普效益评价指标体系，控制好金融科普投入的方向性和目标性，提高政府科普投入的效率，发挥社会力量兴办金融科普事业的作用。④

---

① 黄丹斌：《科普宣传与科普产业化——促进科普社会化雏议》，《科技进步与对策》2001 年第 1 期，第 106～107 页。

② 邹庆国、桑东辉：《哈尔滨市发展科普文化产业的问题及对策研究》，《边疆经济与文化》2018 年第 6 期，第 15～17 页。

③ 董光璧：《探索科普产业化的道路》，《求是》2003 年第 5 期，第 48 页。

④ 刘长波：《论科普的公益性特征与产业化发展道路》，《科普研究》2009 年第 4 期，第 24～28 页。

四 金融科普模式的发展趋势

（一）金融科普模式总体发展态势

纵观我国金融科普模式发展的历程，并借鉴国际的金融科普发展的大量实践经验，可以预测出我国金融科普模式未来的总体发展趋势是，以可持续发展为基本战略，通过实施金融科普的人才工程、扩大资金的多元化投入、促进金融科普的社会化和产业化同步发展，提高大众的金融科学素质，以此为社会稳定和经济发展做出应有的贡献。具体表现将是，金融科普模式向产业化、传播媒介的动态化、新媒体化发展。金融科普将充分发挥其无可替代的经济功能、科学功能、教育功能、文化功能和社会功能的自身优势，努力搭建起中国经济全面步入新时代的大科普服务平台，为确保我国经济中高速增长，经济结构优化升级，从要素、投资驱动转向创新驱动提供知识力量与深层支持。

作为金融科普的各类供给主体，将在创造财富、金融科普消费、金融科普产品、金融人才和科普志愿者要素上多头发力，以新思路和新创意做出对策和行动。作为金融科普主力军的各级政府和金融学会，也将更加意识到金融科普的重要性，在金融科普教育普及的相关科研经费和产业化的优惠财税政策上，采取更为积极、务实的行动。

除此之外，大众金融科普创作的热情将高涨，蕴藏在亿万民众中间的创新智慧将不断释放[①]；作为我国金融名家的荟萃之地，各金融学会、高校和金融研究机构将发挥先锋队的作用；中国科协作为科普的中坚力量，将在金融科普发展中发挥其优势，把金融科普纳入视野，把做好金融科普工作、提高全民金融素养作为科协组织的一项常态化、基础性工作，推动形成社会化

[①] 郭子若：《科普场馆助力科学文化传播的若干方法》，《学会》2019 年第 11 期，第 52～56 页。

金融科普工作格局，① 其各级组织将团结和引领广大金融工作者为金融科普发展献计献策②。

（二）金融科普模式组织及管理发展趋势

基于金融科普的正外部性，政府和科普管理行政机构、全国代表大会领导下的科普团体"中国科学技术协会"将逐步把金融科普的组织和管理工作纳入工作范围内。

首先，未来应加强金融科普组织体制和联动协作机制建设。在金融科普社会化和产业化协同发展的原则下，政府和科普管理部门可以建立金融科普联席会议制度，充分发挥政府等公益机构在组织领导、统筹协调和督促检查的积极作用③，同时也应充分了解金融行业的新发展和金融科普企业的新思路、新产品和新方法，形成政府与市场共同推动金融科普的良好局面。联席会议最终形成分工明确、协调联动的长效管理机制和覆盖本地与各机构及各社区关联广泛的科普工作管理体系，广泛深入地开展金融科普活动，为金融科普工作的与时俱进导航引路。具体而言，可以把金融科普作为一项内容列入科普的有关规划中，并在科普教育基地创建、科普统计等重要事项上有所体现。④

其次，未来应加强科普工作管理机制建设。从政府管理层面，应制定金融科普工作发展规划，明确各时期不同阶段的科普工作的目标和重点任务。同时依据规划，每年组织联席会议，与科普企业一起实施高效的金融科普工作；面向社会建立金融科普项目征集、发布和招标制度，包括研究课题、科

---

① 刘云山：《持之以恒促进全民科学素质的提升》，《科技导报》2016 年第 12 期，第 2 页。

② 习近平：《为建设世界科技强国而奋斗——在全国科技创新大会、两院院士大会、中国科协第九次全国代表大会上的讲话》，http://www.most.gov.cn/ztzl/qgkjcxdhzkyzn/xctp/201705/t20170526_ 133095.htm，发布时间：2017 年 5 月 26 日。

③ 王宁、刘乃勇：《浅谈科普在企业文化创新建设中的作用》，《中国有色金属》2017 年第 S2 期，第 307 ~ 309 页。

④ 邹庆国、桑东辉：《哈尔滨市发展科普文化产业的问题及对策研究》，《边疆经济与文化》2018 年第 6 期，第 15 ~ 17 页。

普活动、基地建设、技术研发等各类相关事项，都可以纳入范围。通过这些示范引导，有效地促进金融科普整体水平的提高。

最后，未来应加强金融科普激励机制建设。对于金融科普企业，科普表彰、税收优惠等相关政策可以用于激励企业，促进金融科普的资金多元化。对于金融科普人才，开展先进人才表彰和奖励，将有助于扩大金融科普志愿人员的加入。而最重要的是，结合国家经济金融形势的变化，提出金融科普工作绩效的科学评价和监督体系，保证激励机制的持续有效性。

（三）金融科普模式技术手段以及媒介载体发展趋势

提高金融科普的实际效果，主要还是转变观念，把教学灌输式的单向被动科普，变为互动性高的双向主动科普，因而使用新型的技术手段和媒介载体势在必行。大力推进科普信息化和人文化，运用互联网技术和多元文化形式开展科普教育，是创新科普理念和服务模式的重要举措。[1]

一是构建金融科技信息平台。据报道，中国科协与腾讯公司签署了"互联网＋科普"合作框架协议，这一合作模式完全可以引进到金融科普中。[2] 金融科技信息平台将通过多种形式、多渠道提供金融科技、金融新业态、新工具等各种金融发展信息。平台应有更新的创意，更贴近大众，比如手机信息平台、电话语音平台、展廊信息平台等。与此同时，金融科技信息平台还应当涵盖以下内容，例如，金融科普场馆服务平台数据库、金融科普人才信息资源数据库、金融科普专业机构信息资源网络数据库等。平台利用大网络、云服务、大数据的科技优势，将形成信息准确、内容丰富、分类精细、便于查询、互动交流、动态学习的强大智能网络服务金融科普平台，必将有力促进金融科普服务由人力支持向智力创新转变。[3] 据最新了解，国内

---

① 刘云山：《持之以恒促进全民科学素质的提升》，《科技导报》2016 年第 12 期，第 2 页。

② 黄卉：《关于新形势下科普志愿服务创新发展的实践与思考》，《科协论坛》2017 年第 2 期，第 36～39 页。

③ 黄卉：《关于新形势下科普志愿服务创新发展的实践与思考》，《科协论坛》2017 年第 2 期，第 36～39 页。

已经有金融科技企业开展了类似业务并在继续深入中。

二是推广金融科普文化。优质的科普文化作品是科普企业品牌形象、活力和吸引力的体现,也是各级政府推广金融科普建设的基石。金融科普文化是科学文化与人文文化这两种文化交叉与结合的产物,亦具有鲜明的时代性、先进性和多样性。理解金融科普文化至少要从两个方面着手:首先,金融科普带动了整个民族对经济知识和金融人才的尊重,激发人们追求理性、尊重经济规律的财富观和价值观;其次,金融科普文化所蕴藏的金融思维和创新精神,将为全社会的金融发展奠定最广泛、最坚实的人文基础。

现代金融科普已经超越了简单的金融知识和技术的层次,它更为核心也更为深刻的内涵是金融文化。[①] 金融科普文化及其创作作品的发展壮大将成为增强我国文化软实力的重要表现。从实质来说,金融科普文化产业往往包含一定的金融知识,同时吸纳其他文化要素,通过影视、网络、书籍等文化产业载体的形式生产金融科普文化产品,在公众中广泛流通,将产生巨大的社会效益和可观的经济效益。

截至目前,我国金融科普文化创作还不够理想。目前已形成的广播、电视中的金融科普节目形式单一、内容简陋、节目制作粗糙[②];出版行业缺乏优秀金融科普图书,纸媒亦难以吸引公众;网络视频与文章参差不齐。因此,未来提高作品质量将是夯实金融科普发展的重要着力点。总之,金融科普创作必须切实转变,从空中楼阁走向公众的生活,从呆板的说教走向兴趣互动。[③] 让公众切实理解金融,让金融服务公众是永恒的主题。

在金融科普文化推广上,金融科普文化的推行与宣传必须建立在丰富金融科普多元载体、创新金融科普讲解方式的基础之上。通过借助互联网技术

---

① 董全超、许佳军:《发达国家科普发展趋势及其对我国科普工作的几点启示》,《科普研究》2011 年第 6 期,第 16～21 页。

② 董全超、许佳军:《发达国家科普发展趋势及其对我国科普工作的几点启示》,《科普研究》2011 年第 6 期,第 16～21 页。

③ 黄丹斌:《科普宣传与科普产业化——促进科普社会化刍议》,《科技进步与对策》2001 年第 1 期,第 106～107 页。

的力量，金融科普漫画、科普剧、科普文艺、科普小视频、科普微信公众号、科普微博等这些"互联网＋"科普新媒体形式，能够做到内容新颖生动、公众喜闻乐见，立足通俗化和信息化，把时代性、科学性、趣味性相结合，使人耳目一新，金融科普将不再是乏味的老面孔。

在充分发挥新媒介和新载体的作用方面，金融科普应该充分利用金融科技和数字信息提供的大好条件，抓紧科普动漫和科普游戏的研发与创新，把三维建模和虚拟仿真技术作为主攻方向加以推进，全面提升金融科普服务科技水平，① 丰富金融科普的传播方式，如：金融科普展览馆内大力应用的VR（虚拟现实）、AR（增强现实）、MR（混合现实）技术增强金融科技服务效果，通过 AI 智能机器人增加参与金融决策、体验金融产品的机会，开发金融科普互动展品，不断推出反映时代主题的金融科普传播方式。

在金融科普文化推广中，要齐头并进、全面创新、不可偏废，内容是金融科普文化推广的灵魂，形式是金融科普文化推广的血肉。此外，传播手段和业态的创新和发展对金融科普文化推广具有重要作用，② 动员全社会力量共同参与，坚持社会化、多层次、多形式发展，如开展金融科普活动品牌化建设，打造示范性金融科普活动，包括科普展览、金融知识竞赛、金融科普培训等活动形式，形成品牌化传播与晕环效应，带动更多优质金融科普活动的开展；开展金融科普互联网建设，从灌输式向嵌入式、互动式、体验式的传播模式转变，探索全媒体金融科普传播模式。

尤其需要注意的是，金融科普发展中正确的金融科学观念的传播将是金融科普文化传播的根本价值取向。③ 在做好金融科学知识和适用技术普及宣传的同时，使得尊重金融知识、尊重金融人才、尊重金融劳动、尊重金融创造的社会新环境在我国金融科普领域得以实现。片面追求金融技巧的做法是

① 黄卉：《关于新形势下科普志愿服务创新发展的实践与思考》，《科协论坛》2017 年第 2 期，第 36～39 页。

② 董全超、许佳军：《发达国家科普发展趋势及其对我国科普工作的几点启示》，《科普研究》2011 年第 6 期，第 16～21 页。

③ 黄丹斌：《科普宣传与科普产业化——促进科普社会化刍议》，《科技进步与对策》2001 年第 1 期，第 106～107 页。

不可取的。①

在政府的牵引作用下，金融科技信息平台和金融科普文化将在科普方面发挥积极影响，突破传统的、僵化的、陈旧的科普形式和内容，让金融科普变得触手可及、生动有趣。二者不仅强调了科普由点及面的推进，突出了个人与社会的交互作用，体现金融科普的领导机构、网络和阵地的建设，逐步形成专业金融科普力量和品牌，更代表了金融科普事业应需而生、服务公众的社会理想和人文关怀。②

总之，金融的繁荣给金融科普提供了发展空间，金融案件的层出不穷又赋予金融科普重要使命。金融科普的未来在机遇和挑战中，需要依靠技术和媒介的创新，才能打造出优质的金融科普作品，服务于人民群众和整个经济社会。

---

① 黄丹斌：《科普宣传与科普产业化——促进科普社会化刍议》，《科技进步与对策》2001 年第 1 期，第 106～107 页。
② 李健民、刘小玲：《科普能力建设：理论思考与上海实践》，《科普研究》2009 年第 6 期，第 35～41 页。

B.6
危机下我国"应急科普产业"的
新规划及发展研究[*]

侯蓉英 郑 念 尹 霖 王丽慧 齐培潇[**]

摘 要： 随着自然灾害、事故灾难、公共危机、社会安全等突发性事
件频发，尤其在 2019 年底湖北武汉暴发的新冠肺炎疫情蔓延
至全国，为应急科普产业的建设与发展提供了重要经验。在
危机下，"中国应急科普产业"的发展必将成为未来极具重
要的新兴产业。美国、日本、德国、澳大利亚等发达国家对
应急科普产业从教育、民防、保险、优惠等方面都给予了不
同的发展空间。我国的应急科普产业发展起步较晚，目前还
存在诸多问题。未来，我国应急科普产业的培育与建设将要
不断升级和转型，切实向集群规模化发展。

关键词： 危机 应急科普 产业

近几年，随着自然灾害、事故灾难、公共危机、社会安全等突发性事件

---

* 基金项目：教育部人文社会科学研究青年基金项目（18YJCZH254）；教育部社科基金青年项目
（15JYC760023）。

** 侯蓉英，华北科技学院硕士生导师，中国科普研究所在职博士后，研究方向为科学传播等；
郑念，中国科普研究所科普政策研究室主任，研究员，研究方向为科普理论、科学文化等；
尹霖，中国科学技术协会国际组织处副处长，研究员，研究方向为科普国际化等；王丽慧，
中国科普研究所副研究员，研究方向为科学文化等；齐培潇，中国科普研究所助理研究员，
研究方向为科普评估等。

频发，不仅造成了社会重大人员伤亡、财产损失、生态环境破坏，而且严重危及社会秩序的稳定。尤其在 2019 年底，湖北省武汉市暴发新冠肺炎疫情蔓延至全国，在这样的危机情况下，我国需要具备完善的应急防疫能力，不仅各级政府、企业领导能提前敏锐地警觉到疫情信息，实施应急的科普对策，提前防控；而且公众在面对紧急状况发生时，不恐慌、不闹情绪、不传谣，养成良好的科普安全习惯，知道针对性地去做什么，保护自己，并采用正确迅速有效的方法来应对；企业能有序地形成应急科普产业集群，配合政府完成疫情科普防疫工作，并能有序地保障疫情的物资供应和市场稳定，减少人员伤亡和财产损失，保护社会生态，维护社会稳定。不可否认，应急科普产业的发展对危机预防至关重要。应急工作的实践经验也促使我国政府充分认识到新时期发展应急科普产业的紧迫性。2020 年初，我国应急管理部颁布了防范新冠肺炎疫情"应急科普"相关文件，应急科普的各项紧急措施随即相应出台。可以预见，应急科普产业未来必将成为新兴的发展产业。

一 新时期发展中国应急科普产业的重要意义

2020 年在全国面对新冠肺炎疫情危机的情况下，习近平强调，"重大传染病和生物安全风险是事关国家安全和发展、事关社会大局稳定的重大风险挑战。要把生物安全作为国家总体安全的重要组成部分，坚持平时和战时结合、预防和应急结合、科研和救治防控结合，加强疫病防控和公共卫生科研攻关体系和能力建设。要统筹各方面科研力量，提高体系化对抗能力和水平。平时科研积累和技术储备是基础性工作，要加强战略谋划和前瞻布局，完善疫情防控预警预测机制，及时有效捕获信息，及时采取应对举措。要研究建立疫情蔓延进入紧急状态后的科研攻关等方面的指挥、行动、保障体系，平时准备好应急行动指南，紧急情况下迅速启动"①。从习

---

① 习近平：《为打赢疫情防控阻击战提供强大科技支撑》，《先锋》2020 年第 3 期，第 4~6 页，转载于《求是》2020 年第 6 期。

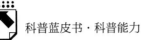

近平总书记的指示中，不难看出，日常的应急科普知识和内容的传播对于抗击风险，维护国家和社会安全起着关键作用。大力发展应急科普产业，对于保障国家安全、经济、社会生活的稳定，提升国民抗风险能力具有重要的价值与意义。

当前应急风险复杂多变，随着新时代的发展，应急危机也出现了许多新的风险点和难以预测的因素，结合新时期的变化，应急危机事件具备以下特征。

（1）危机事件具有突发性、发展速度快、破坏性、周期性的特点，人员伤亡和经济损失惨重，波及影响范围较广，具有蔓延全球化的趋势。

（2）客观自然因素和人为因素共同导致应急事件突发，超出人们传统的预期和认知，复杂多变，无序性、高变异性、低预测性和紧迫性，加剧了社会矛盾，危害人民公共安全。

（3）应急事件涉及不同行业领域，包括公共卫生、自然灾害、事故灾难、社会安全等渗透到各个新科技、新产业、新能源、新领域，潜在的新风险、新隐患增多，不明危险源增多，不确定性和严重性成为重大问题，防控难度加大。

（4）应急事件严重影响人民的生活和心理安全，影响国家经济建设，不利于中国的国际交往和国际合作。全球人口流动迅速，国际动荡源和风险不确定因素加剧，建立应急国际联合防控机制时间紧迫，各国的应急状况参差不齐，为全球合作增加了难度。

（5）我国应急事件预案较多，但是真正符合实际情况、能够应对应急事件的落地预案却相对匮乏，法律法规、标准和预案还不够完善，法制工作有待加强，应急能力有待提高。另外，应急基层基础工作较为薄弱，城市脆弱性凸显，全民忧患意识和自救互救能力较差。

（6）全民风险意识、危机观念不强，责任制有待全民落实，应急监测预警、应急物资储备保障和处置救援能力有待提高，特别是在四个精准（预警发布精准、抢险救援精准、恢复重建精准、监管执法精准）上还需提高。

面对新时期危机事件频发的特点，需要全社会树立风险防范观念，依靠科技进步，做好应急准备，并且将巨灾应急准备和应急科普教育上升为国家战略。2019 年北京市人民政府办公厅印发《关于推进城市安全发展的实施意见》的通知指出："加强安全宣传教育。融合推动安全文化示范企业、应急管理示范单位、青年安全示范岗建设。研究利用疏解腾退的工业厂区，改造建设集安全培训、宣传教育功能于一体的具有首都特色的安全文化体验基地、场馆。加强中小学安全教育，定期组织开展校园安全演练，不断提高师生防范安全事故的意识和能力。充分利用移动电视、数字广播、网络社交平台等新媒体，不断加大安全生产、消防安全宣传力度，大力促进安全文化建设，营造良好舆论氛围。"① 该通知明确提出将应急安全科普教育作为当前城市风险防范的重要任务，还将城市企业厂区风险管控、学校和基层的应急科普、综合应急媒体科普传播建设等纳入城市安全中，为新时期应急科普产业的结构布局奠定了基础。应急科普产业的建设，关乎国家安全、城市安全、人民安全，对于破除人民危机的风险愚昧思想，在全社会掀起应急科普安全的文化氛围，人人具备自救互救的能力素养，以及提高全民族的危机风险忧患意识具有重要意义。习近平总书记指出，在面对疫情的阻击战中，坚持向科学要答案，要方法。② 应急科学知识方法的普及与传播是人们战胜危机的最强有力的武器，而加速应急科普的传播能力，则需要产业培育并具有行之有效的产业规模和产业格局。因此，应急科普产业建设则势在必行。

二　国外应急科普产业的发展类型

从全球来看，应急科普产业经过多年的发展，呈现两极分化的局面。美国、日本等发达国家所处的地理位置比较特殊，历史上遭受的自然灾害要比

---

① 北京市人民政府办公厅印发《关于推进城市安全发展的实施意见》（京政办发〔2019〕17号），http：//www.aqsc.cn/anjian/201910/18/c116132.html。

② 新华网：《习近平：向科学要答案、要方法》，http：//www.xinhuanet.com/2020 – 03/03/c_ 1125654573.htm。

世界其他地区多得多，所以这类国家在很早以前就开始积极发展应急科普产业，起步先于其他国家。

（一）美国积极发展应急科普的教育培训、保险产业

在美国，应急科普产业发展更偏重于国土安全，主要涉及恐怖袭击预防性科普、关键基础设施科普、生化核威胁科普等类型，而最为成熟的科普产业主要集中在火灾救助领域，包括防灾救灾装备、应急救援服务等相关科普培训教育产业上。美国在应急科普培训教育产业上已经形成了产业集群。

"9·11"恐怖袭击事件后，美国积极推行建立公众应急科普教育产业，一方面加强应急科普教育队伍建设、基地建设，为应急科普教育提供相应的基础；另一方面以事件为契机，进行应急科普教育资源开发并提供广泛的相关教学蓝本，注重应急知识库在解决应急事件中的作用。目前美国已经建立起从"政府—志愿者组织—私人机构—国际资源"为一体的全面应急网络体系结构。每年投入到食品安全网络教育、国家安全预警网络与社会公众应急教育产业建设的资金就高达三十多亿美元。在相关应急培训课程设置和开发方面，美国分别针对幼儿园、小学、中学各年龄阶段，进行不同形式的应急课程安排并规定了相应的学时数，以此培养未来合格的应急公民。[①]

美国在应急科普教育产业上，非常重视在行业内有针对性的科普。一是针对警察的科普；二是专门开展对危机事件处置救援人员的科普；三是注重对志愿者的科普。美国注重日常情景科普训练，培养了大量的与未来应急管理要求想适应的应急管理者。[②] 对于应急人才的培养，美国非常重视，并且设立了不同的资质标准来加强应急科普培训机构的产业建设。美国每年都会投入经费扩充应急科普培训机构的规模，目前应急科普培训机构遍布全美各

① 董帅：《我国应急管理宣传教育体系建设研究》，电子科技大学硕士学位论文，2016 年第 36 页。
② 董帅：《我国应急管理宣传教育体系建设研究》，电子科技大学硕士学位论文，2016 年第 36 页。

州,每年都会有大量的志愿者、社会公众、机关、企业等相关人员进行培训。① 不仅如此,美国应急科普培训课程体系也相对完备,将近有百种的应急科普课程开设,其中包括火灾、危化品、地震搜救、交通救援、医疗急救、反恐防控等各类培训课程。培训形式涵盖了课堂讲授、模拟演练、实际操作和真实应急等几个方面的考核。这些培训机构会招收全美国有5年以上实战应急经验的兼职教员开展线上网络教学和线下体验课程,每年培训人次达到万人以上。尤其对于国家政府主要部门的指挥人员和高层,培训时长为3~10年,要求非常严格。② 全美国有30多个私营企业得到美国政府承认,可以在灾难救助活动中进行自愿组织并进行科普培训和防护,它们为国家的灾难管理和各级政府的应急提供重要及时的帮助。③ 它们与美国国土安全部和国家应急预案机构部门开展有效合作,共同分享信息,组织应急科普活动课程,统一预防和应对全国性的突发事件。

另外,美国把应急科普产业延伸到保险业务方面,为了加强安防和保护措施,减少民众损失,还会定期向民众科普应急保险知识,也为此构建了健全的保险体系,使其应急科普产业链延伸到灾后服务,为公民普及灾前保险知识、受灾程度所获得的资助和灾后重建的相关措施,为恢复国民的经济生产提供重要帮助。

美国应急科普产业建设,尤其重视应急科普信息产业建设,涉及突发事件暴发后产生的各种数据信息,包括危险源信息、安全隐患信息、应急预案信息和应急法律法规信息等。④ 2011年美国政府提出了建立"情报与信息共享"全国应急预防政策,同时又进一步提出《全国响应框架》,为应急科普产业的执行落实提供支撑。

---

① 陈涛:《标准化的应急指挥体系与专业化的应急队伍——从伊利诺州看美国应急指挥体系和培训情况》,《中国应急管理》2009年第2期,第49~50页。
② 陈涛:《标准化的应急指挥体系与专业化的应急队伍——从伊利诺州看美国应急指挥体系和培训情况》,《中国应急管理》2009年第2期,第49~50页。
③ FEMA相关资料介绍,https://baike.baidu.com/item/FEMA/1566344? fr = aladdin。
④ 刘胜湘、邬超:《美国情报与安全预警机制论析》,《国际关系研究》2017年第6期,第85页。

（二）日本实施应急科普民防产业

日本是自然灾害频发的国家，国土面积狭小意味着基本没有危机应对的缓冲区。① 所以，日本很早就具备了应急科普产业的发展理念。日本每年会定期举办应急科普展销会，各企业公司会将应急产品延伸到人们生活的各个场景中，如医护用品、电力防护、地震救灾用品、应急食品、消防产品等，每个生产厂家都会向民众开展应急产品的科普宣传，树立民众生活细节的应急观念。②

随着民众对防灾应急意识的不断加强，建立专门性的防灾生活用品商店与超市已经成为日本社会的常态。商用化的民防科普产业发展如火如荼。在日本大街上有很多防灾生活用品商店，最著名的东急百货在东京就有很多家连锁店，各式各样的防灾生活用品一应俱全。有发条式的收音机兼手电筒，有防止室内柜子倒塌的固定器和捆扎带，还有防灾头盔、太空毯等。③ 另外，日本的各大超市，防护用品和应急食品也是热销产品。这些应急产品都配有说明书，营销人员向公众科普防护用品使用注意事项，并提醒公众时时刻刻要有应急的准备，以防危机的随时发生。应急产品成为日本公众生活的日常用品，公众也将应急作为基本的技能，并养成日常储备应急用品的习惯，避免危机时哄抢和物资匮乏，以减轻政府和企业在危机时的供给压力。

在日本，防灾科普教育产业则是从娃娃抓起，日本人从幼儿园起就开始学习防震常识，训练应急避险的能力。日本的每个学校都有一名专职开展防灾教育工作的老师，从幼儿园开始到高中，每个阶段的教育都配备有相应的防灾教材，培养孩子的防灾意识，提高孩子的防灾技能，从而实现全年龄段

---

① 单松：《国外公共突发事件应急管理分析及启示》，《中共太原市委党校学报》2018 年第 4 期，第 46 页。
② 尹宗贻：《中国应急产业集聚发展机理与绩效评价》，武汉理工大学博士学位论文，2018，第 107 页。
③ 朱得：《日本应急文化对我国应急管理的启示》，中国人民公安大学硕士学位论文，2017，第 23 页。

的防灾教育。① 为了从小培养防灾知识和防灾意识，日本编写了浅显易懂的公共危机教育教材，在中小学普及防灾知识课程。日本还向居民教授防灾抗灾知识，经常通过各种媒体为国民传播各类抗灾知识。②

另外，日本各大企业把应急科普技能作为新入职员工的必备素养，通过学习和演练加强青年人应急的良好习惯和应急理念，即前期预防、高度冷静、禁忌恐慌、自救互救、不给他人添麻烦。日本社区都设有防灾协会，举办市民防灾训练次数一年达上千次，日本的大型消费企业和购物中心也会每年对商户、消费者、工作人员进行防灾训练。日本在应急防疫防控的科普训练中，包含消防、医疗、排险等不同内容。③ 日本各地都设有防灾科普教育基地，仅各县级地区就多达数家，并集合成为科普多功能的科普教育设施。在疫情来临之时，可做应急科普教育基地收容所和救援点。

日本也发展了巨灾保险应急科普咨询产业，针对日本频繁发生地震的区域和农业受损的地方，大力发展应急巨灾保险，并对公众和相关企业事业单位进行定期的应急科普保险咨询，为日本的灾后重建提供了帮助。④

（三）德国建立标准化的应急科普产业

在应急科普产业标准化建设中，德国最为突出，无论是承担综合救援的消防队，还是志愿者救援队伍等其他救援机构，基本上都实现了标准化，德国的应急科普课程也都是按照标准化的要求开发的，培训的课程体系是确定的，采取基础性培训和专业化培训相结合的形式，按照标准化内容进行。⑤ 德国将应急科普产业称为"安全行业"，其发展得到政府的有效支持。德国

① 朱得：《日本应急文化对我国应急管理的启示》，中国人民公安大学硕士学位论文，2017，第23页。
② 单松：《国外公共突发事件应急管理分析及启示》，《中共太原市委党校学报》2018年第8期，第46页。
③ 陆继锋、曹梦彩、陶玫杉：《日本应急防灾知识普及的经验与启示》，《中国防汛抗旱》2019年第5期，第50页。
④ 王皖等：《构建我国应急产业标准体系框架的构想》，《安全》2019年第12期，第12页。
⑤ 张磊：《应急救援队伍标准化建设：以德国THW为例》，《中国应急管理》2011年第9期，第18页。

建立了全国统一的应急科普救援体系，积极推动应急产品的科普产业化，同时也给予充足的经费资助，德国政府每年在应急科普产业投入资金达150亿欧元。德国政府关注的重点主要在预防和防护性科普，特别是重要基础设施的安全科普。

（四）澳大利亚发展民间应急科普产业

澳大利亚自20世纪80年代就将综合防灾减灾与应急科普结合起来，并进一步加强志愿者队伍的科普教育建设。应急志愿者队伍是澳大利亚应急抗灾救援的主力军，这些志愿者都是经过严格的培训并且达到考核要求才能参与救援。他们能熟练地操作各种复杂救灾抢险设备，而且注重社区的防护功能。[①] 澳大利亚政府为民间科普企业提供有效的资金支持。例如，为澳大利亚火灾管理委员会（AFAC）生产消防器材的各类企业，通过训练专业消防员、提供相关火灾知识的科普咨询服务，不仅能赚取利润，而且能从地方政府和保险公司获得相应的资金。[②]

三 我国应急科普产业的结构类型与特点

（一）我国应急科普产业的结构类型

目前我国的应急科普产业还处于起步阶段，各项内容都不成熟、不完善，仍然在深入探索。根据现有基础，应急科普产业的发展贯穿了应急系统的标志与术语、应急服务、应急产品这三大类别。

首先，我国应急的术语和标志还不完善，需要向社会公众科普和传达统一的应急形象标识。树立统一的应急观念，这就需要实施应急科普文化产业

---

① 董帅：《我国应急管理宣传教育体系建设研究》，电子科技大学硕士学位论文，2016，第36页。

② 董帅：《我国应急管理宣传教育体系建设研究》，电子科技大学硕士学位论文，2016，第36页。

的企业形象（Corporate Identity，CI）识别系统战略，其中包括明确应急科普思想理念（Mind Identity，MI）、落实应急科普执行力（Behavior Identity，BI）以及应急科普形象设计的标志（Visual Identity，VI）。这三方面构成了应急科普文化产业的 CI 战略，也为形成全国应急思想共识起到了重要作用。

其次，在应急服务中，应急培训、应急教育、应急人才队伍建设、应急保险是应急科普产业发展的重头戏。在新冠肺炎疫情暴发的过程中，应急救援人才最为急需。应急技能、应急专业、应急心理都是考验前方救援人员应急素养的重要指标。经过此次的疫情抗击，社会志愿者、公众的应急科普培训和教育已成为人们的基本需求，并进一步催生应急保险行业的科普教育，应急保险被看作保护一线人员抗击风险的重要屏障。

最后，在应急产品的推广中，相关的科普知识介绍是必不可少的。救援人员、公众在真正了解了应急产品的科普知识和功能后，才能正确使用应急产品。因此，各大厂商在产品投放市场的前期，都会有销售人员向消费者或需求单位进行应急产品的科普培训和介绍。也因此，应急科普产业在市场商业运营和产品展销博览会中，成为急先锋，为应急产品打开了销路。

（二）我国应急科普产业的特点

当前我国应急科普产业体系相对庞大，具有以下特点。

第一，应急科普产业是复合型产业，该产业涉及各个领域，例如医务防护、自然救灾、防控反恐、危机安全、救援物资、安全生产、火灾救援、安全保险等各个行业都需要应急科普。这些行业的应急科普发展规模各不相同，每个行业的应急科普又需要不同的专业知识作为支撑，这为应急科普产业的统一和发展带来一定难度。

第二，应急科普产业是公共产业，应急科普面向社会、面向公共群体，带有非常强的公益性，因此其运营形式不可能完全商业化，而是以市场与政府公私合营的合作方式运营的。目前针对应急科普产业的商业运作已经有成功的案例，例如果壳网、科普中国，以及网易的各类商业媒体的科普栏目平台，其运营的背后都有政府的力量推动。

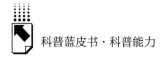

第三，应急科普产业是预测性产业，该产业需要对任何意外和风险进行提前预判和评估，并向社会科普舆情信息，提醒与指导社会各界做好危机应对，落实所有各项准备和保护工作，最大限度地降低风险和损害。

（三）我国应急科普产业的受众群体

我国应急科普产业的受众群体，目前分为两种类型。

第一种类型，是面向公众，专职做应急预防科普课程培训的产业。应急科普课程的产业培训包括预防与应急准备、监测与预警、应急处置与救援、事后恢复与创建等科普内容。其中科普内容中突发事件发生前的科普培训占到59%，突发事件发生后的社会救援科普达到35%，应急物流方面的科普为6%。[①] 但是目前这类面向公众培训的企业，数量相对较少，公众也无从知晓去哪里体验应急课程。这也是我国应急科普产业非常薄弱的环节。

第二种类型，是面向各级政府应急部门，为其提供应急产品并开展相应科普技能培训的产业。根据2019年国务院安委会应急救援专家组成员、应急管理部的吴志强教授总结的应急数据统计中可以看出，我国应急产品达到9544种类型，主要分为监测预警产品、预防防护产品、处置救援产品和应急服务产品4个领域。其中监测预警类产品占比为24%、预防防护类产品占比为18%，处置救援产品类占比为56%，应急服务类产品占比为2%。监测预警类应急产品包括放射性物质监测预警、公共卫生事件监测预警、气象监测预警、社会安全事件监测预警、事故灾难预警、自然灾害监测预警和其他监测预警7个种类、41个小类。预防防护类应急产品包括个体防护、防护材料、设备设施防护、生态防护，其他防护5个种类，14个小类。应对处置类应急产品包括抢险救援、生命救护、现场保障3个种类，23个小类应急产品。[②] 这些应急产品要面向应急救援人员定期进行科普培训，让救

---

① 资料来源：2019年国务院安委会应急救援专家组成员、应急管理部吴志强教授材料。
② 资料来源：2019年国务院安委会应急救援专家组成员、应急管理部吴志强教授材料。

援人员了解应急产品的使用功能和防护技巧，并且还需要救援人员掌握相关的救援技能和应急专业知识。例如，在 2019 年底暴发的新冠肺炎疫情中，提供的应急防疫产品涵盖了从个人生活、公共设施，到医用产品，包括体温计、防护口罩、防护手套、消洗设备、消毒灭菌产品、护目镜、防护服、防护面罩、试剂、医药产品、医疗设备等，每天都会有将近 11 个类别的 87 个批次的 600 吨防疫物资寄出，由 120 辆邮车随时待命运送抗疫前线，[①] 相关企业都提供了相应配套的应急科普培训课程和技能训练，使应急科普产业呈现多元化和规模化效应。

四　当前我国应急科普产业存在的问题

（一）应急科普产业相对分散，结构不平衡，没有形成产业链条

目前我国对于应急科普产业发展还没有形成统一认识，未确立完整的产业链体系。各地区的应急科普产业的侧重不一样。例如，陕西省侧重矿山防护和消防领域的应急科普，天津侧重应急产品装备的科普，深圳侧重风险的防范性科普等。各地方性的应急科普产业发展相对传统，没有形成创新的产业规模。

（二）应急科普产业的政策支持不够

我国对应急科普并没有真正重视起来，尤其对于社会公众的应急需求和市场应急需求未做深入了解，应急科普产业的政策支持力度相对薄弱，投入较少，影响了现有的应急科普产业的人才队伍建设。虽然我国在 2017 年 7 月，工业和信息化部发布的《应急产业培育与发展行动计划（2017～2019 年）》中提到应急产业的相关政策，但是对于应急科普产业发展的细则还是有所欠缺。

---

① 《24 小时待命！战疫情应援防疫物资随到随运》，央视网，https://www.kunming.cn/news/c/2020 - 01 - 31/12810164.shtml。

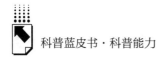

（三）推动应急科普产业的社会氛围不浓厚

应急科普产业的形成需要大环境和社会氛围的支持，但是目前很多人对应急科普的理解有所偏差，甚至不清楚应急科普产业对未来的重要影响，应急科普大气候的社会氛围并未真正推动起来。这主要基于我国对于应急科普的认知还比较粗浅，起步较晚，对于应急科普在产业中的重要地位还不清楚，致使应急科普产业发展缓慢。

（四）未能有效开发应急科普产业市场

传统意义上的应急科普产业的市场渠道较窄，过多集中于企事业的消防、救援、医疗单位的应急专业人员，致使应急科普产业的消费对象范围较小。随着 2019 年新冠肺炎疫情的公共危机发生，应急科普更多的转向了广大社会公民，每一个公民都有强化应急科普的需求。大多数家庭已有了具备购买应急产品防范突发事件的意识和观念。不难看出，未来公众的应急消费需求是巨大的，同时生活的社区应急科普需求也是迫切的。可以预见，未来的应急科普产业将有广阔的市场前景。

（五）应急科普产业向智慧型产业转型缓慢

现代应急科普产业的发展需要结合大数据、云计算、物联网等科技手段真正实现转型，而不再仅仅依靠传统的展教手段进行科普教育。但是很多应急科普企业仍然惯用传统的宣传方式来科普，或者还处于产品研发试用阶段，远远脱离了社会的需求，转型出现了诸多问题和障碍。

五　新时期我国应急科普产业的新规划与发展

2019 年底新冠肺炎疫情暴发，暴露了我国应急科普的严峻问题。面对危机，建立和发展新型科普产业将是我们未来的重要课题，需要从以下几个方面着眼落实。

（一）重点发展我国的应急科普教育培训产业

加强应急科普教育培训产业建设，对于应急人才的培养起着至关重要的作用。国家在应急防护过程中，优秀的应急人才是保障国家面对危机的重要支柱。但是我国目前应急人才是匮乏的，公众对于应急行业的知识又是欠缺的，在这样的情境下，既专业又有实战经验的应急科普教育培训是必不可少的，规模化的应急科普教育产业集群培育则成为当前国家的重点发展方向。

首先，应该加强幼儿、中小学生、青年群体应急科普教育的产业培育。从幼儿园、小学、中学、高校甚至就业，应急科普内容应该贯穿人的生命的全过程，这样使每个公民从出生就树立自我保护；自我救助、互救的生存观念；并且培养危机的警觉和敏锐意识，对风险和灾难有客观和清醒的意识；树立牢固的生命信念。同时应急科普教育产业的建设，需要配备完整的应急教育课程群开发，开设应急生存技能教育、应急心理教育、应急思想政治教育等科普课程，到深入应急信息传播教育、应急舆情教育等课程的开发与设计。这些课程的开发，不仅仅涵盖学生在处理突发灾难事件时必要的逃生自救互救技能，还包括在面对突发灾难事件时学生良好的心理素质、灵活善变的思考方式、充足的体能、旺盛的生存信念等一切能够顺利处理危机并安全转移的特质或能力。应急科普的目的是为了增加人们在突发灾难事件中的存活率，而一切能够达到这个目的的内容，都应该成为课程开发的核心内容。[1]

其次，要加强我国政府、企业领导干部应急科普技能训练。应急科普技能，是政府各级领导、企业领导的必备素养。面对危机，如何应对和开展应急防控，是领导决策和指挥的重要能力。对2019年底暴发的新冠肺炎疫情的防控，暴露出部分行政人员对于应急科普的淡漠与麻痹和疫情防控知识的盲区。因此，在干部的应急科普培训上，需要加强领导干部对于危机前瞻性

---

[1] 钱洪伟、赵成勇：《我国高校应急科普内容设置与推广策略研究》，《决策探索（中）》，2018年第7期，第4～11页。

和预测性判断力的科普训练、应急资源调配部署的科普能力训练、应急预案决策性的科普训练以及应急信息及时向公众披露的科普等技能训练，杜绝行政扯皮和懒政现象的发生。在危机来临时，要提高干部应对危机与风险的能力，培养干部忠诚干净、勇于负责、敢于担当、果断决策的应急能力。提高各级领导干部的研判力、决策力、掌控力、协调力、舆论引导力和学习能力。

根据应急部培训中心初步调研，全国省、市、县三级应急管理部门人才缺口分别为797人、4751人和24869人，总缺口约3.1万人。应急管理部门最急需的5类专业人才分别是：安全监管执法（3603人）、危险品安全监管（2200人）、应急指挥（2192人）、防汛抗旱（1812人）、安全生产基础管理（1764人）。① 通过以上数据，我们认识到要加快速度不断丰富应急公务人员相关科普课程建设，为不同资质的人员提高有针对性的应急科普培训，提高我国应急科普培训资质的考核标准。我国目前有关应急培训的相关企业非常稀缺，增大应急科普教育培训机构的数量和规模，不仅能够满足行业工作人员的需求，同时对于社会公众也起到良好的示范效应。因此应急科普教育培训产业要投入更多的力量去建设，制定科普培训的标准，从而和国际接轨。

（二）大力推动我国国际性的应急科普咨询产业

从全球性蔓延的新冠肺炎疫情可以看出，应急科普已经不是某一个国家的事情，它牵连着全球的命运。在这次新冠肺炎疫情对抗阻击战中，中国给予世界卫生组织和其他国家领导人的应急科普咨询建议，得到各国友人的充分肯定和赞扬。因此，积极推动我国国际性的应急科普咨询产业建设，不仅促进国际间的交流合作，也显示了我国的应急防护能力，更提升了我国负责任大国的国际形象。

因此，要大力组建应急战略咨询平台，构建智库，强化对应急事业的支

---

① 资料来源：应急部培训中心数据调研资料。

撑，要实施共建共治共享，编织全方位立体化的公共安全网；坚持底线思维，立足应对大灾、巨灾和危机，为国家、企业以及国际间危机合作等战略性、前瞻性问题提供决策咨询；为国际间企业的应急合作提供咨询和支持。

（三）实施应急安全科普文化产业，提高公众的忧患意识和自救互救能力

我们生活在风险频发的社会里，危机不可能完全消除。这就需要我们学习应急安全文化，了解安全文化的内涵，坚定树立危机忧患意识，抗击风险，强化心理防御。所谓新时代的安全文化可以定义为人类为防范或减轻风险，维护生命财产安全，实现经济、社会和生态可持续发展所创造的安全精神价值和物质价值的总和。① 习近平总书记强调，"要坚持群众观点和群众路线，坚持社会共治，完善公民安全教育体系，推动安全宣传进企业、进农村、进社区、进学校、进家庭，加强公益宣传，普及安全知识，培育安全文化，开展常态化应急疏散演练，支持引导社区居民开展风险隐患排查和治理，积极推进安全风险网格化管理，筑牢防灾减灾救灾的人民防线"②。应急安全文化建设，要从精神文化建设、行为文化建设、制度文化建设、环境文化建设等几个方面落实。

尤其加强基层工作，需要建立社区应急安全文化产业，创建"防灾型社区"的文化氛围。建立"防灾型社区"的安全文化产业，可以说是构建社区应急科普产业长效机制的关键所在，也是构建和谐社会的重要举措之一。③ 针对城市社区居民应急意识普遍淡薄的现状，我们要进行以战争、恐怖、骚乱、灾害、突发公共事件的危害后果为主要内容的危机安全文化科普宣传教育，提醒社区居民居安思危并防患于未然，增强社区居民的应急意

---

① 楚问：《新时代安全文化建设刍议》，《中国减灾》2020 年第 3 期，第 20 页。
② 习近平：《充分发挥我国应急管理体系特色和优势　积极推进我国应急管理体系和能力现代化》，《劳动保护》2020 年第 1 期，第 6 页。
③ 万汉松：《城市社区应急科普教育体系建设亟待加强》，《学习月刊》2010 年第 22 期，第 60 页。

识。通过应急心理科普教育，锻炼社区居民的应急心理，教育社区居民正确认识危机，勇敢面对危机。例如日本就设立了危机体验室和训练屋，让观众免费体验危机"现场"并训练其应对能力，极大地增强体验者的心理承受能力。① 这样就能切实提高公众的忧患意识和自救互救能力，筑牢防灾、减灾、救灾的人民防线。

（四）扩大应急科普媒体传播产业建设

应急救援知识的普及还要利用新媒体技术，整合媒体资源，建立立体高效的应急科普媒体传播产业，重点监测和传播我国应急灾难危机事件，精准传播危机舆情信息。目前我国还未能建立专业的应急科普媒体产业，大都是依据综合传统媒体行业的内容切割一小部分进行科普宣传，应急传播人才队伍薄弱与匮乏，应急科普的信息内容传统单一，前瞻性的应急舆情落后。这对于国家及全社会抗击危机来说，相当于缺少了千里眼、顺风耳，延缓了应急的最佳时间。

建立新型的应急科普媒体传播产业，要立足于各领域的行业建设，细分应急类型，有针对性地建立相关媒体产业链。比如公共应急媒体、医疗应急媒体、自然灾害应急媒体、安全事故应急媒体、反恐防控应急媒体等，形成多维立体的应急科普媒体产业链。同时，还需要加大力度培养专业化的应急科普传播人才，依托各领域的行业知识，培养针对性的应急行业专才，传播应急专业知识和救灾减灾的技能，拓展向全民应急传播的方式。

（五）应急科普产业的发展需要加强产学研的合作

应急科普产业的发展离不开高校、研究机构、机关、企事业单位的通力合作。充分利用产学研合作的优质资源开展应急科普理论向产业的深化，是进一步提高应急科普产业能力的前提条件。鼓励高校开展应急科普类的学科

---

① 万汉松：《城市社区应急科普教育体系建设亟待加强》，《学习月刊》2010 年第 22 期，第 60 页。

建设，设立相关研究中心。同时加强应急科普的产业联盟，整合有效资源，从而提高应急科普产业的创新协同能力。强化应急科技的普及传播，将应急技术研发和应急装备设计相结合，明确应急安全科普的重大科技成果推广范围和产业发展方向。

（六）实施应急科普产业的一体化融合机制

将应急科普产业与金融、保险等行业融合发展，为应急的抗风险能力提供有力的资本保障。应急科普的产业融合会形成有效的产业链机制，使灾前科普预警、灾难来临科普有效防护、灾后科普重建的环节形成一体化的有效运作，可以大大提高我国的应急能力。

应急科普产业融合发展从纵向、横向涉及不同行业领域，并与城市安全紧密相连。实施应急科普产业一体化融合机制需要应急与城市基础设施建设协同化发展。

应急科普产业要与基层应急救援开展融合发展，建设综合减灾示范社区、安全社区，以及应急避难场所的融合区域。

科普有关灾害救援知识时，还应十分关注重点人群。重点人群是指医学以外其他行业经常接触灾难事件并为救援服务的人员。诸如经常可以成为最初目击者的人民警察、消防人员、教师、宾馆服务人员、车站码头的服务人员以及各种重大集会的志愿者。对重点人群定期开展灾难预警训练加强灾难状态下的心理素质锻炼，急救知识测验、自救等技术，以提高重点人群应对灾难的救生能力。[1]

（七）应急科普产业要迈向智慧化工程

应急科普的宣传，要紧密结合时代信息技术，开发智慧型的应急科普产业，让人们足不出户就能借助大数据、云计算、物联网、航空遥感、视频识

---

[1] 赵中辛、刘中民:《普及灾难救援知识任重而道远》,《灾害医学与救援》(电子版) 2013年第1期,第1~3页。

别、移动互联等技术了解应急科普知识、科普信息，做出有效应对和防护，同时也能隔空进行国与国的应急科普项目合作，开展有效的线上教育培训。同时建立分级普及救灾知识、灾难医学的培训机构和网络，运用现代教育技术，开展形式多样的培训方法，满足课堂教育与网络教育需要，进行网上培训演练等。[①]

（八）加强应急科普产业体验类项目的市场商业运作

从 2019 年底暴发的新冠肺炎疫情可以看出，应急产品的防护物资成为全球公民的基本需求，防护物资的穿戴和使用成了人们急需的科普常识。因此，扩大应急产品的配套科普宣传就成为市场商业运作必要的技能。一方面，要积极举办各类应急科普的博览会、展销会、研讨会、交易会，激发市场活力，刺激市场需求，解决好市场的资源配置，这样应急科普产业的前景必将广阔。另一方面，要面向社会公众推广应急科普体验项目，培育应急科普产业市场。全民应急科普体验可以采用商业性、娱乐性、互动性、情境性的方式向民众开放，形成寓教于乐的产业模式，特别是要渗透到城市生活社区。将应急作为开发主题，进行商业项目设计，既能加强科普的实用性，也能带动产业的经济发展。

（九）加强我国应急科普"场景功能化"的产业建设

新时期，应急科普产业要作为一个新兴产业重点发展。面对突发事件应急预防，不仅要大力建设教育、宣传、培训、演练等科普基地和训练中心，更要帮助公众做好身处"不同场景"的防灾救灾的准备工作，以提高公众灾害应对能力。

企业建立火灾、地震、台风等灾害应对情景性演练学习基地，需要注重公众日常性、常识性的应急训练，因此科普基地的设计和产业建设要与

---

① 刘振立：《关于我国灾难医学教育的思考》，《中国危重病急救医学》2003 年第 11 期，第 643~645 页。

公众生活的不同场景建立联系，模拟和打造公众在不同的生活环境中所需要的防护。

企业在设计开发应急科普基地的体验类型上需要对产业做到"场景化"细分，例如公共场所的应急、办公场所的应急、地下车库的应急、家居的应急、写字楼的应急、户外的应急、区域城市的应急、农村山坡上的应急，从而达到全社会、系统性、大安全的理念，建立和完善相应的科普产业方向，提高人们在不同场景下防范突发事件风险和快速处置突发事件的综合能力，并且在全社会形成共识。2019年底新冠肺炎疫情的暴发，启示不同场景的科普预防工作的重要性，尤其要针对写字楼、社区、学校、超市、公交车、地铁、火车站、飞机场、娱乐场所等不同场景人群定期分别开展的科普防护和预警工作。

（十）深入开展科普产业的社区化、民防化的运行

应急科普产业不仅要以政府、市场化的机制来运行，更重要的是要深入普通公众的生活区域，社区化的应急预防实施更有利于公众把应急看成公共责任。可以从公众应急产品和应急服务的术语、标志标识方面入手开展科普宣传，加深公众对应急观念的理解；在此基础上，对公众进一步科普应急技能的相关知识。在美国，每几个家庭社区就会组成应急预防中心，社区成员每月都会邀请企业应急咨询专员开展应急预防的技能培训，应急科普已经成为美国公众提高生存能力的重要技能之一。

我国应急科普产业规模庞大，但是产业发展基本是以行业市场化机制来运行，与普通公众生活距离较远，因此，科普产业社区化、居民化建设则是未来的发展重点。2020年新冠肺炎疫情的排查工作就是需要社区工作来实施，真正将公民生活的疫情防控落到实处。另外，加强居民的应急意识和有序的应对防护措施也需要社区来统一进行科普教育和日常生活的训练，防疫科普应在日常生活中作为常态机制进行传播和教育，这样才能形成全社会有条不紊地应急科普体系。

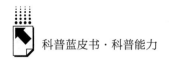

六 结语

2019 年底暴发的新冠肺炎疫情向我们警示，应急科普产业要作为国家重点产业建设，并有效地进行政策引导和落实，要以规律性的、长效性的、日常性的工作来唤醒全国各级政府、企业、公众的应急科普意识，养成良好的应急习惯，从而构建集群化的应急科普产业规模，预防危机发生，切实保障全国人民的工作、生活安全。

应急科普产业已经成为与科技创新产业并驾齐驱的重要性工作，同时应急科普产业的形成也体现了一个国家和民族的风险意识和安全素养。应急科普产业建设的目标，就是要向全民普及灾难求生应急知识，提升公民的应急技能，强化人人化解危机风险的应急防护能力，从而真正体现我国安全大国的国际形象。因此，应急科普产业建设意义深远与重大。

B.7
我国创新主体科普服务评价研究

——以中国科学院为例

张思光　刘玉强*

摘　要： 研究系统总结了国内外关于公共科技文化服务成效评估理论评价，构建了我国创新主体科普服务成效评价的理论基础。在借鉴国内外智库研究的最新 DIIS 理论和 3E 理论的基础上，提出了科普服务成效评价的逻辑框架和指标体系。进而结合我国科普工作体系和国内外科研机构科普工作实践，采用定量评价与案例研究相结合的方式，开展创新主体科普成效评价的实证研究。在此基础上深入思考，系统研判面向未来创新主体科普工作面临的新形势、新需求。给出提升我国科研机构科普成效的建议，用于指导创新主体科普工作实践。

关键词： 创新主体　科普服务　成效评价

一　引言

科普工作是实施创新驱动发展战略、建设创新型国家的一项基础性任务。党和国家高度重视科学普及，对科研机构的科普工作给予更高期望和要求。《中华人民共和国科学技术普及法》中明确指出，"科学研究

---

* 张思光，中国科学院科技战略咨询研究院副研究员，研究方向为科普与科学教育、科技管理；刘玉强，中北大学经济与管理学院讲师，研究方向为科学技术与社会。

和技术开发机构、高等院校、自然科学和社会科学类社会团体，应当组织和支持科学技术工作者和教师开展科普活动，鼓励其结合本职工作进行科普宣传"。《全民科学素质行动计划纲要（2006～2010～2020年）》中也要求，"鼓励科技专家主动参与科学教育、传播与普及，促进科学前沿知识的传播"。

以中国科学院为代表的科研机构作为科普创新主体，充分发挥了科普资源高端、研究学科齐全、科普人才丰富的优势，支持科普场馆的升级改造和信息化建设，组织开展了一系列有较大影响的科普品牌活动，出版了系列科普图书、研发了系列科普产品，凝练了一支科研人员参与的科普队伍，推动科普期刊、科普网站、新媒体等平台持续发展，创新型科普工作体系业已形成。但是，新时期，经济社会发展的宏观要求和公众科学素质提升的现实需求使科普工作得到前所未有的重视，迎来重大战略机遇，也面临新的发展方式。同时也对现有科普工作提出了相应挑战，一些科普工作存在的突出问题和矛盾亟待解决。

因此，本研究从探索科研机构科普工作的内涵与外延出发，立足于"如何总结、评价、提升科研机构科普服务成效"这一核心目标，力求全面掌握创新主体科普工作开展的实际情况，判断科普工作目标的实现状况，系统总结和分析科普工作中的经验教训，进而提出完善科普工作的目标与行动策略，以及科普资源投入的合理配置，不断提升我国科研机构科普服务总体成效。

二 我国创新主体科普服务绩效评价理论研究综述

开展创新主体科普服务成效评价实践是推动创新主体主动提升科普工作的有利举措。基于此，本研究从构建评价理论基础、形成评价逻辑框架、确定评价要点三个层面构建研究内容和研究进路，借鉴国际前沿的软系统方法理论、智库领域DIIS理论，构建创新主体科普服务成效评价的逻辑框架，对于指导评价实践具有重要的方法论意义。

（一）如何将科普服务绩效评价中定性评价与定量评价相结合——关于对软系统方法论中3E成效评估理论的借鉴

3E成效评估理论（以下简称"3E理论"）是切克兰德（Checkland）从软系统（Soft System Methodology）观点出发提出的一个评估组织的模型。3E理论主要基于以下三个问题：（1）系统是否产出了期望的结果（efficacy）；（2）系统在成果产出中是否过度使用资源（efficiency）。（3）成果是否适用于更广泛的系统和系统环境（effectiveness）。针对这三个问题，3E理论提出了以产出（efficacy）、效率（efficiency）和效果（effectiveness）三个评价维度为核心的理论体系，克服了传统使用经济（economy）、效率（efficiency）、影响（effectiveness）指标而忽略产出的缺点。

在社会、政治、文化、人类行为等软因素掺杂其中，科普评价模型往往失去优势甚至失效的情景下，3E理论在有助于逐步逐层分析和理解系统所面临的复杂环境、复杂问题的基础上，提出具备逻辑合理现实可行的解决方案及评估指标。通过建立3E指标体系，使得科普评价体系更加科学化、透明化，增加了效率与成效评价的可操作性，对科普服务评价体系的完善和发展具有推动作用。

（二）如何将科普评价体系化——关于对智库前沿DIIS方法理论的借鉴

DIIS方法理论作为智库研究理论，其主要研究思路可以概括为：收集数据（data）、揭示信息（information）、综合研判（intelligence）、形成方案（solution）。研究基于此方法理论，系统总结了成效评估的关键要素，包括确定评估需求、界定问题、构建指标体系、获取数据、确定价值标准、选择方法、意见集成、结果应用等方面。

结合该理论，本研究将科普评价体系化，分为凝练评估问题、分析评估问题、综合评估问题、解决评估问题4个阶段。一方面，从证据角度出发，基于客观事实科学依据和数据支撑，通过科学的研究方法，综合集成专家的判断，形成整体认知，总结出有说服力的研究结果，具有证据形成功能。另一方面，研究问题进行开始研判和数据收集后形成客观认知，引入专家集体智慧，综合研判后得到新认知，全过程严格控制研究的质量，具有质量控制功能。

三　基于3E理论的科研机构科普服务绩效评价框架构建

（一）3E理论

通过建立3E指标体系，使得软环境评价体系更加科学化、透明化，增加了效率与绩效评价的可操作性，对绩效评价体系的完善和发展起到很大的推动作用。因此，本研究拟借助3E理论，打开科研机构科普工作这一黑箱，从"投入—过程—产出—影响"维度建立全链条式的科普成效评估逻辑模型框架。

随着3E理论的发展，其日益成为分析和诊断复杂问题的有效工具，尤其是复杂社会环境影响下组织机构的管理分析和评价。其中LIU W. B.等人指出在公共组织中现有评价指标的局限性，忽视了特定组织的价值和使命，并以3E理论为依据重新构建了评价指标。Julie Hardman等人以3E理论软系统方法为分析框架，评估了曼彻斯特城市大学的学习环境管理，通过分析认为软系统方法能够很好地满足分析标准。Xu F.等学者采用3E理论和Checkland软系统方法（SSM）构建了指标系统，对世界范围内的国家研究院的学术影响进行了排名。Dias W. P. S.对比了Checkland基于SSM的3E理论和Blockley的系统方法，发现有一些共性的特点，如分层次、分目标等方面，这种相似性提醒我们系统方法是客观性的，而非相对性的，而它们总体方法的差别反映了现实层次结构性质。

从系统论的角度来看，任何研究对象都可以看作是一个由多个相互作用、相互联系的构成要素组成的有机系统。科研机构是由多个要素构成的有机系统，科研机构开展的科普活动受到科研机构内部和外部多种因素的影响，难以直接对科普活动进行绩效评价。3E 理论是基于系统理论构建的，如果从系统的角度分析，科研机构的科普工作是一项包括产出、效率和效果三个关键核心要素的完整系统，就可以将基于系统观的 3E 理论引入科研机构的科普成效评价。

（二）指标体系的构建原则

科普活动成效的评价指标是对科普目标及特性的有机分解，其中包含了科普工作所涉及的各个组成要素及影响因素。科普成效的评价工作应当依据一套科学、系统、完备的指标体系来进行，以便有效地对计划的进展实施情况进行衡量，科学、客观、公正地评价科普工作的执行、产出和影响情况。指标体系的设计是绩效评价方法论的重要内容。科学适用的评价指标体系是有效开展评估工作、取得可靠评估结果的基础。在构建科普成效评价指标体系或建立科普成效评价分析框架时，本研究认为应遵循科学性、系统性、独立性以及可操作性等基本原则。

（三）主要采用的评估方法

通过借鉴科技评价领域常用评价方法，结合科普工作的特点，研究拟主要采用以下评估方法。

（1）定量评价法。研究拟采用具有统计学意义上的合理性和可信度的指标，从中观层面研究科研机构的科普能力、科普活动、科普活动的水平及影响。

（2）案例与回溯评价法。针对典型优秀科普工作单位的案例与回溯分析法有利于清晰描绘科研机构科普工作的关键事件及其价值，以及内外因素对研究工作的影响。

（3）定性评价方法，该方法与上述多种方法的补充与结合，可以有效

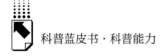

地规避定量评价和定标比超方法导致的"数字和指标导向"以及案例回溯分析法难以大范围铺开的缺点。

四 中国科学院下属科研机构科普成效总体情况研究

中国科学院作为国家战略科技力量，在科普工作中积极发挥国家队的作用，坚守"高端、引领、有特色、成体系"的科普工作定位，以服务国家、服务社会为宗旨，推动科研机构加强科普工作，承担科普任务。中国科学院的科普工作体系包括：科学传播工作组织管理机构，负责全院科学传播工作战略、规划、政策的制定及宏观指导与管理；专业科学传播组织，负责全院各学科领域的科学传播工作协调与组织；研究所负责向全社会传播最新科技进展及其科学技术对经济发展和社会进步的影响；植物园、标本馆、天文台、博物馆等主要从事科学传播的机构，长期从事面向社会公众的科学传播工作；各级各类科普基地（包括植物园、天文台和部分标本馆、研究所与重点实验室、图书馆、中国科技大学及中科院研究生院等），主要在国家科学传播工作中发挥骨干与示范作用；研究所、院校、重点实验室、大科学装置、野外台站等，每年定期向社会公众开放，并组织本所科技人员参加国家与所在地区的科学传播活动；科普期刊、报纸、网站、图书情报、出版、音像等科学传播媒体，主要负责全院科学传播的宣传与展示工作；广大院士、老科学家、科技人员、专门从事科学传播研究与教学工作的专业人员、志愿者等构成科学传播的庞大队伍。

如何充分发挥其引领、示范作用，对服务于全面建成小康社会和创新驱动发展，实现 2020 年我国科普发展和公民科学素质达到创新型国家水平，具有重要意义。研究运用所构建的科普服务成效评估逻辑框架，结合 3E 理论，即从产出、效率、效果三个维度，基于科普经费、人员队伍、政策环境、科普文化、科普资源、科普产品、科普活动等多个方面对中国科学院科普工作的实践进行量化描述并总结，从宏观层面对中国科学院所属科研院所科普工作的成效进行了评价。

（一）中国科学院下属研究机构科普支撑能力建设情况

（1）科普人才队伍建设

从科普人员的总量和规模来看，根据科技部《中国科普统计》报告中2018年的统计数据，中国科学院所属部门科普专职人员为922人，科普兼职人员为7038人，科普志愿者3146人。从科普专职人员的规模质量来看，中科院已然形成了一支高质量的科普人才队伍，如表1和图1所示。

表1　2018年科普人才队伍统计

单位：人

科普专职人员	科普兼职人员	科普志愿者
922	7038	3146

资料来源：科技部《中国科普统计》报告中2018年的统计数据。

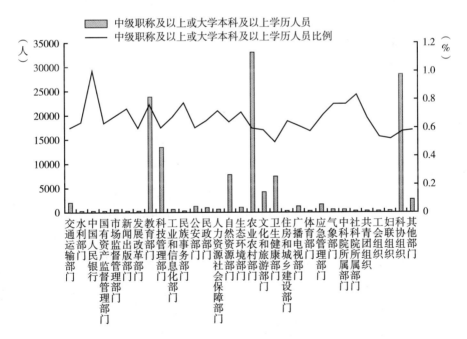

图1　2018年各系统中级职称及以上或大学本科及以上学历人员数及比例

资料来源：科技部《中国科普统计》报告中2018年的统计数据。

（2）科普经费投入

2018年中国科学院科普经费总额为32443万元，其中政府拨款23443万元，自筹资金7938万元，如表2所示。

表2　2018年中国科学院科普经费统计

单位：万元

科普经费总额	政府拨款	自筹资金
32443	23443	7938

资料来源：科技部《中国科普统计》报告中2018年的统计数据。

（3）科普场馆设施建设

表3和图2显示的是2018年中国科学院科普场馆统计及基础设施情况。

表3　2018年中国科学院科普场馆统计

数量（个）	总面积（平方米）	接待人数（人次）
40	211990	4293800

注：包含科技馆和科学技术博物馆。

资料来源：科技部《中国科普统计》报告中2018年的统计数据。

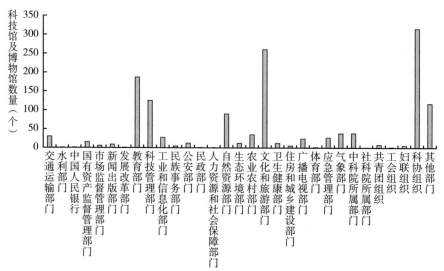

图2　2018年各系统科普基础设施情况

资料来源：科技部《中国科普统计》报告中2018年的统计数据。

（二）中国科学院下属研究机构科普服务能力建设情况

2018 年，中国科学院累计举办科普讲座 4024 次，讲座参加人数达到 628867 人；举办科技夏（冬）令营 749 次，累计参加人数达 64123 人；累计举办科普专题活动 346 次，参加人数达 680492 人；累计举办重大科普活动 189 次（见表 4 和图 3）。

表 4　2018 年中国科学院科普活动

单位：次，人

讲座举办次数	讲座参加人数	科技夏(冬)令营举办次数	科技夏(冬)令营参加人数	科普专题活动次数	科普专题活动参加人数	重大科普活动次数
4024	628867	749	64123	346	680492	189

资料来源：科技部《中国科普统计》报告中 2018 年的统计数据。

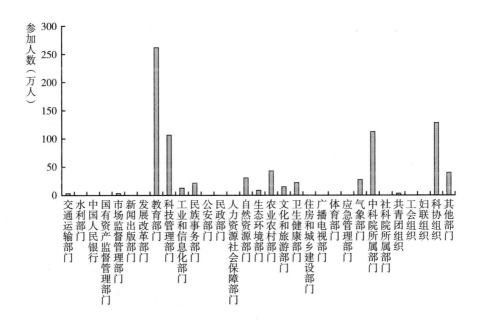

图 3　2018 年各部门面向社会开放活动参加人次

资料来源：科技部《中国科普统计》报告中 2018 年的统计数据。

（三）中国科学院下属研究机构科普产出能力建设情况

2018年中国科学院累计出版科普图书60种，发行图书总册数为134800册；出版科普期刊34种，发行期刊总册数为24350册；电台、电视台累计播出科普视频2324小时；开发科普展品253件，开发科普课程204门；拥有科普网站和新媒体178个，科普媒体报道10039次；制作科普视频358个，科普视频时长486135秒。具体如表5至表10所示。

（1）科普图书与期刊

表5　2018年中国科学院科普图书与期刊统计

单位：种，册

出版图书种数	发行图书总册数	出版期刊种数	发行期刊总册数
60	134800	34	24350

（2）开发科普展品

表6　2018年开发科普展品统计

单位：件，门

展品数量	科普课程
253	204

（3）科普网站和新媒体

表7　2018年科普网站和新媒体统计

单位：个，次

科普网站和新媒体数量	科普媒体报道次数
178	10039

（4）科普电视报道情况

表8　2018年科普电视报道情况

单位：秒，次

报道时长	报道次数
152799	1132

（5）科普工作获奖情况

表9　2018年科普工作获奖情况

单位：个

科普奖项数
222

（6）科普视频制作情况

表10　2018年科普视频制作情况

单位：个，秒

科普视频个数	科普视频时长
358	486135

（四）小结

评估数据表明，中国科学院充分发挥科普资源高端、科普人才丰富的优势，支持科普场馆的升级改造和信息化建设，形成了在全国有较大影响的科普品牌活动，出版系列科普图书、研发系列科普产品，凝练了一支科研人员参与的科普队伍，推动科普期刊、科普网站、新媒体等平台持续发展，不断开拓科普工作新局面。

但是与当前我国政府、社会、公众对于国家科研机构科普工作的需求比还显不足，这其中固然受当前我国科技体制、科研环境等因素的影响，但同时也反映在科普工作及其成效方面还有较大的提升空间。主要反映在以下几个方面：一是科普能力建设仍然薄弱，科研设施的科普功能尚未得到有效激发，缺乏一批运行高效的国家科研科普基地；二是科普产品的研发能力薄弱，科普视频、图书、展品的创新性不强，社会影响力不高，市场化程度较低；三是科普经费投入和科普人才队伍建设与两翼论的要求相去甚远；四是科普信息化程度较低，云计算、大数据等信息手段在科普工作中的应用不足，泛在、精准、交互式的科普服务较少，科普网站的融合创新、迭代发展能力较弱。

五　中国科学院深圳先进技术研究院科普成效评估

中国科学院深圳先进技术研究院地处创新之城——深圳，在珠三角以及粤港澳大湾区的经济社会发展建设中发挥科研、人才和平台设施等方面的优势，担当创新型科研机构的使命，已经形成一定品牌，同时作为广东省和深圳市的科普基地，也围绕科普基地全方位建设做出有价值的探索和实践，产生一定的影响力。因此，对中国科学院深圳先进技术研究院的科学普及工作开展实地调研，对于分析我国国立科研机构科普现状，凝练经验与问题具有十分重要的典型性意义。本次研究主要实地走访了中国科学院深圳先进技术研究院科技成果展厅、科技合作处、博士课堂、心理梦工场等部门，与科技合作处领导、科普工作负责人以及相关人员开展交流，并围绕着"先进院科普工作历史与现状"、"当前科普工作面临的机遇与挑战"、"科普工作的规划与设想"、"科普工作的保障与实施"和"如何激发科研人员参与科普工作"等问题开展了半结构访谈。

（一）中国科学院深圳先进技术研究院科普工作现状

根据中央建设创新型国家的总体战略目标和国家中长期科技发展规划纲要，结合中国科学院科技布局调整的要求，围绕深圳市实施创新型城市战略，2006年2月，中国科学院、深圳市人民政府及香港中文大学友好协商，在深圳市共同建立中国科学院深圳先进技术研究院，实行理事会管理，探索体制机制创新。深圳先进技术研究院目前已初步构建了以科研为主的集科研、教育、产业、资本为一体的微型协同创新生态系统，由多个研究平台（中国科学院香港中文大学深圳先进集成技术研究所、生物医学与健康工程研究所、先进计算与数字工程研究所、生物医药与技术研究所、广州中国科学院先进技术研究所、脑认知与脑疾病研究所、合成生物学研究所（筹）、先进电子材料研究所（筹）、前瞻性科学与技术中心、国防科技大学深圳先进技术学院、多个特色产业育成基地（深圳龙华、平湖及上海嘉定）、多支产业发展基金、多个具有独立法人资质的新型专业科研机构（深圳创新设计研究院、深圳北斗应用技术研究院、中科创客学院、济宁中科先进技术研究院、天津中科先进技术研究院、珠海中科先进技术研究院、苏州中科先进技术研究院、杭州中科先进技术研究院）等组成。截至 2017 年，深圳先进技术研究院拥有员工 1283 人，拥有中国工程院院士 3 人。研究院拥有 6 个研究所和 1 个研发中心，外溢机构有 5 个、创新与育成中心有 2 个；拥有博士后科研流动站 1 个、一级学科博士点 2 个、一级学科硕士点 2 个、二级学科硕士点 2 个、全日制专业学位硕士点 5 个。

（二）深圳先进技术研究院科普工作的历史与现状

深圳先进技术研究院在科学普及工作方面，与深圳市科协、南山区教育局合作紧密、不断构建合作模式，其科普工作的历史可以总结为以下几个阶段：初创阶段（第一阶段 2007~2014 年），与深圳市南山区育才教育集团发起成立"少年科学家培养计划"，将教育与科技结合，共同推进教育创新；提升阶段（第二阶段 2014~2016 年），2014 年高交会亮相并与南山区教育局及共青团南山区委员会联合创办的"少年创新院"，共同探索少年创新培养工作机制；发展阶段（第三阶段 2016~2017 年），2016 年与南山区教育局共建中科实验，共同探索第一个中科院所级实验学校实践科学教育融入基础教育的新路径；2017 年以来，在中科院科学传播局、广州分院的指导下，深圳先进技术研究院与南山区政府共同探讨粤港澳大湾区国家战略的科学教育落地思路，并在当年公众科学日揭牌了"粤港澳大湾区青少年创新科学教育基地"。

其中，2016年深圳先进技术研究院与南山区教育局共建了中国科学院深圳先进技术研究院实验学校（以下简称"中科实验"），由于国立科研机构的加盟，中科实验成立之初就制定了"建设科学教育特色学校"的目标，设置了科学课程的授课模式，并落实了全校分班级每周一次科学课的课时。首创了"博士课堂"，主要内容分"观察生活类"、"探索自然类"和"发现世界类"三个序列，从科普的角度让孩子们了解"科学教育"的内涵，感受知识带来的快乐，讲授老师主要由深圳先进技术研究院博士担任。经过一段时间的探索和实践，对进一步落实教育部2017年2月颁布的关于《义务教育小学科学课程标准的通知》的课改要求，起到先行先试的作用。

（三）深圳先进技术研究院科普工作面临的形势与挑战

中国科学院深圳先进技术研究院作为广东省和深圳市的科普基地，在建设理念和方式等方面都进行了初步的探索和实践，产生了一定的影响力，但在当前的发展形势下，科普工作还亟待提升，同时在实践中要进一步加强统筹协调，不断推进和落实，为科普出成果、出人才而努力。

深圳作为粤港澳大湾区的核心区域，在创新企业、创新环境、创新人才以及创新教育等方面都有很好的培育、培养和容错的政策和机制，同样也导致了激烈竞争。在新时期，世界科技的发展对人才科学素养的培育"早抓"和"抓早"提出了更高的要求，鼓励青少年发挥创新思维，激发探索知识的兴趣，提高自身创新思维、实验技能、问辩能力，团队协作等综合素质。中科实验为深圳先进技术研究院提供了践行科普社会责任的机会和平台，是深圳先进技术研究院实施中科院"高端科研资源科普化"计划和"'科学与中国'科学教育"计划落地的实践载体。

要做好科普工作需要经验积累和一支热爱科普工作的人才队伍，但深圳先进技术研究院作为以科研为主业的研究机构，并未涉及义务教育，如何达成建设"科学教育特色学校"的目标，为探索基础教育阶段科教融合带来了新的挑战。深圳先进技术研究院的科普工作必须抓住机遇、提升短板，加强能力建设，借由中科实验的科普平台，使其成为有科学教育特色的实验学校。同时也服务和解决深圳先进技术研究院高端人才子女入学需求的落地支撑（3H 工程）。

（四）深圳先进技术研究院科普工作的特点

1. 打造科学教育特色，在实践中初步构建中科科普体系

打造科学教育特色学校需要科学课程、科普活动、科普人才、科普文化的支撑。深圳先进技术研究院在与中科实验等学校协同教研过程中，联合中科院体系院所、相关教育部门、社会资源，共同打造以中科系列课程、科普讲座、创新课堂、研学课程、"科学＋"师资素养提升等为主要内容的中科科普体系，支撑学校科学教育特色建设。在南山区教育局主导建设的线上课堂平台，依照学校规划将"科学＋"教育课程覆盖南山区相关学校、南山少年创新院分院校和外埠的联盟学校，进而逐步进驻有条件的大湾区基地各校，形成由点及面、点面结合的态势。

2. 做好粤港澳大湾区青少年创新科学基地建设工作

首先是搭建平台，做好基地先导学校建设，以及先导学校间交流、活动、传播工作。基地第一批先导学校为香港培正中学、澳门培正中学、中科实验。先导学校努力发展特色科学教育基地以教学和创赛活动有机结合为协同创新，以"爱科学、爱生活、爱国家"为目标导向，开展科学教育教研、创新研学、相关大赛和活动。深圳先进技术研究院积极组织科普相关活动，扩大基地的品牌和影响力。继续牵头组织"公众科学日""高交会科普展"等活动，调动中科实验等先导学校的积极性，逐步提高基地统筹、策划、组织和协调各项科普赛事的能力，提升各类队伍的协作水平，有效推进基地科学教育工作实施和成果展示。

六　关于提升我国科研机构科普成效的建议

（一）科研机构应系统研判面向未来创新主体科普工作面临的新形势、新需求

未来 15 年是我国比较优势转换期，是中国作为新兴大国崛起的关键期，

也是国际格局大调整期。这一时期，以信息技术为代表的新技术革命、大国竞争与博弈加剧、全球经济治理体系快速变革等，将深刻改变国际经济格局。中国外部发展环境的这些重大变化，将给中国发展带来新机遇和新挑战。加强对国内政治经济，社会形势的总体研判，明确国家战略对于科普工作的战略需求，对于指导创新主体尤其是国家科研机构的科普工作具有十分重要的理论与现实意义。

（二）科研机构应思考谋划科学普及工作的新地位与新作用

面向未来，现代化进程的客观需求和知识技术体系的内在矛盾正孕育着以绿色、智能、泛在为特征的新一轮科技革命，科技和产业革命的发展对人类生产方式、生活方式、思维方式将产生前所未有的深刻影响，甚至会改变人与世界的关系，以及人类近代以来建立的价值观体系。

在新一轮科技革命的背景下，需要科学普及推动社会对科技的认知和响应，实现科学的社会功能和价值。科普实质上是知识的传播与扩散，是实现科学社会价值的重要途径，既包括知识、思想、方法等，向社会介绍、推广和应用，同时也涵盖对人们的思维、观念、行为、习惯等带来的启发和帮助，以及对社会精神文化层面的广泛影响，因而，科普是实现科学的社会功能和价值的重要途径。

（三）科普主管部门要构建"大科普"的工作格局，加强科普工作组织协调工作的目标

我国的科普工作是以科协系统为主力军、社会各界参与的公益性事业。开展科普工作是一个跨系统、跨行业、跨部门的工作，中国科协、中科院、教育部、农业农村部、文旅部等部门，都集中拥有大量科普、科研、教育资源。对于拥有资源的跨系统、跨行业的机构而言，所承担的科普工作的任务、职责不同，资源共享的动力、任务、职责、利益有明显差异。因此，科学、合理地组织科学素质建设中的实施工作，就是要树立社会化"大科普"意识，探索建立科普、科研、教育资源的共享

模式和机制，搭建公共服务平台，营造全社会科普资源开放共享的环境，鼓励资源拥有主体根据实践活动的需要最大限度地开发和创造科普和教育资源，同时建立各种合作、协作、协调关系，利用各种技术、方法和途径，推进科普、科研、教育资源的高效利用，保障我国的科普工作的顺利开展和实施。

（四）科研机构要积极发挥科学普及在创新文化环境的培育中的重要作用

总书记强调科技创新与科学普及同等重要，在科技创新方面我国科研机构必须明确方向，回归源头创新，注重原始创新能力的提升，同时强化科学普及，将科学普及工作深入嵌套于本职责任之中，认识其同技术创新一样具有战略性价值，在激励科学技术创新、培养创新人才队伍等方面都发挥着基础性作用。弘扬科学精神、传播科学思想、倡导科学方法，为创新驱动发展提供文化支撑，践行科普的历史使命和社会责任。

（五）多方合作，以公众科普需求为导向,建立科研成果科普转化常态化机制

中国科学院所属各分院、科研院所、大学、公共支撑单位、专业科普组织、科研企业等要积极探索科普展品、教具研发机制及市场化发展模式，进行科普展品、教具研发；要共同推进中国科学院所属单位与地方政府科技主管部门合作研发科普产品，借助科普博览会、大型科普活动等平台集中展示。

科研机构可以与科普场馆合作，在科普场馆举办展览并定期更新，在展览中科研人员也可以参与讲解与互动，科研机构也可以在自己的实验室进行科学传播，例如定期对公众开放，对于公众来说这样的体验就更专业、更真实。科研机构还可以与其他撰稿人、各种媒体等合作，将科研成果二次创作后，转述给公众。

参考文献

Roriguez – Ulloa R., Paucar – Caceres A., "Soft System Dynamics Methodology (SSDM): Combining Soft Systems Methodology (SSM) and System Dynamics (SD)", *Systemic Practice & Action Research*, 3 (2005): 303 – 334.

Liu W. B., Cheng Z. L., Mingers J., et al., "The 3E Methodology for Developing Performance Indicators for Public Sector Organizations", *Public Money & Management*, 5 (2010): 305 – 312.

Hardman J., Paucar – Caceres A., "A Soft Systems Methodology (SSM) Based Framework for Evaluating Managed Learning Environments", *Systemic Practice & Action Research*, 2 (2011): 165 – 185.

Xu F., Li X. X., Meng W., et al., "Ranking Academic Impact of World National Research Institutes—bythe Chinese Academy of Sciences", *Research Evaluation*, 5 (2013): 337 – 350.

Dias, W. P. S, "Comparing the Systems Approaches of Checkland and Blockley", *Civil Engineering & Environmental Systems*, 30 (3 – 4): 221 – 230.

潘教峰、杨国梁、刘慧晖：《科技评估 DIIS 方法》，《中国科学院院刊》2018 年第 1 期。

张思光、刘玉强：《基于 3E 理论的我国科研机构科普成效评价指标体系研究》，《中国科普理论与实践探索——第二十四届全国科普理论研讨会暨第九届馆校结合科学教育论坛论文集》，2017。

张思光、刘玉强、周建中：《我国科研机构科普服务成效分类评价研究》，载王挺主编《国家科普能力发展报告（2019）》，社会科学文献出版社，2019。

张思光、刘玉强：《国立科研机构科普能力研究——以中国科学院为例》，载王康友主编《国家科普能力发展报告（2006~2016）》，社会科学文献出版社，2017。

胡芳：《关于加强科技资源科普化的对策建议——基于上海"科研—科普"相关问题调研分析》，《科普惠民责任与担当——中国科普理论与实践探索——第二十届全国科普理论研讨会论文集》，2013。

案 例 篇

Case Reports

B.8

机制与实践：日本科普奖励制度中的
民间组织行为体

诸葛蔚东　傅一程　马晨一*

摘　要： 通过对日本科普奖励制度中民间组织行为体的研究，发现日本科普奖励制度中的组织行为体具有相互独立却又多元协作的特点，不同组织行为体在承担各自社会分工角色，共同形成了推动国民科学素养提升的合力。

关键词： 日本　科普奖励　组织行为体　科学教育

---

* 诸葛蔚东，中国科学院大学人文学院教授，博士生导师，研究方向为科学传播；傅一程，中国科学院大学人文学院硕士研究生，研究方向为科学传播；马晨一，中国科学院大学人文学院硕士研究生，研究方向为科学传播。

科学奖励制度是在 17 世纪近代科学出现后开始形成和完善的。奖励所带来的对于成就的承认是行动的原动力，奖励机制的存在使得个人利益与道德义务相符合并融为一体，这种动力的强度源于制度上的强调。正如默顿所说："与其他制度一样，科学制度也发展了一种经过精心设计的系统，以给那些以各种方式实现了其规范要求的人颁发奖励。"[①]

科学知识的普及者是学者承担的社会角色之一，科普奖励制度的发展受到科学奖励制度的强烈影响。科普奖励是科学奖励的子集，科普奖励是科普中非常重要的一个环节，对于提高公民的科学文化素质、培养公民的科学兴趣、激励科普工作者积极参与都具有重要的意义。

为促进科学普及的发展，不同国家形成了不同的科普奖励制度，日本以"政府—民间"二元推进的科普奖励制度极具特色。在日本，民间科普奖励是科普奖励的重要组成部分，民间科普奖励与政府的科普奖励相辅相成，互为补充，共同构成了日本的科普奖励体系。

伴随着科技进步和社会发展的需求，日本的民间科普奖励制度经历了不同的发展时期，这一发展历程反映了日本科普政策和实践的演变、内在的互动关联以及科学与社会之间的关系。

一 科学技术普及启蒙工作者奖励时期（1956～1994年）

二战结束后至五六十年代，是日本社会发生巨大变化的时期。在此期间，日本经济从战后迅速恢复过来，实现了六七十年代经济的高速增长。同时，这一时期日本的科技也得到恢复和发展。从 1957 年到 1958 年是国际地球观测年，日本参加了包括南极观测在内的所有观测活动[②]。这使日本国民对科学和技术的兴趣不断增加。当时的一位研究员评论称这些科学事件不仅

---

① 〔美〕R. K. 默顿：《科学社会学》，鲁旭东等译，商务印书馆，2003，第 610～611 页。
② 文部科学省：《1980 年（昭和 55 年）科学技术白皮书》，第 1 部第 1 章第 1 节第 3 条，http：//www. mext. go. jp/b_ menu/hakusho/html/hpaa198001/hpaa198001_ 2_ 007. html#top，2019 年 8 月 6 日。

给"战后日本陷入困境的日本人民带来希望和信心，还使日本科学回归国际社会进展顺利"①。

为了振兴科学技术，提高国民掌握科学技术的能力，日本制定了科学普及的总方针，设置了各种与科技振兴相关的机构，颁布了多个有利于推动科学技术发展的法律、法规：由《1980 年（昭和 55 年）科学技术白皮书》可知，1953 年，日本经济审议会提出的"经济独立的三个目标和四个原则"中的一条就是"振兴科学技术"；1955 年，内阁提出"经济自立五年计划"其中就包含"科学技术的振兴"，即要尊重科研人员的创意，促进研究成果的普及和应用等，以提高日本的科学技术水平；1956 年科学技术厅成立；1957 年，成立了由 11 个部委和机构的部长组成的科技相关的部长级圆桌会议，并开始研究新的科学技术促进政策；1958 年，科学技术厅开始发布《1958 年版科学技术白书》；1959 年，科学技术委员会成立，作为总理科技政策的咨询机构②。

20 世纪 50 年代，日本政府开始重视"科普"事业，在《1958 年版科学技术白皮书》中首次出现"科学技术的普及"的概念。"科学技术的普及一指先进科学技术在生产部门的广泛应用，一指科学的生活方式、思考方式深入到国民之中。后者以在国民中确立科学的思考方式为目标，而提升国民的科学素养主要有三种途径：一是实际的生活体验，二是理科教育，三是知识的交流。"③ 自此，日本的科普奖励开始萌芽。

随后，《1966 年版科学技术白皮书》在介绍政府政策时，使用了"科学技术的普及·启蒙"这一新的表述方式，"科学技术的普及·启蒙包含两个方面：一方面指为了提高普通国民对科学技术的理解和认识而进行的教育、

① 河野長：《日本在国际地球观察年（IGY）》活动中的重要意义和日本科学理事会，https：//www. jstage. jst. go. jp/article/tits/14/5/14_ 5_ 5_ 56/_ pdf，2019 年 5 月 15 日。
② 文部科学省：《1980 年（昭和 55 年）科学技术白皮书》，第 1 部第 1 章第 1 节第 3 条，http：//www. mext. go. jp/b_ menu/hakusho/html/hpaa198001/hpaa198001_ 2_ 007. html#top，2019 年 8 月 6 日。
③ 文部科学省：《1958 年版科学技术白皮书》，第 2 部第 7 章，http：//www. mext. go. jp/b_ menu/hakusho/html/hpaa195801/hpaa195801_ 2_ 109. html，2019 年 4 月 26 日。

启蒙、表彰等活动，另一方面指在中小企业和农林水产业等领域开展的先进技术应用及普及活动"，同时也明确指出，科学技术功劳者表彰属于"提高普通国民对科学技术的理解和认识的教育、启蒙、表彰等活动"①。这不仅标志着日本已经进入科学普及启蒙时期，也表明科普奖励在日本整个科普系统中的重要地位。

在政府政策的号召下，日本的民间科普奖励也在同时期开始萌芽，最早的民间科普奖励是由读卖新闻于1957年主办的日本学生科学奖（Japan Student Science Award，JSSA）。该奖是针对初中生和高中生的年度科学自主研究竞赛，每年举办一次。它的目标是旨在为未来创造科学人才，以期在战后日本重建时期推动科学教育②。自此，日本民间科普奖励拉开了序幕。这一时期具体开设的民间科普奖励，如表1所示。

表1　1956～1994年日本民间科普奖励汇总

奖项名称	奖项范畴	奖励对象	主办方	开始时间
日本学生科学奖	个人及科普作品	学生、指导教师、学校	读卖新闻	1957
日本科技电影节奖	科普影视作品	企划者、制作者、科技馆馆长	科学技术振兴财团等	1960
东丽科学教育奖	个人及科普作品	教育工作者	东丽科学基金会	1969
星云奖	科普作品	作家、漫画家、动画制作者等	日本科幻大会	1970
日本气象学会小仓鼓励奖	个人及科普研究	科普实践研究者	日本气象学会	1970
化学教育奖	个人及科普实践	教育工作者	日本化学会	1976
化学教育有功奖	个人及科普实践	教育工作者	日本化学会	1983

资料来源：作者根据各个奖励的官方网站统计得出。

---

① 文部科学省：《1966年版科学技术白皮书》，第1章第7节，http://www.mext.go.jp/b_menu/hakusho/html/hpaa196601/hpaa196601_2_013.html，2019年4月27日。

② 日本学生科学奖，http://jssa.net/，2019年5月15日。

（一）对理科教育的奖励

日本《1958 年（昭和 33 年版）科学技术白皮书》在"国民科学教育"这一部分提道："小学、中学义务教育中的数学以及其他理科，是国民最早接触到的科学教育，也是全民都能接触到的、最基本的机会，所以数学以及理科教育非常重要。"[1] 为响应政策的号召，日本这一阶段的民间科普的奖励内容主要是针对理科教育的奖励，以普及科学知识为主。下面具体选取东丽科学教育奖作为典型案例，进行分析。

1969 年，东丽科学基金会设立的东丽科学教育奖是这一时期最具代表性的民间科普奖励，主要是在初中和高中的科学教育中，对通过创造力取得显著教育效果的教育者给予的表彰。奖项有东丽科学教育奖、最佳作品奖（佳作）和鼓励作品奖（鼓励作）。此外，还于 2006 年新设立了文部科学大臣奖。东丽科学奖作品征集的内容十分广泛，包括：实验与观察，开发教材和教学工具及其实例；有效的实验方法，如何使用设备，鼓励自发学习；教学部署以改善科学教育。东丽科学教育奖不仅仅只针对学校里的活动，还包括学校俱乐部活动和博物馆的自然科学教育[2]。

东丽科学教育奖的获奖学科分布包括高中物理、高中化学、高中生物、高中地理、初中物理、初中化学、初中生物、初中地理、高中俱乐部活动、初中俱乐部活动与其他。

为了推广获奖作品，东丽科学基金会每年都会出版《东丽科学教育奖获奖作品集》，并捐赠给全国的初中和高中。此外，一些获奖作品还在科技馆举办的全国青年科学节上进行展出。有的获奖作品被制作成视频，公众可免费借阅观看，如表 2 所示[3]。

---

[1] 文部科学省：《1958 年（昭和 33 年版）科学技术白皮书》，第 1 部第 3 章第 4 节，http://www. mext. go. jp/b_ menu/hakusho/html/hpaa195801/hpaa195801_ 2_ 017. html，2019 年 5 月 15 日。

[2] 东丽科学教育奖，http：//www. toray – sf. or. jp/activity/science_ edu/index. html，2019 年 5 月 15 日。

[3] 东丽科学教育奖，http：//www. toray – sf. or. jp/activity/science_ edu/index. html，2019 年 5 月 15 日。

表2　东丽科学奖获奖作品 DVD

单位：分钟

目标领域		题名	获奖年份	作品时长
初中	物理	利用辐射计的光能实验	1980	14
	化学	使用丁烷的科学实验*	1987	22
	物理	高电流线电磁实验	1992	20
	生物	叶淀粉检测	1981	18
	地理	云生成机制	1980	22
高中	物理	自然辐射实验——调查土壤中 TRON 的崩溃	1988	22
	物理	旧电视阴极射线管的探索——电子的功能	1991	21
	化学	探索微观世界——用显微镜看到的材料世界	1989	18
	化学	让我们触摸气体——用手触摸和探索天然气的特征	1990	26
	生物	用计算机进行肌肉收缩实验	1994	15

注 * 为第 30 届科学技术电影节上获得的科学技术长官奖。

资料来源：关于科学教育奖"获奖作品"的捐赠、关于视频库 DVD 的出借（理科教育賞「受賞作品集」の寄贈・ビデオライブラリー DVD の貸出について），http://www. toray – sf. or. jp/activity/science_ edu/sci_ 002. html，2019 年 5 月 15 日。

（二）奖励科普影视作品

科学技术电影节也是这一时期具有代表性的科普奖励之一。随着 20 世纪五六十年代广播、电视在日本普通家庭的普及，文部科学省迅速开始利用新媒体的影响力，对大众进行社会教育和科学普及，灵活利用新媒体有效地提高了科学普及的效率。与此同时，也诞生了许多优秀的视频类科普作品，日本科技电影节奖就是在这样的背景下诞生的。

日本科技电影节始于 1960 年，与科技周设立的时间一致，被评为日本最负盛名的科技电影节。该科技电影节由日本科学技术振兴财团（公益财团法人）、映像文化制作者联盟（公益财团法人）、筑波科学万博纪念财团（公益财团法人）、新技术振兴渡边纪念会（一般财团法人）主办。其成立的目的是推选出优秀的科普电影，唤起公众对科学技术的关心，促进科学技术的普及，同时为提升整个社会的科学技术修养做出贡献。日本科技电影节奖励分为 3 个部类：自然·生活部类、研究·技术开发部类、教育·教养部

类；奖项分为内阁总理大臣奖、文部科学大臣奖、部类优秀奖、特别奖励奖
（2018年新增科学技术馆馆长奖，2019年新增新技术振兴渡边纪念会理事长
奖）。在科学技术周期间，对入选作品进行表彰，奖项将分别授予企划者
（包括赞助者）和制作者。为了让科学技术电影节选出的作品更好地发挥科
普作用，所有在科技电影节上选出的作品将在科学技术博物馆的科学馆放
映，还将在全国各地的科学博物馆等地进行选定作品的放映，此外，NHK
等媒体也会有播映①。

综上所述，该时期日本民间科普奖励的体系已经初具雏形，奖励对象
主要由作为科学教育链条末端的学生和青少年与科学教育工作者、科普实
践者共同组成，奖励的最终落脚点都是科学教育。从奖励内容上来看，奖
励主体的内容主要可以分为两大类：一是科学教育的相关实践或实践模
式；二是科学教育器材和软件的开发。获奖者所属单位多为大学、中学、
小学等教育机构。

二 增进对科学技术的理解时期（1995~2004年）

20世纪90年代以后，日本出现了年轻人"远离科学""脱离理科"的
现象。原因之一是，先进的科学技术日益复杂化，人们虽然了解其功能，但
其原理却无法理解，形成了所谓的科学技术的"黑箱子"。为了改善这一状
况，亟须提升国民尤其是青少年对科学的兴趣，增进其对科学的理解②。

为增进国民对科学技术的理解，唤起国民对科技的关心，日本政府开始
改革科技政策，推进相关措施。1995年11月15日，日本政府颁布实施
《科学技术基本法》。《科学技术基本法》的第5章第19条规定："国家应采

---

① 《关于"第60届科技电影节"获奖作品的决定》，http：//ppd. jsf. or. jp/filmfest/60/pdf/
60pressrelease. pdf，2019年5月15日。
② 文部科学省：《2001年（平成13年）文部科学白皮书》，第2部第7章第9节第1条，
http：//www. mext. go. jp/b＿menu/hakusho/html/hpab200101/hpab200101＿2＿250. html，
2019年4月27日。

取必要的措施，通过一切机会增强国民尤其是青少年对科学技术的理解和关心，充实和加强学校教育和社会教育中的科学技术的学习内容以及科学技术的启蒙和知识的普及。"①

在《1997 年科学技术白皮书》中规定，"促进对科学和技术的学习，增进对科学技术的理解并引起兴趣"② 首次作为章节标题出现。

《科学技术基本法》的颁布和第一期《科学技术基本计划》的实施，标志着日本的科学传播进入了增进对科学技术理解的时期，日本的民间科普奖励也进入了一个新的阶段。

在这一阶段中，日本科普奖励从学校教育与社会教育两个方面共同着手，增进对科学技术的理解。民间科普奖励也积极地跟上政府科普奖励的步伐，博物馆、大学等机构作为科普奖励的主办方加入科普奖励的队伍中来，进一步壮大了民间科普奖励的规模。这一时期主要开设的日本民间科普奖励，如表 3 所示。

表3   1995～2004 年日本民间科普奖励汇总

奖项名称	奖项范畴	奖励对象	主办方	开始时间
科学放送高柳奖	科普电视节目	电视台	高柳健次郎财团	1997
日本机械学会教育奖	个人及科普实践	教育工作者	日本机械学会	2001
野依科学奖励奖	个人及科普作品	学生、指导教师	独立行政法人国立科学博物馆	2002
科学教育实践奖	个人及科普实践	科普实践发起人、实施者	日本科学教育学会	2003
日本植物学会特别奖	个人及科普实践	科普实践发起人、实施者	日本植物学会	2004

资料来源：作者根据各个奖励的官方网站统计得出。

---

① 文部科学省：《科学技术基本法》（1995 年 11 月 15 日法律第 130 号），http：//www. mext. go. jp/b_ menu/hakusho/html/hpaa201701/detail/1388496. htm，2019 年 4 月 27 日。
② 文部科学省：《1997 年科学技术白皮书》，http：//warp. ndl. go. jp/info：ndljp/pid/11293659/www. mext. go. jp/b_ menu/hakusho/html/hpaa199701/hpaa199701_ 2_ 062. html。

（一）奖励科学教育改革

这一时期日本民间科普奖励第一个重点是关注学校科学教育的改革。在《1996 年教育白皮书》中，日本政府提出了提升科学素养一系列举措："在理科学习上，文部省一贯重视坚持通过观察·实验的方法，培养学生对自然的科学观念和思考方法，以及对自然的好奇心，并不断改进学习内容。从 1996 年起，新设了 10 个市作为科学、技术和科学教育推进模范区域，开展了让学生接触先进的科学技术、提升科学的兴趣的活动。另一方面，学校不断改进教学方法，例如引入团队教学以根据个性和能力改进教学等。"①

为了鼓励学校科学教育的改革，民间学会纷纷设立了针对学校实践的奖励，如日本科学教育学会于 2003 年设立了科学教育实践奖，以表彰在科学教育的实践研究方面的显著成就和功绩②。

表 4　科学实践教育奖历年获奖情况

年份	获奖者	所属单位	获奖项目
2003	武村重和、SMASSE 项目组	—	在肯尼亚共和国开发 ASEI 课程
2003	东原义训、余田义彦、山野井一夫	信州大学、同志社女子大学、东京家政学院筑波短期大学	学校教育的群件系统开发和课堂实践支持
2004	村濑康一郎、加藤直树	岐阜大学综合情报媒体中心	通过与大学和地方合作推进科学教育实践研究
2004	中村重太	福冈教育大学	科学教育领域的国际合作
2005	稻垣成哲、舟生日出男、山口悦司	神户大学、茨城大学、宫崎大学	可重构概念图创建软件的开发与教育实践研究
2005	饭岛康之	爱知教育大学	互联网背景下学习环境与内容开发研究
2006	佐伯昭彦、氏家亮子	金泽工业高等专业学校	使用手持式技术学习数学和物理

① 文部科学省：《1996 年教育白皮书》，第 2 章第 3 节第 4 条，http：//www. mext. go. jp/b_menu/hakusho/html/hpad199601/hpad199601_ 2_ 085. html，2019 年 8 月 27 日。
② 《民间学会奖的种类》，http：//www. jsse. jp/jsse/modules/note6/index. php？id = 1，2019 年 8 月 27 日。

年份	获奖者	所属单位	获奖项目
2007	高桥庸哉、坪田幸政、气象信息网络研究组	北海道教育大学、樱美林大学	用于天气和气候学习的气象卫星图像的软件开发和应用
2010	吉冈有文	前东京练马高中教师、青山学院大学大学院博士后期课程	促进科学教育中重视理论与实践结合的研究
2011	加藤浩、铃木荣幸、舟生日出男、久保田喜彦、平泽林太郎	电大、茨城大学、广岛大学、上越教育大学、小千谷小学	学习支持系统的开发与实践
2013	尾岛好美、筑波大学 SS 联盟指导委员会	筑波大学生命与环境科学研究生院	培养具有较高研究动机和能力的学生的科学教育实践
2013	奥山英登	旭山动物园	从动物园的终身教育、学校教育两方面发展科学教育实践
2014	上德也、仲矢史雄、小西伴尚	立教大学、大阪教育大学、三重中学	支援以宫城县气仙沼市为中心的东日本大地震灾区的科学教育的重建
2014	中村公一	大津市濑田北初中	博物馆教师相互合作的网络建设与维护
2016	伊藤真之、神户大学科学商店	神户大学	通过创建包括科学教育在内的"科学商店"新模式,支持当地的科学教育
2017	大桥淳史	爱媛大学	用于发现和培养具有科学潜力的初中学生的特殊科学教育模型的开发和实践活动

资料来源:《科学实践教育奖获奖情况》,http://www.jsse.jp/jsse/modules/note6/index.php? id=2,2019 年 8 月 27 日。

由表 4 可知,奖励主体的内容主要分为两大类:一是科学教育的相关实践或实践模式;二是科学教育器材和软件的开发。获奖者所属单位多为大学、中学、小学等教育机构,同时也有像动物园这样的社会机构的存在。

(二)奖励中小学学生和教师的科学教育实践活动

2001 年,诺贝尔化学奖的野依良治博士与国立科学博物馆合作,以独立法人的名义创立了野依科学奖励奖，目的是提升中小学生对科学技术和理科的兴趣、培养科学之心。此外，为了鼓励从事开展优秀的科学教学和实践活动，对培养儿童科学思想和科学精神做出贡献的教师和科学教育工作者进行奖励，他还设立了野依科学指导者奖①。野依科学奖励奖于2002年正式实施，2017年终止。

2017年学生获奖作品是《麻雀的数量为何在减少？》，获奖者是广岛县东广岛市立小学五年级学生黑木理宇。黑木从事这一项目研究的理由是近50年，日本麻雀的数量减少了近1/10。这种现象也发生在其他国家，获奖者从小麻雀的生长过程中对这一现象进行了调查。调查的时间跨度是2014~2017年，目的是分析麻雀逐渐减少的原因。研究方法是调查麻雀的成长过程，包括筑巢的时间、产卵的数量、巢中的温度、雏鸟的体重、食物、粪便和雏鸟的死亡原因等。此外还有不同地方麻雀的数量、博物馆中的标本调查等。

研究发现麻雀产卵的数量以春季最多，此后随着夏天的到来逐渐减少，一般是早上产卵，数量平均是5个。从产卵到小麻雀离巢大致需要60天。调查发现，麻雀随着季节变化从夏天到冬天的推移数量逐渐减少，造成这一现象的原因有昆虫、草种的减少等；此外以砖瓦为材质的现代化房屋使麻雀很难做巢，小麻雀在电线杆的巢中很难生长；再有就是人类的活动也威胁到麻雀的生长环境。

2017年教师获奖作品是《从窗口进行气象观察》，获奖者是高冈市立中田中学教师岩奇利胜。该作品以从教室窗外观察到的云彩的形状的分类、校内气象观察设备获得的数据作为教学素材进行授课，鼓励学生参与教学实践，通过气象云图学习气象知识，提高了学生学习气象知识的热情和积极性。2002~2017年获得野依科学奖的数量统计，如表5所示。

① 野依科学奖励奖指导部，http://www. kahaku. go. jp/learning/leader/tatsujin/index. html，2019年5月15日。

表5 2002～2017年野依科学奖获奖情况统计

单位：个

年份	小学生/中学生奖数量	学校教师奖数量	特别奖数量
2002	10	1	—
2003	7	4	4
2004	8	4	—
2005	9	3	—
2006	11	4	—
2007	10	3	—
2008	8	2	—
2009	11	2	—
2010	11	3	—
2011	9	2	—
2012	11	2	—
2013	8	2	—
2014	11	2	—
2015	10	2	—
2016	10	2	—
2017	9	2	—

资料来源：《野依科学奖励奖获奖者一览》，http：//www. kahaku. go. jp/learning/schoolchild/ tatsujin/prize. html，2019年5月15日。

三 培养科学传播者时期（2005年之后）

2005年之后日本的科普发展进入一个新的阶段。这段时间政策的侧重点是，进一步提升公民的科学技术素养，培养科学传播人才。《2005年科学技术白皮书》指出："增进国民对科学技术的理解是振兴科学技术的基础。为此，要充实与增进科学技术相关的各种形式的活动，面向社会开放研究机构，扩充博物馆、科学馆等机构的功能，充分利用媒体等途径来传播科学技术知识。此外，还要在各地进行相关人才的培养。"[1]

"科学传播"以及"科学传播者"，是日本在进行科学技术理解增进事

---

[1] 文部科学省：《2005年科学技术白皮书》，第3部第3章第5节，http：//warp. da. ndl. go. jp/info：ndljp/pid/286184/www. mext. go. jp/b_ menu/houdou/17/06/05060903/038. pdf，2019年4月26日。

业的过程中，引入科普政策及实践中的新理念。根据文部科学省独立行政法人委员会①于 2009 年发布的《JST 长期展望》（"JST" 为科学技术振兴机构的简称），JST 对未来 10 年的展望包括："支持担负科学发展的人才的培养与活跃，同时为国民与科技工作者创造双向交流的环境"，同时还提出："改变以往的'科学技术理解增进'方法，通过市民和专家之间以及市民之间知识的共享和沟通，帮助整个社会自发地开展科学传播活动。"②

　　这一时期的民间科普奖励与国家科普奖励的重点一致，科普奖励的对象扩展为科学传播者，例如 2006 年设立的科学新闻工作者奖，就将记者为代表的科学传播者纳入奖励范围中。2005～2018 年开设的民间科普奖励，如表 6 所示。

表 6　2005～2018 年日本民间科普奖励汇总

奖项名称	奖项范畴	奖励对象	主办方	开始时间
小柴昌俊科学教育奖	个人或团体及科普实践	科普实践发起人、实施者	平成科学基础财团	2005
科学新闻工作者奖	个人及其科学传播作品	记者、科学家、科学传播者	日本科学技术记者会议	2006
"科学之芽"奖	个人及科普作品	学生、学校	筑波大学	2007
日本建筑学会奖	个人及科普研究	科普实践研究者	日本建筑学会	2007
日本地理学会奖	个人或团体及其科普实践	科普实践发起人、实施者	日本地理学会	2010
索尼教育实践论文奖	个人及科普论文	学校	索尼	2011
动物学教育奖	个人及科普实践	教育工作者	日本动物学会	2011
日产集团理科教育奖	个人及科普实践	学校	日产财团	2013
物理教育功劳奖	个人	物理教师	日本物理学会	2013
化学普及活动功劳者奖	个人	化学科普人员	日本化学会	2017
日产集团理科女子奖	个人及科普实践	学校	日产财团	2018

资料来源：作者根据各个奖励的官方网站统计得出。

（一）奖励科学传播活动

针对培养科学传播人才问题，文部科学省具体开展了两大项目：一是

---

①　因《独立行政法人通则法》（2014 年第 66 号）部分内容的修订，独立行政法人评价委员会已于 2015 年 3 月 31 日被撤销。

②　自我评估文员会：《JST 长期展望》，http://www.mext.go.jp/b_menu/shingi/dokuritu/005/005f/siryo/__icsFiles/afieldfile/2011/03/14/1291304_4.pdf#page=0001，2019 年 4 月 27 日。

2005 年开始推进的"促进研究人员信息传播活动的示范项目"①；二是 2006 年启动由日本科学技术振兴机构牵头的"科学传播者研修项目"②。

"科学传播者研修项目"主要是国立科学博物馆以研究生和博物馆研究员等为主要实施对象。一节课 90 分钟，需要上 36~37 节课。通过组织全国科学馆馆员培训等，培养人才以推动各个地区的科技理解推广工作。进而把取得的成果推广到全国的科学馆等，力求在全国范围内推广增进科技理解的活动。讲义内容多种多样，有介绍科学知识普及的概念和背景以及在媒体中的实践、在研究机构中的科技知识的普及等③。除了国立科学博物馆有开展科学传播者项目之外，北海道大学、东京大学、早稻田大学都开展相关的研修项目。

相应地，为了鼓励科学传播者的积极性，民间也开设了各种科普奖励。为了培养少年儿童的"科学之心"、探索科学的好奇心，2011 年，索尼教育财团开始奖励有关小学和初中科学教育实践的论文。以下是 2019 年索尼儿童科学教育计划论文征集概要④。

（1）论文题目：培养喜欢科学的儿童。

（2）对象：国、公、私立小学、初中（包括特殊支援学校等）。

（3）基于主题的以理科和生活科为中心的教育实践和计划。

根据官网公示，2018~2019 年索尼儿童科学教育计划论文学校和幼儿园获奖情况，如表 7、表 8 所示。每年都会分别评选出两个最优学校和最优园、大约 10 所优秀学校和优秀园，获奖的数量比较大，占到应征总数的 50% 左右，这种广泛奖励的形式能很好地激发各个学校、幼儿园的参与积极性。

---

① 文部科学省：《2005 年文部科学白皮书》，第 2 部第 7 章第 6 节，http://www.mext.go.jp/b_menu/hakusho/html/hpba200501/002/007/0601.htm，2019 年 8 月 26 日。

② 文部科学省：《2007 年文部科学白皮书》，第 2 部第 7 章第 4 节，http://www.mext.go.jp/b_menu/hakusho/html/hpab200701/002/007/005.htm，2019 年 8 月 26 日。

③ 文部科学省：《2008 年文部科学白皮书》，第 2 部第 5 章第 7 节，http://www.mext.go.jp/b_menu/hakusho/html/hpaa200901/detail/1283795.htm，2019 年 8 月 26 日。

④ 《2019 年度教育实践论文征文概述》，http://www.sony-ef.or.jp/sef/program/science.html，2019 年 5 月 15 日。

表7　2018～2019年索尼儿童科学教育计划论文学校获奖情况

单位：个，%

年份	最优学校	优秀学校	鼓励学校	获奖总数	应征总数	获奖比率
2018	2	10	79	91	172	52.91
2019	2	10	73	85	171	49.71

资料来源：作者从官网获奖信息统计得来。

表8　2018～2019年索尼儿童科学教育计划论文幼儿园获奖情况

单位：个，%

年份	最优园	审查委员会特别奖	优秀园	优良园	鼓励园	获奖总数	应征总数	获奖比率
2018	2	1	10	—	68	81	146	55.48
2019	2	1	8	13	50	74	153	48.37

资料来源：作者从官网获奖信息统计得来。

　　除了颁发该奖项外，索尼还会举办一系列的教师、幼师的后续培训活动。为了更好地宣传与推广儿童科学教育计划的获奖实践，第二年会将上一年的获奖学校作为会议场地，召开全国儿童科学教育研究大会、优秀园实践发表会，与会人员在会上能够直接了解、接触具体的获奖实践，旁听相应的公开课，如表9所示。

表9　2018～2019年最优校和最优园获奖的具体实践

年份	奖项	获奖学校	具体实践
2018	最优校	鹿儿岛县国立大学法人鹿儿岛大学教育学部附属小学	在鹿儿岛亲近大自然,实现学习的价值——2019年鹿大附小计划
	最优校	岐阜县岐阜市立阳南中学	培养主动参与学习的学生
	最优园	山梨县山梨学院幼儿园	从大米种植到孩子们的世界
	最优园	奈良县奈良市鹤舞幼儿园	从我想到的创作灵感中塑造出"好"
2019	最优校	福冈县北九州市藤松小学	从"看见"开始创建"思维"科学和生命科学
	最优校	爱知县丰川市立南部初中	"我真的很想了解！"——让孩子们体验自然的奥秘和科学的实用性的科学教育
	最优园	福岛县福岛大学附属幼儿园	培养孩子独立思考和尝试的能力
	最优园	京都市立中京教育幼儿园	"谈判"——科学思想始于"需求"

资料来源：作者从官网获奖信息统计得来。

2018 年山梨县山梨学院幼儿园最优园获奖论文以"从大米种植到孩子们的世界"为主题,考察了有关大米种植 1 年的活动。认为应"在长期活动中培养科学之心"。从种植土壤到脱谷、捣年糕、用米糠染色,教师仔细地观察了孩子们在水稻种植体验过程中的探究和发现。收获的乐趣加深了他们对种植水稻的兴趣,孩子们还捕捉到与"科学之心"相关的一些主题,这些主题包括"珍惜价值的心"、"温柔的心"和"感恩的心"。与以自由的构思展开的游戏不同,水稻栽培让人已经意识到,以儿童为主导的活动已经得到丰富的发展,幼儿期培养"科学之心"周期①,如图 1 所示。

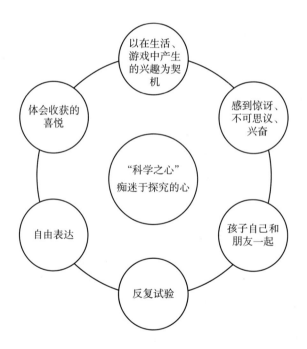

图 1　幼儿期培养"科学之心"周期

---

① 《索尼幼儿教育实践论文评选述评》,http://www.sony-ef.or.jp/sef/program/result/pdf/2018_pre_yamanashigK.pdf,2020 年 1 月 3 日。

从上述论文的相关评语来看，水稻种植虽然是一种较为原始的科学实践活动，但在实践开展过程中，它不仅为孩子们提供了丰富的科学实践经验，也培养了他们的"科学之心"。

（二）鼓励女性从事科学研究事业

除了培养科学传播的人才外，新的科普政策还着力于解决存在性别差异的问题，提升女学生的科学素养。日本女性研究人员在研究人员中所占比例约为12.4%，明显低于国际平均水平。实现科学技术创新立国、创建男女平等社会，促进女性研究人员发挥更多的作用是一个重要任务。文部科学省为促进女性发展正在制定各种措施，特别是2006年开始实施"支持女子初中生和高中生选择理科项目"，从中学阶段开始激发学生对科技的兴趣和关注[①]。在这个项目中，为活跃于科学技术领域的女性研究人员和工程师与女生的交流提供机会，使她们对科学技术领域的职业生涯产生兴趣。

为了支持这些专门面向女性的科普活动，日产财团于2018年开设了理科女子奖，该奖项旨在表彰提高女学生对科学领域的兴趣与关心的活动。它的奖励对象涵盖了生命科学和科学等课程，科学俱乐部活动以及大学和研究机构的外展活动[②]，具体活动见表10。获奖人十分多样化，既有个人也有集体，如日本科学未来馆、研究所团队和高中的科学部。而获奖的项目内容也丰富多彩，开始注重对于STEAM教育的培养。

表10　2018～2019年女子理科奖获奖情况

年份	获奖者	所属单位	获奖作品	奖项
2018	古川三千代	一般社团法人横滨空间	STEM人才培养捷径、亲身体验AI和IT"问题解决机器人编程教室"	一等奖

---

① 文部科学省：《2007年文部科学白皮书》，第2部第7章，http：//www.mext.go.jp/b_menu/hakusho/html/hpab200701/002/007/001.htm，2019年8月15日。

② 《理科女子奖》，https：//www.nissan-zaidan.or.jp/programs/rikajo/rikajo_award01/，2019年8月26日。

续表

年份	获奖者	所属单位	获奖作品	奖项
2018	菅野俊幸	福岛县福岛市渡立中学	通过初中女孩的力量实现地震重建	一等奖
	五十岚美树	东京大学研究生院（研究生课程）	开展科学宣传活动促进初等教育中女童的科学学习	二等奖
	日本科学未来馆关联项目	日本科学未来馆	STEAM 教育的实践——地球上的幸福	二等奖
2019	酒井慎也	和歌山信爱中学	从女子学校培养未来的科学家（——和歌山信爱高中科学爱好者培训计划）	一等奖
	巧克力科学团队	东京大学物性研究所	巧克力科学——用物理设计美味	二等奖
	大谷高中科学部	学校法人大谷学园	使用独自制作的设备在科学比赛中进行实验，以提高对科学的兴趣的各种活动	二等奖

资料来源：《理科女子奖》，https：//www.nissan‐zaidan.or.jp/programs/rikajo/rikajo_ award01/，2019 年 8 月 26 日。

2018 年女子理科奖副奖获奖项目是从 2015 年开始实施的为期 3 年的 STEAM 教育的组成部分之一，其目标是消除日本女性在科学领域的低毕业率等问题。“地球上的幸福”是日本科学未来馆的标志性展览，主题是“什么是幸福”？这是一个视频作品项目。通过与国内外 12 家科学博物馆的合作，共创作了 12 幅视频作品作为永久展览内容，全年有 1500 多名青少年参加。

四　日本科普奖励制度分析

在日本的科普奖励制度中，呈现政府与民间协作并充分发挥民间作用的特点，以中央政府与各省厅、都道府县等政府力量主导的科普奖励和以社会团体、企业为主导的民间科普奖励共同构成了日本科普奖励体系的基础，如图 2 所示。

其中，政府主导的科普奖励主要分为两种：一种是由各省厅选拔候选人提交内阁总理大臣，经过内阁会议同意之后，由天皇裁决，以天皇名义进行的表彰制度，如"勋章""褒章"；另一种是由各省厅自行审查决定的各省厅大臣表彰制度，而后随着日本相关负责机构的演变，演变为文部科学大臣表彰制度。上述两大类的表彰都具有较高的权威性，奖励的对象主要是在科普方面取得一定成就的人。日本民间设立的科普奖励具有多样性、多元化的特点，大学、博物馆、科学基金会和学会、报社、企业财团也在积极地通过科学奖励的方式支持着科普发展。民间科普奖励与政府官方的科普奖励相辅相成，共同构成了日本完整的科普奖励体系。

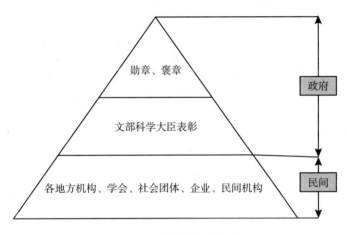

图2　日本科普奖励体系

（一）日本民间科普奖励制度的体系框架

日本民间科普奖励制度是以民间非官方力量为主体，以鼓励和引导个人及组织开展的，以科普实践为目的的、系统的、成熟的、相互作用、相互制约的工作系统。具体而言，应包括组织机制、参与机制、受益机制、评价机制四个独立而相互联系的子系统。其中，组织机制对于整个民间科普奖励制度的运行起宏观引导作用，参与机制是科普奖励制度形成的主体，受益机制是科普奖励制度的运行目标，相应的评价机制受到组织机制、参与机制、受益机制的影响和制约。日本民间科普奖励制度体系框架，如图3所示。

就日本民间科普奖励制度而言，在促进科学知识普及、增进对科学技术理解、改革学校理科教育、促进科技创新强国战略实施的政策导向之下，形成了以政府为引导自上而下的组织机制，通过政策激励和社会文化环境塑造吸引学会和企业成为民间科普奖励的重要参与对象，通过设立面向学校、教师、科研人员、教育专家、科普作品、公共科学文化机构的奖励机制，将科学知识和科学文化传导到以青少年为核心的最终受益者，完成渐进提升全民科学文化素养的目标。

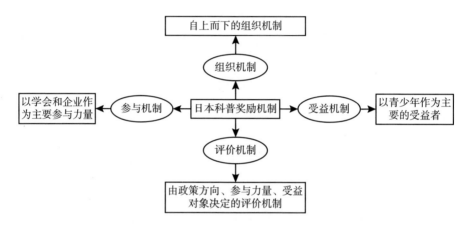

图3　日本民间科普奖励制度体系框架

（二）形成以学会和企业为中坚力量的民间参与机制

日本科普奖励的参与方包括政府、学会、企业、公共科学文化机构和大学，如图4所示。首先，各个自然科学领域的学会是科普奖励的主体，占现有民间科普奖项的48%；其次，以索尼、东丽、日产等为典型代表的科技企业成为日本设立民间科普奖项的重要主体，占28%；政府虽然在科普奖励整体所占比例不够高，但仍然是科普奖励的重要组成部分，占17%；最后，大学和以博物馆为代表的公共科学文化机构也设立了一些民间奖励，但数量较少，分别占3%和4%。在科普奖励制度中，大学和公共科学文化机构虽然没有成为奖项的核心主办方，但仍然起到不可小觑的作用。同时，大学的研究人员、博物馆工作人员科普实践者是重要的被奖励对象。

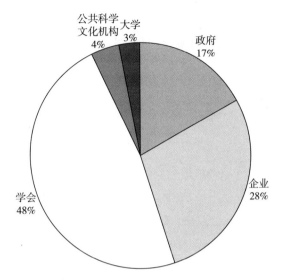

图 4　日本民间科普奖励参与方构成

资料来源：作者根据各个民间科普奖励官网统计得来。

日本的学会是民间科普奖励最为主要的参与方之一，这是因为在科普奖励中，有许多奖是面向各个细分的专业领域，如物理、化学、气象、植物、机械、地理、建筑等，各个领域的学会组织都积极参与设立民间科普奖励，其奖励主要提升了奖励内容和评奖活动的纵深性、专业性，对于促进该学科领域知识的普及、增加公众对学科的理解，为学科发展储备人才，促进学科发展有重要意义。

日本企业成为科普奖励中的积极参与者，主要有三大原因。首先，是由日本大的方针政策所决定的。一个国家的制度安排通常是企业社会责任的前身，实际上，它们是企业社会责任参与和利益相关者管理的强大动力①。一国公司所制定的企业社会责任政策，计划和实践是通过国家机构框架来体现的，反映了一国中存在的更广泛的政策安排②。日本企业之所以如此重视科

---

① Campbell J. L. , "Why Would Corporations Behave in Socially Responsible Ways? An Institutional Theory of Corporate Social Responsibility", *Academy of Management Review* , 3 (2007)：946 - 967.

② Moon M. J. , " 'Implicit' and 'Explicit' CSR: A Conceptual Framework for a Comparative Understanding of Corporate social Responsibility", *The Academy of Management Review* , 2 (2008)：404 - 424.

学及教育，与日本重视科普的相关政策是密不可分的。日本的法人制度赋予日本企业合法且高效的行动框架①。日本社会企业的组织形态主要包括中小企业、特定非营利活动法人（通称 NPO 法人）、一般社团/财团法人、公益社团/财团法人，对应地，日本政府出台了一系列的法律，如《中小企业基本法》《特定非营利活动促进法》《一般社团财团法人法》《公益法人认定法》等对参与公共事业的企业给予保护。特别是公益法人，即使实施需要正常纳税的收益事业，如果将该事业所得收入用于公益目的事业支出，那么被转移支出的那部分收入（最高可达到 100%）可被视为"公益目的事业财产"，从而享受免税待遇。此外，公益法人还能享受捐赠免税等各种税收优惠②。

其次，是因为日本企业有着履行社会责任的优良传统。日本企业在履行其社会责任时，把科学教育放在重要位置。日本之前采取了"科学—产业—教育"一体化的国家政策，使日本企业形成了优良传统。例如，索尼的创始声明是"为日本重建和通过技术改进文化"和"国家科学知识的实践启蒙活动"，索尼创始人井深大认为科学教育对于日本的经济复苏至关重要，并从 1959 年开始褒奖和补贴在科学教育和活动方面做出创新努力的学校③。从索尼、东丽的社会活动支出占比来看，教育分别占了社会责任活动支出的 48%④和 54%⑤，可以看出它们对教育的重视。

最后，日本企业已经形成了重视科普奖励的企业文化。通过将科普奖励与企业文化相融，使企业凭借其资本力量成为日本民间科普奖励的重要参与对象，日本科技企业的典型代表索尼、东丽、日产等成为日本设立民间科普

---

① 俞祖成：《日本社会企业：起源动因、内涵嬗变与行动框架》，《中国行政管理》2017 年第 5 期，第 139～143 页。

② 俞祖成：《日本非营利组织：法制建设与改革动向》，《中国机构改革与管理》2016 年第 7 期，第 40～45 页。

③ 井深大和教育补助，http：//www. sony－ef. or. jp/sef/about/founder. html，2019 年 5 月 15 日。

④ 2018 财年索尼集团的社会贡献支出，https：//www. sony. co. jp/SonyInfo/csr＿report/contribution/results. html，2019 年 12 月 5 日。

⑤ 2018 财年东丽集团的社会贡献支出，https：//www. toray. co. jp/sustainability/activity/contribution/performance. html，2019 年 12 月 5 日。

奖项的重要主体，在为科普奖励提供资金保障的同时，使科普奖励成为企业进行市场拓展和品牌传播的渠道之一。具体以索尼的儿童科学教育计划为例（见表11），奖励的对象是开展科普的各所学校，因此，将科学教育的器材作为奖品，奖给各所获奖者所在学校，实用性极佳，将奖励落到实处。同时，奖励的产品为自身生产的产品，也起到很好的宣传作用。

表11　索尼儿童科学教育计划奖品细则

奖项	奖品
最优学校	从300万日元＋索尼4k液晶电视、投影仪、摄像机等中任选一项（可能会改为索尼其他产品）
优秀学校	从50万日元＋索尼4k液晶电视、投影仪、摄像机等中任选一项（可能会改为索尼其他产品）
鼓励学校	10万日元＋1台索尼数码相机或者IC recorder（可能会改为索尼其他产品）
儿童科学奖	凡应征学校均获得1台索尼数码相机或者IC recorder（可能会改为索尼其他产品）

资料来源：《2019年度教育实践论文征文概述》，http：//www. sony‐ef. or. jp/sef/program/science. html，2019年5月15日。

日本企业参与科普奖励主要体现在以下几个方面：（1）制定长期的制度，在每年发布的企业社会责任报告中，明确对开展科普奖励进行说明；（2）开展长期的自行投入，为科普奖励的开设，提供雄厚的资金支持；（3）进行科普作品的推广，提升科普奖励的整体效果。

以东丽为例，东丽集团十分重视"企业社会责任（CSR）"，并将"安全/防灾/环境保护"和"企业道德/法律合规"列为首要管理问题。通过提供有用的产品和服务，回报社会并满足利益相关者的期望①。东丽集团自1999年，还会在每年发布《企业社会责任（CSR）报告》［1999~2004年为《环境报告书》，2005年起更名为《企业社会责任（CSR）报告》］②，根据CSR的指南通报每年企业社会责任的相关活动和成就。

此外，在2005年制定的《东丽集团社会贡献政策》中，东丽集团

---

① 资料来源：https：//www. toray. co. jp/aboutus/message. html。

② 资料来源：https：//www. toray. co. jp/sustainability/download/index. html。

宣布将其合并普通收入的大约1%用于社会贡献活动。具体到东丽理科教育奖的教育支出，1960～2018年东丽理科教育奖奖励的作品共有684件，奖励金额共有2.13亿日元，如表12所示。相较于专业性更强的科学技术奖而言，虽然奖励的钱数相对少，但是奖励作品的件数更多，奖励范围更广。

表12　1960～2018年东丽的累积业绩

单位：件，亿日元

类别	件数	金额
科学技术研究资助	647	67.55
科学技术奖	123	4.58
理科教育奖	684	2.13
国内总计	1454	74.26
海外研究资助	727	4.43
总计	2181	78.69

资料来源：东丽科学教育奖，http：//www.toray-sf.or.jp/activity/science_edu/index.html，2019年5月15日。

（三）确立科学实验和基础科学为主的奖励评价机制

对统计内能获得的科普奖项的奖励内容的词频分析发现，首先，实验型科学教育是民间科普奖励的重要内容。"教育"是最高频词汇，体现了提升科学教育水平是设立科普奖励的重要目标，具体包括开始科学实验、参与科学实践、开发科学教育教材。"实验""测量""观察""装置""实践"等作为高频词汇出现，体现科学实验和动手实践是奖励的主体。

这与日本科普事业的出发点保持一致，将课外科学活动作为科学教育的重要组成部分，重点提升科学实验能力和动手操作能力。其次，奖励的内容以基础科学为主，技术类较少。获奖奖项中词频较高的词汇是与物理、化学、生物等学科相关的词汇，包括"化学""自然""电流""植物""动物"等，这一方面靠近中小学教育体系中的学科设置，体现了课外教育对学科教育的补充功能；另一方面也体现了对基础科学普及的重视，为从事更专业的科学研究积累科学素养（见图5）。

图5　日本民间科普奖励内容词云

资料来源：作者根据各个民间科普奖励官网对各奖励获奖题名进行内容分析后得来。

（四）明确青少年为最终受益者的受益机制

从科普奖励内容词云图中发现，"高中"作为高频词出现，体现了高中生是主要的科普对象。高中生一方面拥有一定的科学知识积累，是接受科学知识最快的群体，也即将在大学阶段接受高等教育，将高中生作为科普奖励作用的主要主体，激发高中生的创造力，培养高中生对于自然科学的兴趣，对于储备未来科学研究专业人才意义重大。在与科学教育相关的科普奖励中，有56.2%的奖项是旨在提高日本青少年科学文化素养的奖励，体现在科学普及事业的发展过程中，日本实行渐进式的普及理念，将提升青少年的科学热情和科学素养作为重中之重。在这种发展模式下，通过将科学普及事业纳入课外科学教育使科普成为一项与教育相辅相成、系统而长远的社会事业，实行增量培养为主，存量提升为辅的发展路径。

（五）建立从被奖励者到受益者的传导路径

建立从被奖励者到最终受益者的传导机制是影响科普奖励制度效果的关键，日本科普奖励制度通过将教育者作为主要的被奖励者保障科普效果，教育者获奖奖项占59%。日本民间科普奖励被奖励对象分布，如图6所示。

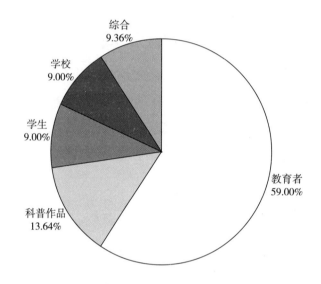

图6　日本民间科普奖励被奖励对象分布

资料来源：作者根据各个民间科普奖励官网对各奖励获奖对象进行统计后得来。

教育者直接参与学校科学教育或课外科学教育工作，在科普活动与科学教育紧密相连的社会环境下，对从事教育实践、教育方法研究的教育者的直接奖励有效地激励他们积极从事科学教育实践活动，开发新的科学教育方法，提供科学教育服务，提高科普工作的效果。学校和学生也被纳入科普奖励的范畴，两者都占9%左右，提高中小学生对科学技术的兴趣和实践能力是日本科普事业的重要目标，通过对学生和学校的直接奖励，提升了中小学生直接参与科学发现，从事科学实践活动的积极性，也激发了学校作为教育主体机构的参与度。而科普影视作品、科学新闻作品等科普作品并非作为主要的奖励对象，占13.64%。科幻作品、科普影视、科普新闻等作品在科学普及中存在间接性、偶遇性、非参与性的特点，且生产过程中存在经济和文化压力，与教育活动相比传播科学知识的效果要弱，占 9.36%。

五　日本科普奖励制度的启示

（一）多元的科普奖励制度是推进科普实践的制度保障

在日本，政府的科普奖励与民间科普奖励相辅相成、互为补充，共同构成了日本的科普奖励体系。以政府为主体的中央和地方都设置了科技成果奖励和科研资助制度，按照推荐制实行，民间团体则是以学会、协会、企业等为主进行的多元化的奖励体系。

日本政府的科普奖励除了在规模、财力和物力上占优势外，政府还可以为民间科普奖励提供重要的法律和体制框架；而民间力量在科普奖励中，通常扮演着重要的中介和社会动员的角色，在提供服务方面比政府更灵活，响应能力更强并且更具创新性。

日本非营利法人的制度也为日本建构灵活的科普奖励制度提供了保障。这一制度化设计赋予日本企业和社会团体合法且高效的行动框架，引导部分有实力开展科普的企业，由营利组织向非营利组织的过渡；同时日本也设立了相应民法，以规范各种法人的权利与义务，和已有的科普法配套使用，降低法人开展科普奖励的准入门槛，促进了民间力量的参与积极性。

目前，我国已颁布《中华人民共和国科学技术普及法》《中华人民共和国科学技术进步法》《全民科学素质行动计划纲要》《关于加强国家科普能力建设的若干意见》《关于科研机构和大学向社会开放开展科普活动的若干意见》等一系列的法律法规，初步形成了一个科普法律法规体系，出台了一系列的科普法与政策，但从日本的科普奖励政策和实践来看，我国的科普奖励制度建设仍有很大的发展空间，仍有许多社会资源可以利用和挖掘。

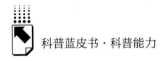

（二）完善税收优惠政策，提升企业投入科普事业的积极性

对于企业自身来说，一方面，企业肩负起自身的社会责任，开展面向青少年、中小学等教育机构的科普奖励，提升社会声望、知名度，进而达到获利的目标；另一方面还可通过开展科普奖励，开展企业的形象宣传，积极寻求与科研机构之间的合作，建立科学与经济密切结合的创新机制，更好地促进科技成果转化为生产力，获得经济效益。

在我国开设的科普奖励中，企业设立的科普奖励所占比例较少，我国企业参与科普奖励的力度亟待加强。完善对企业的税收政策，积极鼓励企业参与到科普活动中来，对于推进科普实践具有十分重要的意义。

目前，我国已经有相关的法律，给予从事科普活动的企业一定的税收优惠。2012年4月5日科技部发布的《国家科学技术普及"十二五"专项规划》规定："鼓励经营性科普文化产业发展。针对社会需求，引导企业开发科普产品，拓展新型科普服务，实现良性发展。落实国家支持科普事业发展的税收政策，鼓励企业加大对科普的投入和捐赠，享受减免税收的政策，成为科普投入的重要主体；鼓励社会团体和个人捐助科普事业，相应享受减免税收的政策。"这些税收优惠政策有必要落到实处，加大实施力度，以吸引更多的企业从事科普奖励活动。

（三）促进科普与科教的相互融合与共同发展

科学普及与科学教育具有共通性，在日本以青少年科普为核心的科普制度中，科学普及与科学教育同一性更为明显，社会的科普活动是课外非正式科学教育活动的重要补充，积极参与到科学教育中去也是日本科普奖励制度能够可持续发展的动力。

日本在开展科普实践的过程中，注重社会科普教育与学校科学教育的融合，通过科普奖励的设立，确立青少年为科普奖励的最终受益者，加强对青少年的科普奖励，进而将科普的战线拉长，将其作为可持续的事业进行发展。通过把科普工作作为学校教育的有机组成部分，充分发挥教育在传播科学文化知识、培育科学精神中的作用，积极开设课外的科学兴趣活动，增强青少年对科学的兴趣。

日本民间科普奖励还有一个特点是主要以个人为奖励对象，而不是以奖励项目的形式附带奖励项目的负责人。这种做法相较于奖励给作品的做法更好，奖励给作品的这种做法是间接性的，而奖励到个人，能够直接给予获奖者物质奖励以及精神奖励，激励更多人参与科普活动的兴趣与积极性。

B.9
高校类科技创新主体科普服务评价体系建设与试点

——以三省 25 所高校为调查样本研究

汤书昆　郑　斌　樊玉静　李　庆　蔡婷婷*

摘　要： 为了探析高校类科技创新主体开展科普服务的效果，本研究
基于前期安徽省高新技术企业试点测评的研究成果，对全国
高校类科技创新主体展开后续的科普服务评价试点研究。通
过文献梳理、理论模型的构建和指标体系设计与前测，最终
形成了一套包含科普基础投入、制度与机制建设、科普平台、
科普活动四个指标维度的评估体系、测评调查问卷及试点工
作手册。采用了专家打分法，对指标体系进行了权重赋值和
评分方案确定。参照中国省级区域的地域分布和高校类别特
征，选取了浙江省、安徽省和吉林省共 25 所高校为研究样
本，采用"问卷+深度访谈"的形式，得到高校科普服务效
果评估的第一轮试点调查情况。

关键词： 高校　创新主体　科学普及　评估体系

---

* 汤书昆，中国科学院科学传播研究中心主任，科技传播与科技政策系教授、博士生导师，研
究方向为科技传播、文化传播；郑斌，中国科学院科学传播研究中心博士研究生，研究方向
为科技传播、科研管理；樊玉静，中国科学院科学传播研究中心硕士研究生，研究方向为科
技传播；李庆，中国科学院科学传播研究中心硕士研究生，研究方向为科技传播；蔡婷婷，
中国科学院科学传播研究中心硕士研究生，研究方向为科技传播。

一 调查研究基本过程

（一）调查背景刻画

在国际社会进入创新驱动发展新阶段的关键节点，中国全心全意地树立起建设创新型国家的目标（已明确设定 2035 年为实现目标的战略节点）。在这一体现国家战略意志和期待实现国民美好生活愿望目标的引导下，传播科学知识、方法、精神、观念，特别是及时传播前沿科学及其应用给最量大面广的民众，成为这个时代令传播者人群和接受者人群均感焦虑的责任。在几乎全新的国家诉求语境中，当代中国沿袭的依靠群团推动科学普及的服务能力和效果已显力不从心，迫切需要设计出让科技创新主体（最主要的有企业、高校、研究院所三类）进入科普供给主战场的动力机制与责任机制，而目前这样的机制建设仍然薄弱。

目前，国内对高校科普工作的相关研究成果有一定积累，但多数研究仅停留在面上的扫描式归纳，得以落地的实践方案和操作路径类的研究非常少见。虽然也不乏具体的案例剖析，但其普适性和推广性存在明显的短板。国内对高校类科技创新主体科普服务的绩效评估方面，目前检索到的研究成果均未涉及，也不曾见到具体的评估指标体系和评估模型，全面性、系统性和综合性的评估研究仍属空白。结合区域案例，开展大范围的高校科普服务评估研究亟须深化和拓展。

2019 年，项目组在中国科普研究所和中国科协科普部的联合委托下，将重点转至科技创新主体的第二大主力军——高等院校，将研究视域拓宽到全国，在东部、中部、东北部分别选取了浙江省、安徽省和吉林省共 25 所高校为研究样本（浙江 9 所，安徽 8 所，吉林 8 所）。同时兼顾"高校隶属"的差异，将高校分为中央部属院校（5 所）、地方本科院校（18 所）、地方高职院校（2 所）。考虑到"高校类型"与评估主旨的差异，经过讨论，剔除了艺术类、财经类、政法类、体育类、民族类等高校类型，选取与科技创新关联度高的综合类（8 所）、理工类（9 所）、农林类（3 所）、医药类（4 所）、师范类（1 所）作为"高校类别"这一分析维度的子维度。研究构建了高校类科技创新主体科普服务的评价指标和测量模型，并在相关科普主管部门的指导推动下，完成高校类科技创新主体科普服务评价试点方案和工具系统的研制工作。

本轮项目研究内容包括：（1）提炼高校科普服务评估的关键要素和框架；（2）构建高校科普服务评价三级指标体系，确立系统性的测量模型；（3）完成三省高校科普服务的测量评估，形成试点评估分析报告；（4）结合高校科普服务试点评价的突出问题，开展科普服务能力与效率提升的策略研究；（5）提供高校科普服务评估的操作方案及试点评价参考工具包，为后续在全国范围内正式开展对高校做科普服务评估提供切实可行的实操方法。

本报告希望，以代表东、中、东北部的浙江、安徽、吉林的高校为研究样本开展高校科普服务评价试点工作，为全国范围的高校科普服务能力监测评估和中央出台相关高校科普服务能力建设紧密结合的政策，提供基础适用的评估方法与参考性强的定量测评研究样本。

（二）高校科普现状调查问卷设计

调查问卷的基本内容包括：近 5 年浙江省、安徽省、吉林省高校开展科普工作的基本情况，以及受众对高校科普活动的认知、偏好和评价。涉及影响高校科普活动开展频率、形式以及活动效果的关键要素等。

问卷设计与修改过程：2019 年 7 月下旬形成第一版现状调查问卷，经预调研发现存在以下问题：（1）填写问卷的主体界定不清，题项的提问角度不一致，导致部分题目无法覆盖所有被测评的对象；（2）现状问卷和评估问卷在内容上存在重合。结合预调研讨论情况，明确现状问卷的调查侧重点为高校科普活动的效果评估，以向科普活动受众提问的角度进行题项设计。

（三）高校科普绩效评估指标体系建构与权重确定

根据前期文献整理、实地调研和专家座谈成果，项目组对高校创新主体的测评指标进行了四次大的调整和修订。项目组构建出"科普基础投入""制度与机制建设""科普平台""科普活动"4个一级指标,"科普部门或机构""科普人员""科普经费""科普制度""科普奖励""科研诚信与科技伦理""科普场地""科普传媒""学术交流活动""师生科普活动""公众科普活动"11个二级指标以及30道测评题项。在指标体系问卷调研结束后,项目组针对30道具体题项制定了赋值方式。针对一、二级指标,项目组采用专家打分法进行权重赋值。将专家类型分为五类,类型及权重构成为学生代表(0.1)、科普独立研究者(0.3)、高校管理岗人员(0.3)、高校科研岗人员(0.2)、科协工作人员(0.1)。通过计算,得出一、二级指标的权重得分,高校科普服务评价体系权重,如表1所示。

表1 高校科普服务评价体系权重

单位:分

一级指标	一级指标得分	二级指标	二级指标得分
科普基础投入(X1)	24	科普部门或机构(Y11)	7
		科普人员(Y12)	8
		科普经费(Y13)	9
制度与机制建设(X2)	23	科普制度(Y21)	8
		科普奖励(Y22)	8
		科研诚信与科技伦理(Y23)	7
科普平台(X3)	24	科普场地(Y31)	12
		科普传媒(Y32)	12
科普活动(X4)	29	学术交流活动(Y41)	9
		师生科普活动(Y42)	9
		公众科普活动(Y43)	11

(四)问卷、访谈调查及结果

本项目采取问卷调查和访谈调查法相结合的形式开展。

1. 访谈调查过程及结果

访谈调查工作采取半结构化的访谈方式完成对象的实地调研。依据访谈调查结果，项目组对访谈录音整理报告进行了初步的高价值点信息提炼，价值点提炼结果包括：高校科普的内涵界定没有统一认知；高校科普的作用发挥、意义认知模糊；高校科普的组织架构、评估考核缺失；高校师生对新时代高校"四个服务"职能的理解有待加强，缺乏对社会整体科普氛围营造的建设；高校科普专项经费缺失；针对科普工作的高校内部治理体系尚未健全；高校科协与科技处、校团委、招生、宣传、教务等校内部门之间缺乏协作；挂靠在高校的学会、协会、研究会是独立法人单位，高校对学会、协会、研究会没有抓手；科普资源分散，整合利用开发不足；科普队伍结构不合理；科普工作存在人员数量不稳定、科普专职人员所占比重小、科普兼职人员总体规模比较小等问题；科普人员职称晋升难度大、晋升空间有限；高校科普向乡村留守儿童妇女类典型弱势人群的覆盖、延伸不够；高校科普能力有待提升，参与科普工作的人员，时常出现无法将科学知识转化成公众所能理解的科普内容的情况；重点实验室等高端科技资源科普化不足。

2.问卷调查过程及数据结果

调查问卷内容包含两部分。现状问卷，调查主要依据《中国高校科普服务现状调查问卷》，调研对象选取依据包括：省份、单位隶属、单位类型、职业、年龄等维度。评估问卷，调查主要依据《高校科普绩效评估调查问卷》，调研对象选取依据包括：省份、高校隶属、高校类型等维度。评估问卷赋值，主要依据《高校科普绩效评估调查问卷赋值方式》和《高校科普绩效指标权重打分表》等工具开展。

（1）现状问卷

2019年8~12月，项目组历时4个月，经过分批次、分小组的形式完成浙江、安徽和吉林三地的实地问卷调查工作，分别采集到浙江省9所高校、安徽省8所高校和吉林省8所高校的调查数据，现状问卷填写情况，如表2所示。

（2）评估问卷

参照具体评分细则，对24所高校（安徽理工大学未做评估问卷）进行原始得分的计算，得出了最终的权重得分，形成了数据报告。高校科普服务得分汇总，如表 3 所示。

表 2 现状问卷填写情况

单位：人

地市/高校及科协名称	省市科协工作人员	本/专科生	硕士/博士研究生	行政管理人员	教学/科研人员
东北师范大学	0	12	28	11	15
吉林农业大学	0	10	10	12	9
吉林大学	0	35	47	32	37
长春工程学院	0	10	0	10	12
东北电力大学	0	10	9	6	10
吉林医药学院	0	15	0	9	15
吉林化工学院	0	13	0	2	8
延边大学	0	12	15	10	16
吉林省市(州)科协	36	1	0	1	2
浙江大学	0	13	50	38	36
浙江科技学院	0	12	10	10	8
浙江理工大学	0	11	11	8	8
浙江农林大学	0	11	10	8	8
浙江树人学院	0	11	0	8	8
浙江机电职业技术学院	0	14	0	12	8
浙江万里学院	0	11	0	9	8
绍兴文理学院	0	15	17	13	12
温州医科大学	0	11	11	9	10
浙江省市科协	50	0	0	0	0
中国科学技术大学	0	20	40	20	17
合肥工业大学	0	20	43	21	21
安徽医科大学	0	20	11	6	4
安徽中医药大学	0	13	15	10	4
安徽农业大学	0	19	0	2	9
安徽信息工程学院	0	29	0	17	10
安徽理工大学	0	15	16	3	18
安徽粮食工程职业学院	0	0	0	5	26
安徽省市科协	29	0	0	0	0
总计	115	363	343	292	339

表3　高校科普服务得分汇总

单位：所

分类	0~14.99分		15~29.99分		30~44.99分		45~59.99分		60~100分	
	频数	%	频数	%	频数	%	频数	%	频数	%
总计	1	4.17	8	33.33	10	41.67	4	16.67	1	4.17
安徽	0	0.00	2	28.57	3	42.86	2	28.57	0	0.00
吉林	0	0.00	2	25.00	4	50.00	1	12.50	1	12.50
浙江	1	11.11	4	44.44	3	33.33	1	11.11	0	0.00
部属院校	0	0.00	0	0.00	3	60.00	2	40.00	0	0.00
地方本科院校	1	5.88	7	41.18	6	35.29	2	11.76	1	5.88
地方高职院校	0	0.00	1	50.00	1	50.00	0	0.00	0	0.00
综合类	1	12.50	4	50.00	2	25.00	1	12.50	0	0.00
理工类	0	0.00	2	25.00	4	50.00	2	25.00	0	0.00
农林类	0	0.00	0	0.00	1	33.33	1	33.33	1	33.33
医药类	0	0.00	2	50.00	2	50.00	0	0.00	0	0.00
师范类	0	0.00	0	0.00	1	100.00	0	0.00	0	0.00

调查表明，从总体上看，得分基本位于15~45分阶段，多数院校科普绩效得分较低，表明院校的科普综合服务水平较低。在所有被调查的省份当中，安徽省、吉林省和浙江省高校科普绩效平均分为35.32、39.57和30.59。吉林省高校科普绩效平均分高于其他两省，一定程度上体现了吉林省整体的科普绩效水平相对更高。三省相比，安徽省各类高校得分稳定，科普绩效水平相差不大。浙江省各高校科普绩效水平则有明显差距。在所有被调查的不同隶属院校当中，部属院校、地方本科院校和地方高职院校的平均分分别是43.3、33.1和29.7，这表明高校科普绩效得分可能与院校级别和隶属有关，级别和隶属层级越高，科普资源与水平数据越高。地方本科院校间的科普绩效水平差距较大，可能与地方本科院校所处地区、机制发育水平、抽样数量占比大和学校本身资历差距有关。在所有被调查的类别院校中，综合类、理工类、农林类、医药类和师范类的平均分分别是28.76、37.22、49.12、32.75和32.74。数据表明综合类院校得分最低，农林类院

校得分最高，项目组认为这可能与学科定位以及国家重视农村科普在脱贫攻坚中的作用发挥有关。

本报告认为，试点测评的高校科普绩效得分是对高校科普工作情况的综合性分析，包含了对调研结果各项指标的整体分析，一定程度上能够反映各高校的科普水平现状。在所有被调查的不同隶属院校中，地方本科院校间科普水平差距较大，地方本科院校是地区科普活动中量大面广的重要力量，因此，采取相应的支持和激励制度，缩小各院校间的科普水平，从整体上拉动各高校的科普能力，从而创造有良好均衡性的地区科普氛围很重要。这不仅需要加强地方政府的支持推动，具有较高科普水平的高校扶持和带动低科普水平高校，加强校与校间的联动机制建设，也是实现科普资源共享的重要抓手。同时，省份、院校级别和院校类别与高校科普水平间并未呈现强正负相关关系，比如农林类院校试点测评平均得分最高，这与浙江大学、中国科技大学、吉林大学等"985"中国名校在内的"名校"预估认知并不完全一致，院校类别与院校科普水平高低也并未见预判性质的强关联，因此或许可以认为，省份、院校级别和类别更多还是影响高校科普水平的外部因素，决定高校科普水平高低的因素是高校内在机制和动力本身。加强高校在科普工作中的责任感和共同体感，从基础使命、承担精神和资源政策上激励高校自主能动地进行服务社会的科普活动，应该是提升高校科普水平的关键。

二 调研工作之一：高校科普现状认知调查主要内容

高校科普现状调查问卷内容一级清单项有：被调查者的人口学信息；被调查者对高校开展科普活动的认知和理解；被调查者所在地区高校开展科普活动的基本情况；被调查者对所在地区高校科普活动的参与情况；被调查者对高校科普活动的形式、内容等偏好的测度；被调查者对所在地区高校科普活动的效果评价。高校科普服务现状调查问卷详细内容，如表4所示。

表4 高校科普服务现状调查问卷

序号	题目
1	您目前工作(学习)所在单位:
2	您的性别:男;女
3	您的年龄:<20;20~29;30~39;40~49;50~59;≥60
4	您的学历:≤高中;大专;本科;硕士;博士
5	您的职业:科协工作人员;本科生;硕士/博士研究生;高校行政管理人员;教学/科研人员
6	您所在的部门:科协;宣传/新闻中心等党委部门;团委/学生工作部门;科研、教务等业务管理部门;招生/就业等学工部门;出版社、杂志社/展览馆、校史馆等直属部门;院系;在校学生;其他
7	您是否关注本地区高校的科普活动信息:关注;比较关注;一般;比较不关注;不关注
8	您印象中,可以从哪些渠道获取本地区高校的科普活动信息(至多选三项):学校官网;社交软件(如微信、微博、抖音);传统媒体(如报纸、广播、电视);内部报告或资料;人际交往;现场宣传;其他_____
9	您参加本地区所有高校科普活动的次数:多;比较多;一般;比较少;少
10	您参加所在地区高校科普活动的主要目的(至多选三项):提升知识技能;发展兴趣爱好;满足人际交往需求;硬性规定(如班级要求、职称评定);丰富经验和阅历;其他_____
11	与所在地区的企业、科研院所等相比,您认为高校开展科普活动的次数:多;比较多;一般;比较少;少
12	您认为影响高校科普活动受欢迎程度的关键因素是(至多选三项):受众科学素养;高校知名度;活动质量和水平;媒体宣传力度;政府和校领导的支持程度;其他_____
13	您认为,高校开展科普活动应当发挥哪些主要作用(至多选三项):帮助受众了解科学知识、方法和意识;推广、普及实用技术;促进科学技术类学术交流;推动科研诚信和伦理建设;转化本校科研成果;提升高校形象;推动社会科普氛围的提升;其他_____
14	请按照下列要素对高校科普活动效果的影响程度大小进行排序:宣传力度 组织有序性 形式多样性 讲解通俗性 内容吸引力
15	请对高校科普活动各项要素的满意程度进行排序:宣传力度 组织有序性 形式多样性 讲解通俗性 内容吸引力
16	近5年您主要参与过高校开展的哪些科普活动(至多选三项):科普展览;科普讲座;科普(创新创业)竞赛;研学旅行;实用技术培训;科技夏(冬)令营;学术交流会议(论坛);其他_____
17	您更喜欢哪些活动形式(至多选三项):科普展览;科普讲座;科普(创新创业)竞赛;研学旅行;实用技术培训;科技夏(冬)令营;学术交流会议(论坛);其他_____

序号	题目
18	您所在高校科学传播的主要内容(至多选三项): 生活中的科学小常识;学科或专业相关的科学知识;节日、社会热点相关科学知识;实用科学技术;科学技术的学术研究及思想;科学道德和科研伦理;科学家风貌及精神;其他_____
19	您对哪些内容更感兴趣(至多选三项): 生活中的科学小常识;学科或专业相关的科学知识;节日、社会热点相关科学知识;实用科学技术;科学技术的学术研究及思想;科学道德和科研伦理;科学家风貌及精神;其他_____
20	您所在地区高校开展科普活动的受众人群大多是(至多选三项): 高校内部教师和学生;本校以外的学生;偏远/贫困地区的居民;企业/职业技术人员;任何科学素质较低的社会公众;不知道或不好说
21	您认为,您所在地区高校未来开展科普活动应该面向(至多选三项): 高校内部教师和学生;本高校以外的学生;偏远/贫困地区的居民;企业/职业技术人员;任何科学素质较低的社会公众;不知道或不好说
22	您所在地区高校内有哪些人员经常参与开展科普活动(至多选三项): 学生及学生社团;在职教师;离退休教师;科研人员;高校行政/管理人员;其他_____
23	您所在地区高校经常/积极与校外哪些组织开展科普合作(至多选三项):其他高校;企业或创新产业园区;科研机构;社会组织;媒体;国外政产学研机构;都没有;其他_____

(一)获取本地区高校的科普活动信息的渠道

高校获取科普活动信息渠道丰富,其中浙江省高校获取信息的渠道更加多元,在"内部报告或资料"上的占比远远高于吉林高校与安徽高校。不同地区、不同类别的高校在"学校官网"和"社交软件"上的占比很高且占比接近。高校使用哪种渠道获取科普信息和受众的使用习惯有关联,因此科普信息在投放渠道上需要研究不同地区类型受众的使用习惯而有所偏重。

丰富多元化的科普信息投放渠道,应做好扩大和细分两方面工作,扩大科普信息的渠道是指扩大科普的宣传面,增加并学习借鉴传播效果好的科普传播渠道,比如国外很流行的"Science-shop",以及中国当下比较流行的直播都是科普可以参考借鉴的渠道,合适的科普传播渠道有利于将高科技成果向科普化的形态及时转化。

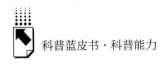

（二）参加本地区所有高校科普活动的次数

浙江省的被调查者在参加高校科普活动次数上的数据明显高于安徽高校与吉林高校。部属院校、地方本科院校在参与科普活动次数上高于地方高职院校。在科普活动的参与次数上，高校对于科普活动整体参与次数不多的现象比较普遍，这也说明高校科普活动的号召力不足，缺乏召集的影响力和协同力，导致有规模的资源开放共享程度不足。

各省市高校的科普活动可以由属地科协（或统一为全省科协）作为主导单位，发挥学会与协会力量以加强地区间不同高校的协作，创新跨专业、跨学校的合作和交流，丰富科普活动开放共享的组织动员形式，不同院校之间分工组织和实施，鼓励社会力量参与，充分挖掘和利用科普教育传播资源，营造科普比赛、科普活动的氛围，吸引更多的人实际参与到科普中来。

（三）参加所在地高校科普活动的主要目的

如图 1 所示，被调查者认为"提升知识技能""发展兴趣爱好"是参加高校科普活动的主要目的。农林类高校被调查者选择"满足人际交往需求"的占比很高，获取科普信息渠道和参与科普活动主要目的都与"人际交往"有很高的相关度。利用农林类高校"人际交往"形式多发布科普活动信息是一种值得关注的推广路径。

农林类高校应充分把握农林学科的基层工作性质，通过开展高校之间的协作和联动，主动开展校内、校外跨院系、跨学科、跨领域的综合性交叉融合的学术交流活动、学术与应用技术比赛、研讨会等，为农业技术、农村发展、乡村设计等现实需求服务。建议高校科协可以借鉴浙江省地域化科普管理的方法，将院校按片区和地域特色进行管理，县域科协、科技局、经信委共同展开产学研、校地工作对接等合作。

（四）高校开展科普活动应当发挥的主要作用

被调查者普遍认为高校开展科普活动在"帮助受众了解科学知识、方

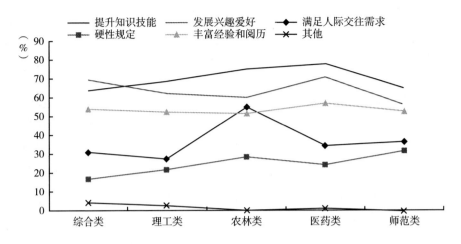

图1　参加所在地高校科普活动的主要目的

法和意识""推广、普及实用技术""促进科学技术类学术交流"3项中应当发挥主要作用。

　　不同高校可能出于自身主导学科类别、所在地区的不同，在开展科普活动时有因地制宜的侧重，如农林类高校更偏向技术推广，师范类高校更注重学术交流，浙江高校更注重"推广、普及实用技术"。高校在开展科普活动时应根据受众的不同，从而有针对性地进行科普工作，进一步理清并强化在科普工作中提升有效性的思路，担负起向社会公众宣传科学的科普功能职责。

（五）科普活动类型

　　被调查者近5年参加过高校开展的科普活动类型均在"科普展览""科普讲座""科普（创新创业）竞赛"3项中占有较大比重。被调查的农林类高校人员近5年参加过高校开展的科普（创新创业）竞赛的比重高于其他4类高校，这可能与被调查的农林类高校重视科技成果转化有关。被调查者更喜欢的科普活动形式在"研学旅行""科普讲座""科普展览"3项上普遍比重较大，说明被调查高校喜欢的科普活动形式多为以上3种。被调查者近年来参与最多的科普活动类型为科普讲座，而科普研学、实用技术培训等形式比重相对较少，但在"更喜欢的科普活动形式"中，科普研学、实用技术培训等形式的占比较大。

被调查者近5年参加过高校开展的科普活动类型以科普讲座、科普展览、科普（创新创业）大赛为主，一定程度上说明现阶段我国高校的科普活动类型仍较为传统和单一。高校科普活动创新意识和意愿较为薄弱，多年几乎一成不变的科普活动形式降低了受众的参与程度。高校应当加强对科普资源的多样性开发利用，结合自身在受众、场地、组织等方面优势，通过理念创新、拓展思路、培养人才及创新工作模式等途径，进一步创新性地开展科普工作。

高校应注意要在稳固已有较成功的科普活动形式的同时，把重视科普活动的创新提到议事日程上来，依托本校资源进行多样性、拓展性的开发利用。如与产品营销推广服务导向鲜明的优质企业开展合作，增加面向大众所开展的实用技术培训机会，多途径多方法地满足社会公众对科普资源服务新时代新生活的迫切需求。

（六）传播的主要内容

如图2所示，农林类高校被调查者的最大值出现在"实用科学技术"上，为60.19%，占比远远大于其他类别高校，说明农林类高校对实用科学技术的重视程度和实践力度明显要强。其他4类高校均在"学科或专业相关的科学知识"上有最大占比。地方高职院校被调查人员对"科学技术的学术研究及思想"感兴趣人数占比明显低于部属院校和本科院校被调查人员。部属院校、地方本科和地方高职被调查人员对"科学道德和科研伦理""科学家风貌及精神"的兴趣均不高，而这与当代中国特别需要优良科学传统的传承使命是不相称的。

现阶段我国高校科学传播的主要内容为学科或专业相关的科学知识，整体来说传播内容的现状感知较为单一，而且满足自身需求的指向很突出，这并没有体现高校作为社会大系统中科普工作主力军的应有担当和贡献。

另外，我国高校对科学家精神风貌、科学道德和科研伦理的传播意识普遍较弱。科学家风貌、科学道德和科研伦理对全体公民科学素养的培养规范具有重要作用，高校本应在传播环节中系统性地加强，但如何用大众容易接受的方式传播是值得推敲的。

作为科学精神的聚集地，高校迫切需要增加与此相关的精神文化体系建设，提高科学道德、伦理、诚信意识，同时，需要增加了解科学家风貌及精神的渠道，继承和发扬老一辈、新一代科学家的优良品质，大力弘扬科学精神，以严谨的科学态度和强烈的社会责任感着力推进各高校学风建设。

具有科普价值的社会热点问题往往与大众生活密切相关，因而群众科普需求较高，对于此类社会热点问题，高校理应保持较高的关注，将其作为科普活动开展的重点内容，从中获取公众关心的科普素材与契机，积极承担面向社会传播科学热点知识与议题的重要职能。

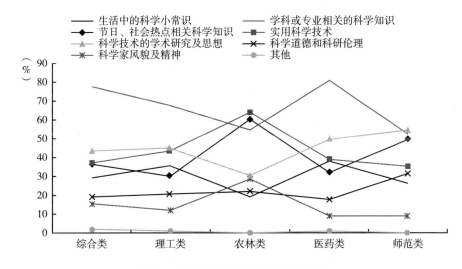

图2 所在高校科学传播的主要内容

（七）经常参与开展科普活动的人员

如图3所示，各类别高校被调查者感知所在地区高校内经常参与开展科普活动最多与最少的与隶属维度几乎一致。如农林类和师范类离退休教师参与科普活动的人数较多，这表明农林类的离退休教师投入科普活动更加普遍，其积累的技能延续更具有需求端的操作性。

高校内应鼓励成立科普活动类社团，将科普活动作为兴趣爱好和专业能力延伸服务校园师生和社会公众，高校行政/管理人员和离退休教师参与科普较少的现状是值得进一步挖掘的。高校行政/管理人员要对科普行为做好内部性的制度建设和日常的管理服务，因此其服务的开发感知度往往不足，不易彰显；离退休教师中，有很多有能力，有发挥余热的意愿，需要有科普平台的接纳或有机会新建服务通道。

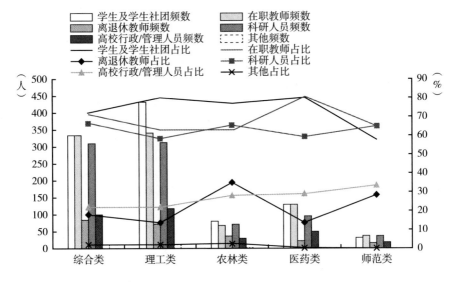

图3　所在地区高校内经常参与开展科普活动的人员

三　调研工作之二：高校科普绩效试点评估调查

围绕项目组构建出的4个一级指标与11个二级指标，最终形成30道具体测评题项。每个二级指标对应1~4道测评题项不等，各题项尝试从不同侧面全面反映二级指标含义，用于收集指标评分所需的基础数据。以1~3题项为例，从"涉及科普工作或承担科普职能的部门或机构""承担科普职能的主要部门或机构""高校科协的工作模式"3个角度，递进式诠释、拆解了高校科普部门或机构设置情况。高校科普服务绩效评估问卷，如表5所示。

表5　高校科普服务绩效评估问卷

二级指标	填报内容
科普部门或机构	1. 贵单位涉及科普工作或承担科普职能的部门或机构包括(多选题): □无 □学院/所系 □科研部门 □教务部门 □宣传部门/新闻中心 □团委 □高校出版社/学报社 □招生部门 □其他,请填写名称＿＿＿＿＿＿＿＿; 2. 在以上部门或机构中,贵单位承担科普职能的主要部门或机构为(单选题): □无 □学院/所系 □科研部门 □教务部门 □宣传部门/新闻中心 □团委 □高校出版社/学报社 □招生部门 □其他,请填写名称＿＿＿＿＿＿＿＿; 3. 贵单位的高校科协的工作模式为:□无高校科协 □有高校科协且有专职人员 □有高校科协但无专职人员 □其他,请填写＿＿＿＿＿＿＿＿
科普人员	4. 贵单位参与科普工作的管理人员数为＿＿＿＿＿人,教师数为＿＿＿＿＿人,学生数为＿＿＿＿＿人;专职工作人员为＿＿＿＿＿人,兼职人员为＿＿＿＿＿人; 5. 贵单位认为本单位具有社会影响力的科普工作者(团体)有＿＿＿＿＿人(个),请列出姓名及其基本信息(不多于三名); 6. 贵单位拥有与科普相关的学生社团为＿＿＿＿＿个,请列出具有代表性的学生社团信息(限三项): 名称＿＿＿＿＿＿,人数＿＿＿＿＿＿; 7. 挂靠在贵单位的学术团体(学会、协会、研究会)数为＿＿＿＿＿个,请列出具代表性的学术团体名称及其级别(国际/国家级/省级/市级学会/专业分会等)(限三项)
科普经费	8. 贵单位上一年度获得科普经费的主要来源及金额(单选题):□单位自筹,金额为＿＿＿＿＿万元; □科普项目拨款,金额为＿＿＿＿＿＿＿万元;□政府拨款(科普专项经费),金额为＿＿＿＿＿万元;□社会捐赠,金额为＿＿＿＿＿万元;□其他,请填写名称及金额＿＿＿＿＿; 9. 贵单位上一年度是否设有常态化的科普活动专项经费:□是 □否,如是,请填写活动名称及金额(万元)＿＿＿＿＿; 10. 请填写贵单位是否有科普场馆及上一年度运维资金:□科普教育基地,金额为＿＿＿＿＿万元; □创新创业基地,金额为＿＿＿＿＿＿＿万元;□校史馆/博物馆,金额为＿＿＿＿＿＿＿万元
科普制度	11. 贵单位是否存在以下内容建设(多选题): □科普规章制度 □科普年度工作计划 □科普五年规划 □科普年度工作总结 □进行常态化科普工作统计 □其他,请填写名称＿＿＿＿＿＿; 12. 与科普工作相关的教师激励机制主要有(多选题):□无 □奖金 □奖状/奖章/荣誉证书 □晋升机制体现 □其他,请填写名称＿＿＿＿＿＿; 13. 与科普工作相关的学生激励机制主要有(多选题):□无 □评奖评优 □研究生推免 □其他,请填写名称＿＿＿＿＿＿
科普奖励	14. 贵单位上一年度是否有获得科普相关的奖励或荣誉(包括科技竞赛奖励):□是 □否;如是,请填写项数＿＿＿＿＿项。其中,国家级＿＿＿＿＿项,省部级＿＿＿＿＿项,地市级＿＿＿＿＿项。请填写具代表性奖励的名称(限三项)＿＿＿＿＿＿＿

二级指标	填报内容
科研诚信与科研伦理	15. 贵单位是否具有成文的科研伦理守则或规范:□是 □否;是否设有专职的管理机构或独立监管部门(如科研伦理管理委员会):□是,请填写名称_____ □否; 16. 贵单位上一年度是否开展科研伦理等相关讲座:□是 □否;如是,讲座频率为_____次/年; 17. 贵单位上一年度与科研诚信相关的舆情发生数为_____次; 18. 除研究生政治必修课之外,贵单位科研伦理相关课程开设课程约有_____门,请填写以下内容(若无,则不填;限填三项):课程名称_____,学分_____,课程学时_____,该课程涉及科研伦理内容的学时_____,面向对象(本科/专科/研究生)_____
科普场地	19. 贵单位上一年度建设和运营(包括已建成正常运行)正式授牌的科普教育基地_____个,请填写具有代表性的科普教育基地基本信息(限三项):名称_____,级别:□国家级 □省级,建筑面积_____平方米,年开放天数_____天; 20. 贵单位上一年度建设和运营的创新创业基地_____个,建筑面积_____平方米,年开放天数_____天。其中国家级_____个,省级_____个,请列举有代表性的场所名称_____; 21. 贵单位是否有校史馆/博物馆:□是 □否;如是,建筑面积_____平方米,年开放天数_____天
科普传媒	22. 贵单位创办与科技/科普相关刊物数量为_____种,请填写三项有代表性的刊物名称和级别(包括国家级/省级、核心/普通)_____; 23. 贵单位出版社上一年度出版的科技/科普图书为_____种(若无出版社则不填);贵单位员工上一年度出版的科技/科普图书为_____种(包括在本单位出版社和单位外部出版社出版的所有图书); 24. 校外媒体上一年度对贵单位科普工作的报道情况(包括科研成果、科学人物、成果转化、科普活动等): (1)报纸期刊_____篇,其中国家级_____篇,省级_____篇,地市级_____篇; (2)电视台_____次,其中国家级_____次,省级_____次,地市级_____次; (3)广播电台_____次,其中国家级_____次,省级_____次,地市级_____次; (4)通讯社_____篇; (5)境外媒体报道情况:报纸期刊_____篇,电视台_____次,广播电台_____次,通讯社_____篇; 25. 请填写贵单位科研成果的新媒介传播中最具代表性的案例的具体信息(限三项),新媒介形式包括微信、微博、短视频平台等: (1)案例名称:_____,新媒介形式:□微信 □微博 □短视频平台 □其他,请填写名称_____:阅读量_____,评论量_____,转发量_____,点赞量_____; 26. 贵单位上一年度运营的微信公众号为_____个,官方微博为_____个,请填写与科普相关的典型自媒体信息: (1)微信公众号名称_____,关注人数为_____人,上一年度发文量_____篇,上一年度原创文章数量_____篇,阅读量上万文章数_____篇,阅读量上十万文章数_____篇; (2)微博名称_____,是否加V认证:□是 □否;粉丝数量_____人,上一年度原创微博数量_____篇,上一年度转发量_____篇

二级指标	填报内容
学术交流活动	27. 贵单位上一年度主办、协办科技类国际/国内学术交流会议/论坛_____次。其中，主办国际_____次，协办国际_____次，主办国内_____次，协办国内_____次，请列举有代表性的学术交流会议/论坛名称(限三项)_____
师生科普活动	28. 贵单位上一年度开展科技/科普竞赛_____次，参与科技/科普竞赛_____次，请列举代表性竞赛名称和获奖级别(限三项)_____ 29. 贵单位上一年度举办科技夏(冬)令营_____次，规模_____人次；贵单位上一年度接待中小学研学旅游_____次
公众科普活动	30. 贵单位上一年度举办/参与过的有代表性科普活动类型和次数(多选题)：□无 □科技活动日，_____次 □科技活动周，_____次 □科技下乡/科技扶贫，_____次 □科技进社区，_____次 □科技进中小学校园，_____次 □公众科普讲座，_____次 □科普展览，_____次 □实用技术培训，_____次 □其他，名称和次数_____

（一）科普基础投入指标模块

从平均得分来看，科普基础投入得分由高到低排序为安徽（10.88分）、吉林（10.01分）、浙江（9.49分）。安徽省高校的"科普部门或机构""科普经费"平均得分均高于其他两省。吉林省的"科普人员"平均得分表现优于其他两省。从高校隶属的角度来看，部属院校的科普基础投入得分较高，地方本科相比地方高职得分稍高。高校科普基础投入得分整体情况还是主要分布在低分段，现阶段高校的科普基础投入相比科技创新、教育创新的基础投入改善仍存在很大问题。一方面表现在高校缺乏构建有效科普人才队伍的意识和行动；另一方面表现在高校缺少专项的科普资金的基础支持。同时，未能从组织结构上实现高校科普工作的"一把抓"，科普职能分散于校内各部门与机构，也成为限制高校发挥科普潜能的重要问题。

1.科普部门或机构

校内部门或机构的科普工作支持基础已初步形成。大部分被调研高校的科普工作分散在多部门之间，且各有侧重，如团委主要组织学生参与科技竞赛活动、指导科技社团活动，学院/所/系主要侧重点在组织学生积极参与社会实践并融入与学科或科研成果相关的科普内容，科普教育基地、实验室等

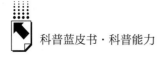

机构则依托场所开展科普活动。

分散式科普工作组织方式的管理弊端需被注意。"遍地开花"式组织方式虽有利于各部门发挥能动性,但存在科普经费的分散管理导致工作集成效果提升受限,工作分散至各部门导致的科普统计难度大等弊端,而这些制度性矛盾恰恰是能否有效提升高校科普服务绩效的核心。

高校科协组织已覆盖大部分主流高校。调研数据显示,约80%被调研高校已成立高校科协。浙江省调研高校均有科协,并且大都有专职人员,高校科普组织建制化落地性较好,据调研浙江省已有68家高校成立了科协组织,其中宁波市实现了全面覆盖。地方本科院校中有科协且有专职人员最多,地方高职院校次之,而部属院校最少,这与部属院校强科技创新能力和科普资源的转化要求不相匹配。

高校科协作用未能充分发挥。超过20%被调研高校的科协工作模式为"有高校科协但无专职人员",即便是有专职人员的高校,也大多是一人身兼多职,高校科协工作只是其多项工作中的一项。这在一定程度上说明被调研高校目前对科普工作的重视程度仍不够,尚处于被政策引导、依赖于科普积极性的个体自主推动的状态。

2. 科普人员

测评数据显示,三省被调查高校中参与科普活动的专职人员和学生均不多,安徽省被调查高校参与科普工作的管理人员最多,吉林省参与科普的教师、兼职人数最多。部属院校中参与科普的教师、专职人员、兼职人员、学生最多,地方本科院校参与科普工作的管理人员数最少。师范类高校中参与科普工作的管理人员、专职人员和学生较多,农林类高校中参与科普工作的教师较多。目前参与高校科普的主力人员为学生,教师次之,管理人员数量最少,且参与科普工作的教师/管理人员多为兼职。目前高校对学生参与活动的管理较为松散,主要靠学生自发参与。

高校科普品牌的社会效用未被充分重视。具有社会影响力的科普工作者(团体)多是由师生自发组织和运营,与高校科协的联络不紧密,管理者也未能充分意识到其作为高校科普品牌的社会效用。高校科协应充分发挥平台作用，利用中国科协的媒体宣传资源，进一步推广其优秀科普作品；积极推荐其作品参与评比、竞赛，在调动其积极性的同时，提升大众及社交媒介曝光度。

浙江省高校的学生社团发展较好，成为学生参与科普实践的重要途径之一。拥有与科普相关的学生社团数量为 6 个以上的高校中，部属高校较多，地方高职院校成立的科普社团缺失。综合类、农林类、理工类三类高校相较表现较好。有必要建立一套完善的科普社团管理机制，学校层面可提供一定的活动经费，对学生会员进行激励。学习中科院的做法是将科普工作列入研究生学分考核等，学生社团可以依托"公众科学日"等打造一批特色科普品牌活动。

充分挖掘相关学术社团的科普潜力。约 42% 被调研高校挂靠的学术团体数量为 0。仅有 2 所高校（浙江大学和吉林大学）的学术团体数量超过 20个。综合类、理工类和师范类的学术团体挂靠数量相对较多。建立健全组织机制是增强学术团体科普积极性的关键，各省市均应重视学术团体的科普资源投入，保证资金的稳定性和长期性。

3. 科普经费

高校需拓宽科普经费来源。多数被调研高校的科普经费年投入不高于20 万元，尚有较大的可提升空间。三省间高校科普经费投入力度差别不大，吉林省投入略多于其他两省。部属院校的科普经费平均值为 72 万元，远高于其他两类院校。理工类院校经费均值最高（58.37 万元），其他类型院校均值都在 20 万元以下。多数被调研高校缺少或完全没有安排常态化的科普活动专项经费，目前各高校科普经费来源以政府拨款为主，依赖政府资金投入较多，高校可依靠多元的社会捐赠和项目拨款机制的再设计等形式提升经费额度。

多数被调研高校缺少科普场馆运维资金的常态安排。吉林省的科普场馆运维资金投入大于其他两个省，部属院校经费大于其他两类院校，综合类院校的科普场馆运维资金最高。同时在科普场馆运维资金均值中，平均每所综合类院校资金投入最多，其次是师范类院校和农林类院校。多数院校存在科普场馆，但缺少固定的运维资金，可能会产生馆内设施陈旧、科普展品更新落后、缺少专业管理人员和讲解员等问题，导致场馆接待能力和开放能力下降，最终结果当然是科普场馆无法达到预期的科普服务成效。

（二）制度与机制建设指标模块

目前被调研高校多已建设了基本的科普制度与机制，科普制度、科普奖励、科研诚信与科研伦理或多或少皆被包含在内，这说明高校科普已开始往制度化方向走，但需强化和优化之处仍很多，如需要尽快对制定中长期的科普工作计划加以重视、重视科普奖励统计工作、积极利用讲座方式提升师生科研诚信与科研伦理意识。图 4 为被调查高校制度与机制建设情况。

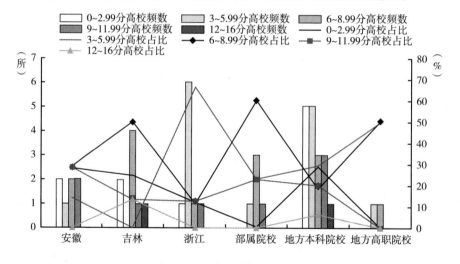

图 4　制度与机制建设情况

相较部属院校和高职院校，地方本科院校在本指标得分较高，调研中了解到的将老师参与的科普工作纳入绩效评估的高校皆为地方本科院校，如浙江理工大学、东北电力大学。相对来说，部属院校则在科研诚信与科技伦理指标的高分区间表现突出。提醒注意的是，该评估结果可能受到抽样带来的平均数据误差影响，被调研高校中地方本科院校的数量远远多于部属院校，也不排除与实际状况有所出入的可能。

1. 科普制度

当前教师激励机制缺乏且多为短期性物质激励，地方本科高校在教师激励机制改革上小有成效。仅吉林省一所地方理工本科高校（东北电力大学）存在3项教师激励机制。仅有3所地方本科高校选择了"晋升机制体现"。综合类和理工类高校在"奖金""奖状/奖章/荣誉证书"中占比最高，科普工作教师激励工作相对更好一些。多数高校缺少科普工作的教师激励机制，激励机制未受到基本的重视。在已存在教师激励机制的少数高校中，以"奖金"和"奖状/奖章/荣誉证书"为主，表明现存教师激励机制多属于短期兑现的物质激励，缺乏职称、晋升等发展战略目标的长期性的深度激励。建议各高校应采取物质价值激励和精神价值激励相结合的方式，建立健全高校科普工作和科普项目的健康评估文化，如设计将科普绩效纳入职称、职位聘评体系当中的因地制宜方案，激发教师对科普工作的重视程度。地方本科高校激励工作现状优于地方高职高校，这可能是因为相较部属高校，地方本科院校在机制创新方面的受限较少，自主性较强，且体量相对较小，机制创新推行难度小；相较高职院校，地方本科高校样本数量多，在科技创新和往高层次人才教育方向提升的意愿和动力大，在高校能力建设方面面临的竞争强度也大，故进行机制创新的能动性也相对较强。例如浙江万里学院，将教师所参加的校外讲座记为科研活动或社会服务，纳入职称评审当中，很大程度上调动了本校教师参与社会科普的积极性。

被调研高校关于科普工作的学生激励机制的重视明显不足。已存在的学生激励机制多以学术成就为指标，缺少与科普有关的激励机制。仅有浙江树人大学以"研究生推免"为奖励方式，属于现阶段非常少有的强激励方式。安徽信息工程学院、浙江万里学院还采取了将学生参与科普实践纳入综合素质学分、设置相关奖品的激励形式。但总体上仍属于"评奖评优范畴"。

2. 科普奖励

高校参与科普竞赛的热情有待充分激发。安徽省高校的科普奖励得分明显高于其他两个省份，且在科普奖项上的总体表现相对突出。地方本科院校获得的科普奖励或奖项明显多于部属高校和地方高职院校。理工类和综合类高校的表现领先，医药类和农林类高校的表现较为接近，师范类院校的表现很不理想。科协与各级科技＋科普奖励组织应进一步完善奖励体系细分内容，提高不同高校对科普教育的重视程度，激发各类学校的科普热情。高校可以通过将获奖纳入职称和评优评估、评奖评优方式鼓励教师和学生参与到科普竞赛活动中，积极组织、培训参与竞赛的团队，形成专业的科普竞赛团队组织。

高校可能存在填报和统计竞赛口径不通畅的问题。一方面教师和学生不熟悉参赛信息获取方式；另一方面学校无法系统知晓校内人员参与以及获奖情况，因此校内应重视科普奖励工作，加强在科普竞赛上的宣传工作和竞赛后的数据统计工作。高校应注意到科普奖励是一个更宽的统计口径，除了竞赛获奖外还包括科协十佳志愿者、优秀科普作品，等等。高校应注意细化科普奖励统计口径，鼓励个人积极提交获奖记录。

3. 科研诚信与科研伦理

被调研高校开展科研伦理讲座的积极性不高。安徽省高校在开展科研伦理讲座方面比其他两省好一些。所调查高校开展科研伦理讲座的次数主要集中在 0 和 1~15 频次段，部属院校在中频次段的分布占多数，地方本科院校则在低频次段占多数。理工类院校和医药类院校开展相关讲座的频次相对较高。被调研高校对开展科研伦理相关讲座的意识较为淡薄，54.17% 的高校在上一年未开展任何与科研伦理相关的讲座，41.67% 的院校上一年开展科技伦理讲座的次数在 1~15 次。高校需加强对开展科研伦理讲座的重视，适当邀请一些国内外学科领域的专家和热点人物进校园（可包括同城多校开放和适度的线上传播）开展讲座与科研伦理经验分享。

大部分被调研高校与科研诚信和科研伦理的舆情机制建设不够完善。所调查的省份中均有上一年发生舆情的高校，分别是浙江农林大学（浙江省/农林类/地方本科）、中国科学技术大学（安徽省/理工类/部属院校）和吉林化工学院（吉林省/理工类/地方本科）3 所高校。其在上一年发生的与科研诚信相关的舆情事件数量分别为 2 起、1 起、1 起。高校对舆情追踪、应对反应较慢，缺乏畅通的统计和上报渠道。建议高校重视舆情的防范与控制，研究舆情的发生机制，建立舆情监控小组和舆情信息采集反馈机制。同时，此类舆情事件的发生也可能与科研伦理意识的淡薄和开展与科研伦理相关讲座的频次较低有一定的关系，高校应持续加强科研伦理要求的普及传播。

高校对科研诚信与科研伦理课程的重视度亟待加强。相较于浙江省而言，吉林省和安徽省均有开设2门及以上课程的被调研高校。高校隶属于开设相关课程的地方高职院校数为零。各类别高校未开设相关课程的占比均在50%以上，其中，综合类和医药类院校达75%。超过70%的被调研高校未开设科研伦理相关课程，已开设高校的课程数量也不高于2门。从各校填写的课程名称来看，科研伦理、科研诚信及其他内容往往杂糅在同一课程中，如合肥工业大学填写的专业导论课、论文写作课，针对性不足。现阶段与课程相融合的科研伦理教育较为表面化和形式化，缺乏深度与系统化，不太能有效引起学生群体的重视与关注。建议高校一方面可适当增设相关课程，强化学生对科研伦理的认知；另一方面在形式上可以采用通识课和选修课结合的方式，既保证对学生科研伦理的基本教育，又满足有志于从事科研学术道路学生的特定伦理教育需求，帮助他们树立良好的科技观和科研伦理守规意识。

（三）科普平台指标模块

被调查的三个省份在科普平台建设方面的差异较为明显，如图6所示，吉林省的科普平台得分最高，浙江次之，安徽得分相对较低。吉林省的科普平台体系建设较为完整，科普场地上，吉林实现了省内科普场馆由点到面的建设；科普传媒方面吉林省多所不同隶属类型的高校都采取新媒体方式进行科技传播，且新媒体传播的效果较好。

部属院校和地方本科院校在科普场地建设中承担着主力角色。科普场地建设需要的大量资金投入，国家对高校的资金投入主要集中在部属院校和"211"类地方本科院校当中，并且这两类级别院校在自主筹集资金和获得国家、省级政府资金的能力高于地方高职院校。从高校类别来看，综合类和理工类的科普平台得分较高。

科普平台建设与经济发展程度似乎不成正比，浙江作为经济强省在科普场地中的得分低于吉林省,这可能与地区对科普工作的态度和机制发育有关。通过调查发现,目前科普平台构建存在以下问题:科普平台构建的途径较少、所涉及的科普内容不全面、群众的参与性不强、忽视了群众对科学知识的体验需要、高校普遍缺乏专项资金建设平台和维持平台后续发展工作的问题,等等。

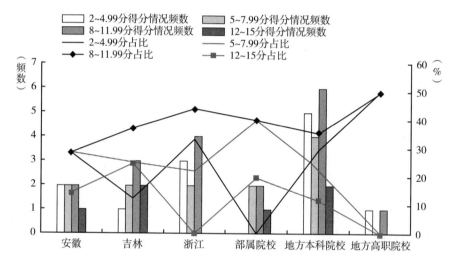

图5 科普平台得分情况

1. 科普场地

被调查高校有 12 所上一年没有建设和运营(包括已建成正常运行)正式授牌的科普教育基地,其中 11 所为地方本科院校。地方高职院校均未设立省级科普教育基地。从高校类别看,理工类和综合类院校拥有省级以上科普教育基地共计 9 所。在国家级科普教育基地数量统计中,浙江省占比最低,9 所高校中有 8 所高校没有国家级科普教育基地。安徽、吉林和浙江建设情况大致相同,数量也大体相当。

高校对学生的创新创业重视程度不足。75% 被调查高校没有国家级创新创业基地。相较于国家级创新创业基地,省级创新创业基地相对比较容易申请与落地,但近 80% 的高校未拥有省级创新创业基地,其中部属院校和地方高职院校的拥有率为 0;吉林省被调查高校拥有省级基地的占比相对较高，占 37.5%。建议高校积极寻求所在地资源（如政府、园区、企业）合作，校企可尝试共建技术研发中心和研究工作室等方式。

总体上看，尽管 70.83% 的被调查院校建立了校史馆/博物馆，但 50%的院校并未明确填写校史馆/博物馆的开放天数，可能是这些校史馆/博物馆缺乏明确的运行机制规定所致。校史馆/博物馆是对大众进行科普的重要场所，但是校史馆/博物馆目前普遍存在讲解装置和视频内容陈旧，新的研究成果未有反映等问题，造成参观人数减少。

2. 科普传媒

80% 以上被调查高校未创办与科技/科普相关的核心刊物，60% 以上未创办与科技/科普相关的普通刊物。三个省份在创办与科技/科普相关的核心刊物方面不相上下。部属院校可能由于综合学术能力较强和财力雄厚，在创办核心期刊上有优势；而地方本科院校在创办普通期刊中表现相对较佳，有7 所本科院校创办了一种及以上的相关刊物。

出版科技图书是科普传播的重要组成部分，评估中 50% 以上被调查高校未出版科技图书，虽然或许存在统计口径的扰动因素，但确实需要引起重视。建议可以借鉴浙江机电职业技术学院的模式，模仿淘宝造物节打造校园科技节，将各种科技产品和成果报告作为展品宣传。一方面可以提供了解研究成果和前沿科学知识平台；另一方面也可以吸引社会资本投资。

媒介传播方式方面，不同省份不同高校隶属和不同类别的被调研高校间差异明显。从省份来看，吉林省高校科普工作报道最多，浙江次之，安徽省最少。从高校隶属来看，部属院校因为其科研成果丰富、科普活动开展多、影响力广泛等方面的影响而吸引更多媒体的报道，地方本科院校次之，地方高职院校则是空白。从高校类别看，综合类高校和理工类院校的报道会明显高于医药类、师范类和农林类院校，很大程度上与其科研转化率高、科研成果丰硕密切相关。

但是目前媒体对高校科普工作的情况的关注度远远不够，只有 6 所被调研高校填写了新媒介传播平台案例。整体上看，各高校对科研科普成果通过新媒体平台传播的重视力度仍不够，没有形成有效的新媒体传播矩阵，建议高校宣传部门加强与媒体的联系，主动积极向外界展示科研与科普成果。

几乎每一所被调研高校都建立了自媒体平台，吉林省自媒体平台建设和运营程度更好，可能原因在于吉林省高校采取自媒体进行科技传播，打造学校形象的意识强烈，且自媒体传播的效果很好。从高校隶属来看，地方本科院校和地方高职院校在吸引受众关注方相对缺少竞争力，需要打造优质的科普内容和通俗易懂的叙述方式，获取生存空间。

（四）科普活动指标模块

如图6所示，浙江省的科普活动情况相对较好，吉林省次之，安徽省的得分相对较低，但是三个省份之间的差异不太明显。部属院校和地方本科院校在科普活动开展中扮演重要的角色，这与其相应的科普经费和科普人员投入是密不可分的。从高校类型来看，农林、医药院校充分发挥院校的专业优势，在专业领域开展有针对性的科普活动，取得良好的效果。

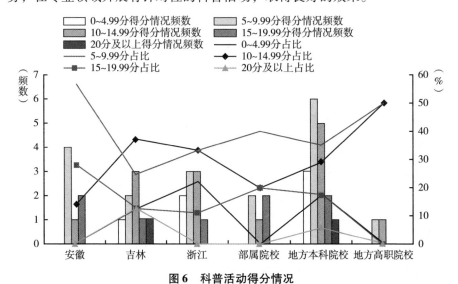

图6　科普活动得分情况

科普主题类活动在普及知识，沟通校园内外发挥着重要的作用，高校不应该浅尝辄止，将目光仅限于科技活动日和科技活动周这种传统入校园活动，而要拓宽视野，扩宽活动范围，积极走出去，下社区、进农村、走偏远让科普惠及更多类型、更广地域有需求的民众，从而以科技创新和科学普及双主体的省份为中国公民科学素质提升做出切实的贡献。

1. 学术交流活动

主办国际/国内会议/论坛次数比协办国际/国内会议/论坛次数明显要多，表明高校有强烈的举办科研型科普活动、探讨科研成果的意识，更愿意以我为主，邀请科学界其他相关组织参与其中。地方高职院校很少参与会议/论坛，可能由于尚未将参与会议/论坛纳入科普的统计系统中，或者未纳入工作议程中。

总体上，多数院校学术交流得分并不高。吉林省和浙江省的科普学术交流水平明显高于安徽省，相较于安徽省，吉林省高校学术交流活动更具规划性，大型的学术交流活动需向科协或科教类主管部门报备和申请。

2. 师生科普活动

被调查院校参与竞赛的意识普遍比较强烈，开展科技/科普竞赛次数都比较多，有近一半的院校都多次参与了科技/科普竞赛。地方本科院校的参与次数最多，60 次以上的占比为 11.8%，部属院校参与次数集中在 1～10次，占比为 60%，地方高职院校参与次数集中在 31～60 次，占比为 50%。被调查的 3 个省份中，省份之间的差异不大，各大高校参与科技/科普竞赛次数都比较多。

从数据来看，不同高校在举办科技夏（冬）令营次数方面差异不大。未举办科技夏（冬）令营的高校占比为 40%。相对来说，院校隶属维度地方本科院校举办次数最多，高校类别维度理工类和综合类高校举办次数最多，农林类高校次之。但是科技夏（冬）令营规模却有着显著的差异，有将近 50% 的高校没有接待中小学研学旅游，部属院校的接待次数更多，地方本科院校的接待次数集中在 5～10 次，地方高职院校的研学接待次数为0。这表明高质量、大规模、覆盖面广的科技夏（冬）令营仍然是少数，这可能是由于目前多数高校受场地限制、人力物力的缺乏等客观条件制约，主观层面可能学校对夏（冬）令营的需求不大，中小学对部分高校夏（冬）令营的意愿不强；等等。

3. 公众科普活动

从省份来看，三省被调查高校上一年举办/参与过的有代表性科普活动类型主要分布在1~2项，其中吉林省被调查高校上一年举办/参与过的有代表性科普活动次数超过200次以上的最多，占比为25%；三类高校中，地方本科院校次数在200次以上的最多，占比为17.6%；从高校类别来看，农林类高校上一年举办/参与过的有代表性科普活动次数在200次以上的最多，占比为66.7%。各类高校需要考虑如何更充分利用资源，除进一步拓展联合媒体宣传目前开展较多的"公众科学日""科技活动周"以外，也特别需要创新活动的内容形式、展示方式等，面向校内外师生、校外公众进行更高效的科普。调查中，地方高职院校在科普活动类型和次数上均少于其他类型高校。

四　整个研究工作的总结与展望

（一）试点测评工作总结

1. 工作路径选择不断调整优化与形成阶段共识的过程总结

通过试点测评全过程研究与探索，项目组深入认识到，高校科普服务评价体系试点测评实施中的落地执行力和后续的可复制推广性非常关键。2019年开始聚焦在沿海发达省份东部的浙江省、老工业基地振兴省份东北的吉林省、发展与地理均居中的安徽省三个省的高校科普服务评价体系与实施试点测评研究与实践这一目标上。在正式测评前的准备阶段，项目组与中国科协科普部，中国科普研究所政策研究室，浙江省、吉林省、安徽省科协领导和省级（包括选点城市市级）科协科普部门（包括其中的科普服务中心类机构），以及三个省的多所高校科研处（也包括若干学校宣传部、团委等机构）负责人、学校科协负责人、从事科普工作的管理人员和师生，进行了多轮沟通交流和预调研，从有效性、可操作性、可复制性、示范性等方面综合考虑，在工作路径选择方面达成以下共识性意见。

（1）必须在交流反馈中完成高校科普服务评估的关键要素和框架提炼。

（2）构建高校科普服务评价三级指标体系，确立系统性的测量模型。

（3）完成三省各8所高校科普服务的测量评估，形成试点评估分析报告。

（4）结合高校科普服务试点评价的突出问题，开展科普服务提升的策略研究。

（5）提供高校科普服务操作方案及试点评价参考工具包，为后续正式对高校做科普服务评估提供切实可行、有直接参考价值的实操办法。

2. 测评工具制定优化调整过程叙述及相关经验与不足总结

第一，要先建立明确细化的工作目标，通过精选对象的深入预调研不断调整优化。在了解多类型高校实际科普服务现状的前提下，制定合理的高校科普服务测评指标体系初稿，并听取不同类型高校科普相关部门负责人和测评专家的建议。

2019年4月，项目组通过了初步设计的评估方案、评估指标体系以及设计办法。2019年6月，项目组通过与浙江省科协科普部、杭州市科协、浙江传媒学院、浙江科技学院等科普管理部门与高校的对接，进一步细化了浙江高校科普绩效调研计划方案。2019年7~8月，基于前期对安徽省、浙江省、吉林省高校的基本信息采集的基础，初步拟定了《浙江省高校类创新主体项目调研内容诉求》和《吉林省高校类创新主体项目调研内容诉求》，制定了现状调查问卷和评价指标问卷。

2019年10月23日，吉林省科协向吉林省有关市（州）科协、高校发《关于做好高校科普绩效评价调研组对接工作的函》及调研日程安排表。10月22日~11月2日，在吉林省科协工作人员的支持与陪同下，项目组完成了对吉林省具体调研高校的前期选择工作，并赴吉林省访谈调研了吉林省科协、长春市科协、吉林市科协、延边市科协及抽样高校，对8所大学进行了试点测评。

第二，要和对象方持续保持沟通，确保不同层面的需求导向在测评工具设计应用中明确合理落地。

项目组核心成员与中国科普研究所、吉林省科协、安徽省科协、浙江省科协以及浙江和吉林的7个地市科协（安徽省2018年已经调研过10个市级科协），25所高校等核心关联机构进行了多轮专项交流。2019年7月，项目

组在参考前期安徽省高新技术企业科普现状调查问卷和评价指标试点方案的
基础上，结合高校特征，制定了第一版现状调查问卷和评价指标问卷，共包
含科普基础投入、制度与机制建设、科普设施与服务、科普活动与交流合作
等4个一级指标和12个二级指标。2019年8月，项目组结合对未来科普形
式的研判，先是形成了第三版的现状调查问卷和评价指标问卷，之后讨论并
优化形成第四版现状调查问卷和评价指标问卷。2019年9月，项目组针对
第四版现状调查问卷和评价指标问卷所存在的问题，形成第五版现状调查问
卷和评价指标问卷，最终构建出"科普基础投入""制度与机制建设""科
普平台""科普活动"4个一级指标；"科普部门或机构""科普人员""科
普经费""科普制度""科普奖励""科研诚信建设""科普场地""科普传
媒""学术交流活动""公众科普活动""师生科普活动"11个二级指标。

综合前期文献整理、实地调研和专家座谈成果，结合高校科普工作现状
及其评估管理办法，项目组对高校类创新主体的测评指标进行了5次大的调
整和修订，最终完成了现在实施测评的高校科普服务评价的测评工具并进行
了试点实测。

3. 调查路径规划工作总结

浙江省、吉林省、安徽省三省高校科普服务评价体系测评的实施，采用
"试点高校选择—实地测评—数据比较—形成评价分析报告"的实操路径。
在具体调研过程中，项目组首先联系高校属地省科协，委托省科协向各市及
省直管县科协下达支持工作的任务。各市及省直管县科协对所在地所服务的
高校实施点对点的数据收集，向项目组传递最新的科普工作情况，并做好对
接工作。项目组经过前两轮的工作推动，选取代表东、中、东北部的浙江、
安徽、吉林的高校为研究样本，开展2019年高校科普服务评价试点工作，
从"高校类型""高校隶属"两个维度出发，分别确定"部属院校""地方
本科院校""地方高职院校"和"综合类""理工类""农林类""医药类"
"师范类"两个子维度，选取3个省具有代表性的高校开展试点调研，具体
如下：浙江省、吉林省、安徽省三省各市及省直管县科协对设立高校科协的
详细数据的统计与管理力度不同，存在局部更新缓慢或缺失的情况；在具体

调研过程中，调研采取座谈会和实地调研相结合的落地方式，在初步筛选的基础上，针对性地对高校科普相关部门负责人和具体管理的工作人员进行深入访谈和实地调研，结合问卷开展数据采集，通过定性和定量相结合的方式，力求能全面了解高校科普服务的真实效果。

（二）试点反映出的突出问题归纳

1. 各级科协向高校基层的延伸尚存在不足；各级科协在高校开展科普工作中的宣传动员、组织指导、支持帮助、监督评价能力都存在制度设计带来的能力有限的问题；科协的"科技工作者之家"和"科普工作者之家"的作用在高校系统内没有真正发挥好

根据此次调研的三省高校成立高校科协和专人专岗或兼职专岗的情况，中科协 2017 年提出的要在各省（区、市）50% 以上的理工农医和综合类高校成立科协组织的明确任务目标仍未落实，有的省份甚至相差较远。科协作为当前模式下承担科普职能的主要社会力量，向高校延伸和调动能力的不足导致科协较难发现对部分高校科普工作进行指导、监督以及实施评价的有效路径。同时，限于自由资源和行政权力，科协对高校主办或承办"科技活动周"等品牌科普活动的支持力度有限，难以系统出台科普考核和奖励措施。与科协被调查者的突出反映一致，目前高校科普运行机制上缺少基本"抓手"，虽然想推动但"抓不住"和"拉不动"。

科协的重要职能之一是团结高校广大科技工作者和科普志愿者，"科技工作者之家"同时也应该是"科普工作者之家"，然而现实中科协工作一定程度上存在行政化色彩，有与科技创新主体、科普基本群众疏离的倾向，聚拢利用高校优质科普资源效能不足。

2. 各类高校科普主管人群和科普活动人群对当前科普工作的内涵和边界缺乏统一明晰的认识；部分高校对自身理应承担的科普教育和提升公民科学文化素养的社会服务职能落实不到位，存在重自身人才培养，重教学科研、轻社会科普服务的情况，师生和科技人员参与科普的积极性激发没有纳入议程

调研发现，不论何种省份、隶属关系、专业类别的高校（包括相对独

立二级机构），对高校科普工作的内涵和边界大多缺乏深入细致的思考，对科普的概念基本还停留在科普统计年鉴中对科普的定义和统计口径，没有认识到许多不断涌现的新科普方式、科普内容已经融入师生的教学、科研和社会实践中，例如：网络科普、"三下乡"社会实践等。传统方式的高校科普统计也都疏于对新动态的常态关注与整理。

在创新引领发展的今天，大学不仅要肩负起培养人才、传承学术的责任，更要担当起服务社会、引领社会向前发展的使命。建设创新型国家，迫切需要强有力的人才支撑和智力支持，然而调查中大部分高校的科普工作边缘化，顶层设计和引导缺乏，导致教师和科技工作者重学术科研、轻科普服务，教师极少有热情持续在科普工作上投入精力。被调研学校中存在科普达人或科普成果统计数据都为零的个例。

3. 高校科协和科普工作发展不平衡，部分高校缺乏基本的组织机构、管理人员；没有科普工作的基本规划、制度规范、计划总结和监测反馈。针对科普工作的高校内部运行治理体系绝大多数尚未建立，社会基本责任性质的科普影响力严重不足

调研实际情况显示，不管是否成立科协，被调研高校都在不同层面、不同范围做了一定数量、分散的科普工作。高校的科普资源散落校内各地，涉及科普的部门包括科技处、教务处、团委（包括学生会与社团）、学工与招生就业部门、宣传部、出版社（包括学报与其他刊物）、二级学院、实验室等。原则上，教师和研究生（包括研究型大学本科生）以及专职科研人员都是科普的重要实施主体，但这些力量平时行为是更加分散的。

绝大部分高校都尚未建立针对科普工作的资源调配和统筹运行系统，针对科普工作的管理制度、长期计划、统计申报缺失普遍，高校科协的作用很难有效发挥。这导致一些大体量高校（如吉林大学、浙江大学），其科普工作几乎无法被完整真实地统计。高校组织之间沟通不顺畅、资源共享率不高，很难形成良好的组织化的科普工作氛围与机制。

高校科普活动的宣传和策划力度也普遍不足，较少能形成品牌性活动，影响力也相对受限。高校传统的内向科普活动形式单一且重复性高，受众面

比较狭窄，创新性不高，导致新旧媒体对此类新闻的报道缺乏积极性，无形中也明显削弱了高校科普工作的社会影响力和受益面。

4. 高校由于地域、隶属、层级和性质差异较大，学科特点、科技成果类型、科普的服务对象差异也很大，较难用一个科普服务评价指标体系丈量所有的高校

根据《2019 年全国教育事业发展统计公报》发布数据显示，全国共有普通高等学校 2663 所（含独立学院 265 所），成人高等学校 277 所，研究生培养机构 815 个。中国大学共有 13 个学科门类，92 个大学专业类，506 种大学专业①。不同的办学定位、学科特点、科学研究、服务面向都有很大差异。本次试点调查意在探索路径、提炼经验和实操尝试，注重评估工具的制定和评估工作路径的有效性探索。后期具体制定评价指标体系时，要充分考虑到不同类型高校的分类评估的试点经验获得。

本次调研重点选择了综合类、理工类、农林类、医药类、师范类院校。此几类院校的学科专业特点多倾向自然科学与应用技术，与传统意义上的科学技术知识普及更为切近，且这类型高校的人才培养和科学研究更多面向社会经济发展及公众关心的科学和技术问题，突出研究和应用，在科普方面更具有操作的便利和内生的动力。而综合类以及向综合办学转型明显的师范类高校有学科全面完整特征，代表了学科全面发展的模式。因此，本次调研首先考虑了上述类型高校。

需进一步意识到的是，以艺术、人文和社会科学领域为主的高校，更突出人文知识、素养在人与社会协调发展过程中所具有的重要意义和积极作用，在强调人的全面发展和社会的良性运行的今天，人文社会科学同样具有另一种价值的科普意义。

5. 高校对科普的常态化专项经费投入不足，导致科普工作呈临时性与边缘性状态

从调研的 3 省 25 校样本来看，绝大部分高校都没有常态的专项的科普

---

① 教育部：《2019 年全国教育事业发展统计公报》，http：//www. moe. gov. cn/jyb_ sjzl/sjzl_ fztjgb/202005/t20200520_ 456751. html，2020 年 7 月 16 日。

经费，较多采用的方式为每年给予一定的校内品牌科普活动支持经费，或实报实销涉及科普工作的费用，融入各个部门的其他常设经费中。由参观、接待而产生的科普场馆和基地实验室等损耗、日常维护经费多从实验室建设经费出，甚至是科研项目经费。由于没有专项经费预算和支持，较难常态化支持科普活动有序推进、有效激励，高校科普大概率会成为一种很尴尬的"打酱油"式的工作体验。

目前国内大多数高校的经费来源主要是政府财政常态资金与申请的专项拨款（民办高校除外），争取扩大政府资金对科普的支持是重要渠道。此外，通过项目申报、项目研究等方式争取科普经费，吸纳社会组织、企业、校友会外联资源等资金支持，也是有效解决经费的重要途径。

6. 高校普遍没有将科普工作明确列入教师岗位职责考核和学生培育体系，科学合理的奖励激励机制缺失，师生的科普积极性被挫伤

目前各高校对科普工作的定位主要是公益和志愿，对师生是否做科普没有硬性要求和引导性评价。同时，由于没有建立奖励激励机制，师生主要依靠热情、兴趣和奉献心参与科普，付出多数难以得到相应的认可。例如各高校人事部门组织的年终考核、评优、职称晋升等，都缺少对科普贡献的评定指标，只有少部分高校表示在条件同等的情况下，会考虑科普的产出成果。对于学生社团和自发进行的科普服务或科普志愿者活动，绝大多数高校也没有计入学分、第二课堂或体现在评奖评优中。这在较大程度上挫伤了高校师生参与社会科普的积极性。

7. 高端科技成果科普化不足，科普队伍结构不合理，高校科普能力有待系统提升

尽管高校拥有科技工作者、科研成果、场馆等丰富的科普资源，但在高端科技成果科普化方面仍存在较大进步空间。如何将高端科技成果用通俗易懂的语言被大众理解接受，从而提升公民科学素质，需要高校科普工作者队伍进一步思考。

一方面，面向校内师生的科普活动主要依托学术交流、科研合作、网站宣传、成果评奖等方式开展，但研究进展和成果的信息交流、发布以及推广

的平台渠道仍有待改善。突出问题是同一校的研究人员按照科层制分散在不同学科单元，较难相互了解研究领域新进展，导致科技知识科普化扩散出现"灯下黑"。这种符合新科学知识科普化的机制基本没能建立，导致内部资源浪费严重。

另一方面，面向社会大众普及高校的科研成果和新科学知识指向更弱。尽管各个学校都有科研横向项目、产学研合作模式等向社会延伸的渠道，但高校整体的科研成果和科技资源重点在服务国家重大需求和地方经济建设发展，直接面向改善公民科学文化素质的作用发挥还是太少，这更多是意识问题，与高校基本职责中对科技资源服务普通公众的制度化认同和促进不足有关。

在调研中发现，现有的高校科普队伍结构不甚合理。科普工作存在人员数量不稳定、科普专职人员所占比重太小或缺失、科普兼职人员总体规模较小的现状。大部分科普基地（包括国家级科普基地）参与管理的教师数量太少，而且又兼顾其他工作，因此无法投入科普活动所必需的精力。高校学生的主要任务规定为课堂形式的专业知识的学习，科普活动更多是课余时间的丰富性体验。即便是有意愿参与科普工作的人员，在将科学知识转化成公众所能理解的科普内容方面也缺乏有规划的训练，科普效果往往欠佳。

8. 挂靠在高校的各类学会、协会、研究会组织是独立法人单位，高校对其科普工作缺乏指导，尚未设计"抓手"

目前，各个高校几乎都有各类挂靠的一级或二级学会、协会、研究会。少的4~5个，多的20~30个。根据《中国科学技术协会全国学会组织通则》有关规定，这些组织同样肩负弘扬科学精神，普及科学知识，推广科学技术，传播科学思想和科学方法，提高全民科学素质的任务①。但实际上，各类学会、协会和研究会作为独立法人单位，它们的主要发起者应在相关领域都有重要建树和影响，并有一定的方向代表性，具体的活动开展都由各自自行组织。高校更多是起到提供办公场地和挂靠常设机构的作用，对这

---

① 中国科学技术协会：《中国科学技术协会全国学会组织通则》，《学会》2019年第3期，第5~14页。

些社团组织既没有实质性的业务指导，也缺乏经费、人员等支持保障制度设计，因此高校通常组织科普活动时较少会把这类成员分布在很多机构的挂靠组织安排进来，这类组织一般也不会主动参与，形成两张皮的资源浪费。

9. 高校科普向乡村和基层延伸，特别是面向乡村留守和贫困地区儿童的科普教育少

在教育资源分布的公平和均衡性不足方面，高校科普的体现也较为凸显。目前高校开展的中小学生的科普教育、开放日和研学游等活动，基本上都是面向城市学生为主。农村和乡镇的孩子，由于地区劣势、教育资源匮乏、教育设施落后、师资力量短缺等原因，无法接受系统的科普教育。尽管目前高校通过"三下乡"社会实践、高校定点精准扶贫等工作，一定程度上局部缓解了这种矛盾，但是从全国整体城乡发展不平衡不充分的现状而言，高校科普资源下沉，向乡村和基层延伸的力度仍然明显不够。当前高校优质科普资源供给与需求最强人群的对接出现较大的裂缝，对更具均衡性地提升全民科学素质水平这一国家重大战略是不利的。在全社会关心农村和乡镇留守儿童健康成长的大背景下，作为教育主体的高校科普工作应该更加体现出它应有的社会担当和温度。

（三）下一步研究与实践的建议路径

1. 差异化扩大调研样本，调整评估性指标和调查问卷，优化科普服务评估方案和工作路径

本项目是国内首次面向高校类科技创新主体开展科普服务效能试点评估的调研，考虑到人们对自然科学的重视及其与生产生活和社会发展密切相关度，对科普而言资源、内容、传播形式和受众可能更为丰富，因此首选了部分研究型、应用型的高校，以理工、医药、农林专业为主。

但是作为完整的高校科普评估方案，必须兼顾人文、社会科学和艺术学科领域，更何况社会理解素养、人文艺术素养和科学素养是人的精神三大支柱。广义的科普不仅要传播科学技术知识，更要提升人的思想境界和对真善美追求的能力。因此建议在本次调研基础上，如果能够有条件扩大对比样

本，再选择 2～3 个省份，针对艺术、人文和社会科学研究领域遴选数量相应的高校，更全面准确了解高校的科普意愿、能力、模式、效果等，优化调查问卷和评估方案、路径，为最终形成可实操的科普绩效评估办法进入应用层面提供可行性试点的完整参考。至于最后可能选择广义还是狭义的科普定义口径，可视较完整比较结论再定。

2. 结合自身实际，制定高校类科技创新主体科技传播与普及实施细则

调研中部分高校坦言，相较于法律条文，上级部门的行政命令和奖惩举措可能更有效果。确实很多高校一方面在强调"管理去行政化，加强依法治校"；另一方面却无法摆脱"行政命令"这根指挥棒，这里既有高校依法治理能力不足的问题，更有政府和上级部门资源利益集中的原因。

项目组建议要加快制定高校类科技创新主体科技传播与普及实施细则，将现有《科普法》中高校地位不突出、对高校多以鼓励性为主的任务要求，转变为加大高校作为国家主要科技创新主体，在科技传播、提升公众科学素养中应尽的义务和承担的责任，以及在科普基地、人才、作品、活动方面的潜力发育要求。

例如，杭州市在制订《科学技术普及和全民科学素质提升行动实施方案（2016～2020 年）》中，明确依托杭州师范大学开展科普教育与培训基础工程和科普人才建设工程。又如重庆市在《重庆市科技传播与普及专项管理实施细则》中，由市科委利用市级财政科技发展资金设立科普专项，面向高校等科普主体设立了科普活动、科普基地能力提升、科普作品（产品）研发等项目，经费 5 万～30 万元不等，成果用于全市科普性活动。如此一来，不仅极大调动了科普主体参与的积极性，也从政策和经费等保障层面，给予了实实在在的支持。

3. 从意识根源上明确自己的使命担当，纠正轻视、矮化科普的思想

尽管高校不同程度上对科普投入、制度机制、平台和活动有所建设，但相比较原创性科学研究和技术发明，科普被一直列为很从属的"矮化"地位。访谈中有教师自述做科普不被重视、没有认可、处境尴尬，"做不了科研才去做科普"的歧视和"矮化"科普的氛围在研究型高校中甚为流行。

建议在高校中树立正确的科学传播理念和思想，防止"萨根效应"。开展增强师生科普意识的宣传教育和提升科普能力的学习培训，加大场馆基地的常态化开放，积极组织科普力量、建制化开展科普教育、科技扶贫、科普活动，鼓励激励师生的广泛参与。在日常教学科研等中心工作中，突出科普工作的目的性和靶向性，宣贯科普工作不仅仅是高校反哺社会的重要渠道，同时也是提升高校社会声誉、促进高校科学技术研究合法性以及提升社会服务能力的重要方式，对高校自身的建设发展同样具有重大的意义，努力让"两翼"真正在高校担当中"并驾齐驱"。

4. 明确高校科普的责任主体，加大科普基础投入，建立和完善内部机构和运行机制

部分高校的管理层或职能部门负责人仍然存在主体责任不明晰、科普意识不强、动力不足，缺乏调动广大师生参与科普的积极性和主动性的"抓手"，内部机构和运行制度机制严重不健全等问题。

项目组建议高校自身要增强作为科技创新主体所承担的社会服务和责任担当意识，将科普职能作为科研和人才培养的重要内容，纳入统筹谋划。加大对科普专职机构、人员，专项经费的建设和保障。

建议首先从政府主管层面，加大对高校科普场馆建设、科普专项活动的经费拨款，并建立相应考核机制；其次，明确高校内部的部门经费预算中，为校科协、团委、二级单位等主要参与科普的部门增设一定比例的专项经费；再次，在科研项目经费中，考虑设置科普工作经费比例，并纳入结项考核；最后，鼓励高校面向社会、企业等多元主体，协同开展科普活动。

按照中科协 2017 年高校建设工作要点的要求，要尽快实现省、市级50% 以上的理工农医和综合类高校成立科协。现有的部分高校无人无岗、有岗无人的科普工作模式完全不能满足创新型国家建设的需要。因此，高校的校院两级科协组织和有序的内部运行机制，是保障高校科普工作顺利开展的基础。

然而，正如本项目组调研中感受到的，科协作为群团组织，在高校的地位不受重视。即使已经建立科协的高校，也因为人员缺乏、资源有限、职责

不清，在统筹校内科普资源、挖掘科普达人以及生产科普产品等方面，发挥的作用很有限。这与高校科技创新主体地位和职能不太相称，建议将科协作为高校科研管理必备机构，赋予更多的职能和权责，并考虑能以某种权重将科普成果纳入学校综合竞争力排名及"双一流"建设指标。

5. 借鉴本科教育第三方评价模式，在价值中立视角，协调政府、社会、公众协同参与，共同推进高校科普反思能力的提升

高校科普工作推进难、积极性不高等原因，很大程度上是由于对高校开展的科普服务工作缺乏有效的评价体系，也就是把本应担当的重要责任放到考评系统之外，成为可以不做刚性要求的工作。在约束与奖励机制缺位的背景下，高校科普的弱势逻辑上是概率较大的结果。

项目组建议对高校的科普评价，可以借鉴本科教育质量第三方评估的模式。目前已有的教育质量第三方评估机构分为政府主导的第三方评估机构、教育部高等教育教学评估中心以及各省的教育评估机构、高校内建立的社会服务评估机构和民办评估机构几种类型。已有实践证明，经教育主管部门认证后的第三方评估机构通过对高校本科教育教学管理、过程、效果公开、透明、公正的评价，以价值中立的视角给予提升改进意见，已经成为教育部本科教学评估体系的有益补充，也为越来越多高校重视和采用。

截至目前，项目组在众多评估机构已开展的高校各类评估项目中，还没有发现与科普效能相关的评估，一方面可能是科普的权威评估指标体系和评估方法尚未建立；另一方面也说明教育主管部门和高校自身对这方面的工作尚未启动。

建议由中科协牵头首先建立高校科普活动、科普成果、科普资源平台分类表，对各类科普活动、成果、资源平台按照国家级、省级、市级等做相应的级别认定，便于后期的评估考核。

在评价考核中，除了对高校科普投入、组织传播的形式、内容等进行考核外，更要注重对权威科学家参与、高质量科普产品以及受众科学素养提升（可用公众科学素养测试）等"质"的考核。同时，根据前期试评估的反思，建议后续可考虑增加（或糅合到既有指标中）两个指标，一是科

技与文化深度融合的指标；二是专利和科技成果的转移转化和应用情况的指标。

6. 建立科普奖励激励机制，提升高校师生参与科普服务的获得感、荣誉感，同时注意奖励激励政策的合理差异化和适度问题

尽快建立高校科普服务奖励激励办法，借鉴北京、深圳等城市的先行先试做法，开展科普职称、科普学分、年终科普绩效奖励等有力举措，充分肯定师生在科普服务方面的付出，对优秀的科普成果参照科技成果奖励办法，给予恰当的认定。不断提升师生参与科普的认同感、获得感和荣誉感。

此外，要充分考虑到高校类型、层次、地域以及科普竞争力等方面的差异，制定的科普奖励激励政策应分类分级，不能搞简单化、一刀切。奖励激励不到位，不能激励科普能力强的高校；奖励激励门槛高，会挫伤一些科普工作尚在起步和发展阶段的高校的积极性。另外，要平衡好科普奖励与科研奖励的关系，避免过分强调某一方面引起的单极考评的弊端。

7. 创新高校科普服务模式，按照区域、专业等方式，加强高校之间、高校与省市科协之间的协作联合，成立高校科普联盟和片组群

针对高校集中的城市，可以按照所属行政区划、专业类别等，在省市科协的指导协作下，成立高校科普联盟。以省级高校科协联盟为抓手，指导部分条件成熟的省（区、市）科协以本地区重点高校科协为龙头，动员其他高校科协积极参与，建立省级高校科协联盟①。引导各地以高校科协联盟为推动工作的重要力量，吸纳更多尚未成立科协组织的高校进入联盟，通过联盟使各高校了解科协组织的职能定位和资源优势，提升高校科普活动号召力和参与积极性，带动更多高校成立科协组织，构建区域高校科协组织网。

8. 加强高校科普宣传推广工作，建立线下体验、线上宣传的"互联网＋科普"立体工作格局

当代社会，各类网络形态与人们的生活日渐密不可分。高校的科普工作

---

① 中国科学技术协会：《中国科协 2017 年高校科协建设工作要点》，http：//www2. kaiping. gov. cn/kepu/newx. asp？oid＝1800，2020 年 7 月 16 日。

不能仅仅停留在讲座报告和参观展览等形式，还要积极利用网络信息化资源优势，创新科普传播和体验手段，吸引"眼球"，提高"黏度"。

以开放的姿态加强与互联网企业和平台的信息化合作，搭建智慧平台下的"互联网+科普"工作格局。这既是趋势，也是创新主体做好科普的必选路径。

通过互联网，明晰师生和公众的科学诉求，集聚多元科普力量，科学指导师生和公众开展线上线下有针对性的科普活动，与权威科普网站平台建立合作、分享、共同开发，推出VR/AR产品等，利用大数据分析科普趋势、活动参与、效果评估等。

同时加强高校各类宣传平台和网络传播渠道的建设，充分发挥校园官网、新媒体平台作用，创新与当地公交移动传媒、户外公益广告等非营利性媒体共同合作定期发布科普活动宣传通知、场馆参观展览预约方式，以及宣传优质科普内容，如实验课程视频等。同时，高校要加强对各类科普网络平台建设的统筹和管理，对信息发布、审核以及影响力统计要建立专门的办法。

9. 进一步丰富高校科普方式和内容，拓宽科普服务领域

中国快速发展导致的不平衡不充分的矛盾，在科普领域呈现传统科普、公众理解科学和公众参与对话三个阶段并存的局面[1]。传统的讲座、电影、展览等形式是被调查者主要的科普活动参与形式，而参加科普旅游、科普游戏、视频直播类与创作和演出科普文艺作品的很少。策划类和创作类科普活动比重明显低于传统的参与式科普活动，尤其是富有创新意义的创作类科普活动。

以面向中小学生的科普教育为例，项目组在调研中认为"杭州第二课堂科普模式"值得借鉴。该市将高校的科普基地和场馆纳入全市第二课堂科普教育基地，整体推送给全市中小学生，学生们只要在杭州市民卡网上服

---

① 李大光：《科学传播的重要阶段：公众参与》，《民主与科学》2016年第1期，第37~41页。

务厅上办理学生卡，3个工作日后即可进入预约的场馆开展科普实践，并可获得第二课堂学分。这一做法，不仅大大增强了学生们学科学、爱科学、用科学的体验和兴趣，更是城市智慧化带来的高校与政府、社会资源整合的范式。类似的还有杭州都市快报社、杭州市科学技术协会合办的求证、调查类新闻电视栏目《好奇实验室》。以项目制运作的方式，通过全媒体表现手段，向公众开展科普更贴身的宣传。

高校科普服务的对象是广泛的，从社会责任和教育本意出发，应该将科普资源、力量、教育、科普传播向经济文化落后地区的人群（例如：农民、偏远地区的孩子）倾斜，践行教育的公平，结合精准扶贫、"三下乡"、"科普进校园"、"科普进社区"等进行科普课程设置，更充分开放科普基地、实验室和各类场馆，提升高校利用科普动能辐射带动地方的影响力。

10. 培育高校师生身份的科普达人

调研数据显示，科普活动的质量水平是影响科普活动受欢迎程度的关键因素。科学家作为"科学知识的生产者"，本身具有很强的权威性和号召力。他们积极参与科普活动、促进公众理解科学是顺应当代社会以及现代科技发展的时代要求。但本项目组在调研访谈中发现，采样的高校绝大部分没有或很少有社会公认度较高的科普达人，这极大地影响了新媒介环境下高校科普活动的号召力和吸引力。

对比现在社会上大量涌现的民间科普达人，特别是依托互联网"两微一抖"，诞生了很多科普网红，一方面满足了大众的科普需求；另一方面也因为其中不乏伪科学从而误导大众，以至于影响了科学在传播中的真实性和权威性。

有鉴于此，高校在培养专业的科普人才方面，可以充分发挥自己的人才优势，积极动员协助科学研究人员和职业的科学传播者共同参与当代科普事业的发展，鼓励一些在科普创作和宣传方面有专长、有兴趣的科研人员加入科普队伍中，既有利于高端学术科普化，也有利于将"象牙塔"里的学术研究通过科普实践更有效地转化，从而助力国民经济社会发展。

B.10
微信公众平台、抖音平台的科普能力与传播效果研究

陈思睿　詹琰*

摘　要： 在界定"新媒体科普能力"概念的基础上，考察微信公众平台、抖音平台的科普能力和传播效果。两项研究的总体思路均为在综述、总结相关研究的基础上制定评估指标，进而以微信、抖音中与科普相关的文章、视频、数据为研究对象进行定量统计和定性分析。结论是：从对两个典型平台的考察来看，我国新媒体科普能力与传播效果呈现了一定发展态势但仍待提升。

关键词： 新媒体科普能力　科学传播　微信、抖音　新媒体科普效果

一　引言

（一）研究背景

1. 科普信息化工程持续开展并深化

自 2014 年起，中国科协以"科普中国"为统领，会同社会各方面推动

---

* 陈思睿，中国科学院大学人文学院硕士，研究方向为健康传播、科学与文化研究、数字出版与科学传播；詹琰，中国科学院大学人文学院教授，主要从事科学传播研究，已在该领域发表多篇论文，研究方向为科学与艺术、视觉与科学传播、科学文化、网络传播等。

实施"互联网＋"科普和科普信息化建设工作。《全民科学素质行动计划纲要实施方案（2016～2020）》提出了开展科普信息化工程的措施，包括实施"互联网＋"科普行动、繁荣科普创作、强化科普传播协作和强化科普信息的落地应用四方面。①

2015～2017年科普信息化工程圆满完成了3年建设工作目标，初步形成"品牌引领、专业生产、社会协作、网络传播、引动应用"五位一体的科普公共服务产品供给新模式，树立了科普工作新的里程碑。② 今后此工程仍将持续开展、深入。

2. 新媒体成为民众了解科学信息的主要渠道之一

新媒体已成为普通民众了解、学习科学信息的主要渠道之一。2018年第一季度《中国网民科普需求搜索行为报告》显示，第一季度中国网民科普搜索指数为20.96亿，其中移动端的科普搜索指数为16.17亿，PC端科普搜索指数为4.79亿，移动端科普搜索指数是PC端的3.38倍。③ 第十次中国公民科学素质调查结果则显示，我国公民每天通过互联网及移动互联网获取科技信息的比例高达64.6%。④

3. 媒介融合进程加速给科普工作带来机遇和挑战

（1）科普工作面临机遇

王康友等人认为，新媒体丰富了科普基础设施的内容建设、优化了科学教育环境并改变了科普传播形式。⑤ 无所不在的网络连接为公众在线获取知识、科普工作者在线传播科学提供了重要平台，人工智能与虚拟现实技术为

① 《全民科学素质计划行动计划纲要实施方案（2016～2020年）》，http://www.gov.cn/zhengce/content/2016-03/14/content_5053247.htm，2016年3月14日。
② 钟琦、王黎明、武丹、王艳丽：《中国科普互联网数据报告2017》，科学出版社，2017。
③ 2018年第一季度《中国网民科普需求搜索行为报告》，http://kjsh.people.cn/n1/2018/0705/c404389-30128903.html，2018年7月5日。
④ 第十次中国公民科学素质调查结果公布，http://www.crsp.org.cn/xinwenzixun/yaowenbobao/091R3022018.html，2019年8月25日。
⑤ 王康友、颜实、郑念等：《新媒体视角下中国国家科普能力发展研究》，载于《国家科普能力发展报告（2017～2018）》，社会科学文献出版社，2018，第1～34页。

公众领悟科学原理创造了更多体验感。① 同时新媒体重塑了受众的科普信息认知模式，更为紧密地连接传播和接收端口，使双方获得更多反馈、互动的机会。

（2）科普工作面临挑战

媒介融合的加速为科普工作带来阻碍和负面影响：自媒体泛滥、科普谣言层出不穷，舆论引领工作难度增大；媒体门户数量的激增使实际传播效果难以保证，读者精力分散、正统科技知识可能被忽视的同时对科普人员的综合技能提出了更高的要求；科普成本提升、经费投入看涨。

4. 应同时关注典型、有代表性的和潜力巨大、尚未得到广泛重视的科普新媒体

在"两微一端"向"两微一抖"倾斜的现实语境下，本研究主要关注"微信公众平台"和近年来社会化媒体浪潮下的典型产物"抖音"，原因如下。首先，微信是目前的主流新媒体平台，截至2018年9月其月活跃用户已达10.82亿，微信公众号更是科普内容传播的主阵地之一；"抖音"则是影响力巨大、有发展潜力的种子选手，应挖掘其科普价值并加以利用。

其次，微信公众号和抖音平台中的科普代表着传统、新兴，这两种新媒体内容传播模式，即"图文"与"短视频"，体现了媒介发展为科普工作带来的变化。

最后，在"两微一抖"的媒体架构中，微博往往适用于研究用户较为自我的评论，其使用场景更多倾向反馈而非内容传播，且其字数限制往往使科普者无法施展拳脚，故暂不做考虑。

（二）何为新媒体科普能力

1. 对"科普能力"的概念辨析

郑念等认为，能力总是和人完成一定的实践相联系在一起的、是完成一项目标或任务体现出来的素质、是达成一个目的所具备的条件和水平；当这

---

① 郑念、王明：《新时代国家科普能力建设的现实语境与未来走向》，《中国科学院院刊》2018年第7期，第673~679页。

个目标或任务是向大众介绍科学知识、推广科学技术、倡导科学方法、传播科学思想、弘扬科学精神，这便是科普能力。[①]

对"科普能力"概念的界定既有宏观也有微观。《关于加强国家科普能力建设的若干意见》指出，国家科普能力表现为一个国家向公众提供科普产品和服务的综合实力，主要包括科普创作、科技传播渠道、科学教育体系、科普工作社会组织网络、科普人才队伍以及政府科普工作宏观管理等方面。[②] 与此相对的是"区域科普能力"，是指在一定的时期内，区域提供科普产品或服务的全部组织和基础设施在科普资源供应充分、科普人员配置合理、科普组织功能正常、科普基础设施有效运转和科普制度环境不断优化的条件下，可能达到的年科普产出与绩效。[③] 此外也有学者关注了科普能力建设要素与"企业科普能力"等。

2.对"新媒体科普能力"的界定

面对大浪淘沙的新媒体逐鹿，针对不同媒介的差异化类型、具体而微地界定"新媒体科普能力"较困难，因而有必要结合多数新媒体的共通特性，勾勒出宏观维度上、多数情况下具有适用性和操作性的概念。在参考已有研究的基础上本文将新媒体科普能力界定为：以新媒体作为传播手段，科普内容传播的深度、广度、精度和影响力的总和。虽然在对其衡量、评估过程中也应考虑新媒体科普的艺术感染力、语言文字风格等维度，但仍需以对传播影响力的考察作为重心。

二 微信公众平台的科普能力与传播效果

（一）微信公众平台科普能力与传播效果的相关研究

蔡雨坤指出科学类微信公众号开展科学传播时，在内容建设和信息外显形式方面表现较积极，如内容上各具特色，图片、动图、视频等元素分布较

---

① 王刚、郑念：《科普能力评价的现状和思考》，《科普研究》2017年第1期，第27~33页，第107~108页。

② 全民科学素质工作领导小组办公室：《八部委出台加强国家科普能力建设若干意见》，《科协论坛》2007年第2期，第34~36页。

③ 陈昭锋：《我国区域科普能力建设的趋势》，《科技与经济》2007年第2期，第53~56页。

均匀。① 周荣庭等则认为科普微信号存在内容丰富度较低、信息传播形式较单一、平台应用功能较少、缺乏与用户互动性的问题；他们参考显性指标因素（阅读总数、点赞总数等）和隐性指标因素（发文质量、信息推送精准度等）对公众号影响力进行评估，进而提出完善平台的建议。② 汤书昆等人构建了以科普微信公众账号为核心、微信群与朋友圈为两翼的全方位辐射互动的科学传播模式。③

在宏观研究的基础上，赵健考察了果壳网公众号的选题特色、表达特色和表达方式。④ 邹贞等考察了"科普中国"公众号的文章标题并提出了优化建议。⑤ 杨冬晓等则指出应从语言表达着手，使用好语言表达，提升科普传播效果的策略。⑥

在上述及其余相关研究基础上，本部分试图探索微信公众平台的科普能力和传播效果，并主要关注相关公众号中处于较活跃状态、综合传播力较强的，以管窥科普类公众号参与科普时所能达到的"传播效果上限"。结合前文对"新媒体科普能力"的概念界定和牛桂芹等人在《北京市新媒体科普能力研究》一文中进行的同类型评估，本文将着重测量科普类微信公众平台的传播力和传播效果，在对样本相关维度进行评估分析、考察科普现状后提出存在问题和改良建议。

（二）技术路线、研究方法与数据采集

1. 技术路线和研究方法

本研究延续牛桂芹等人构建的指标并进行改良，如表 1 所示，此指标将

---

① 蔡雨坤：《新媒体科学传播特色研究：基于 6 个科学类微信公众号的内容分析》，《科普研究》2017 年第 5 期，第 50 ~ 57 页，第 109 页。
② 周荣庭、韩飞飞、王国燕：《科学成果的微信传播现状及影响力研究——以 10 个科学类微信公众号为例》，《科普研究》2016 年第 1 期，第 33 ~ 40 页，第 97 页。
③ 孙静、汤书昆：《新媒体环境下"微信"科学传播模式探析》，《科普研究》2016 年第 5 期，第 10 ~ 16 页，第 97 页。
④ 赵健：《果壳网微信公众号内容特色研究》，河北大学硕士学位论文，2017。
⑤ 邹贞、张志敏、陈玲：《科普类微信公众号原创标题的制作——基于"科普中国"微信公众号的案例研究》，《青年记者》2019 年第 6 期，第 78 ~ 79 页。
⑥ 杨冬晓、李英：《科普类微信公众号的语言风格与其传播功效的关系研究》，《北方文学（下旬）》2017 年第 4 期，第 189 页。

用于对筛选出的科普微信公众号样本进行测评。其中 WCI 指数是清博大数据提供的标量数值，通过微信公众号推送文章的传播度、覆盖度及账号的成熟度和影响力，来反映其整体热度和发展走势，能够较直观说明微信公众平台的科普能力和传播效果。本文选用的 WCI 为 V13.0 版本，它从"整体传播力""篇均传播力""头条传播力""峰值传播力"四个维度进行评价；同时根据历史数据模型，优化指标权重，排名更加科学。①

表 1　科普类微信公众号的科普能力、传播效果评价指标

序号	指标	指标说明
1	阅读总数	公众号在 1 年中获得的阅读总数
2	平均阅读量	公众号在 1 年中获得的阅读总数除以发布文章总数之所得
3	公众号拥有的"爆款文章"数	公众号在 1 年中获得的阅读量"10w＋"的文章总数
4	在看总数	公众号在 1 年中发布所有文章所获得在看数
5	平均在看数	公众号在 1 年中获得的在看总数除以发布文章总数之所得
6	WCI 微信传播指数	由清博大数据提供，它是考虑各维度数据后，通过计算推导而来的标量数值

　　几处对原指标进行的改动需加以说明：首先，将"公众号最大阅读量"（公众号当期最高阅读量）改为"公众号拥有的'爆款文章'数"；为确保研究效度、发掘微信公众平台的实际科普能力，进一步将其限制为原创爆文。

　　其次，去掉了"最大在看数"指标（公众号当期最高在看数）："平均在看数"已能从整体上体现受众阅读研究样本的情况，且单个公众号中单篇文章的"最大在看数"具有随机性且统计困难，去除这一指标不会对整体研究造成十分明显的影响。

　　随后进行列表统计时，去掉《北京市新媒体科普能力研究》中涉及的"头条点赞数"栏目，主要考察相关公众号的头条号（如有的话）阅读量，

_____

① WCI（V13.0）公式优化说明，清博指数官网：http：//www.gsdata.cn/site/usage－1。

不多关注头条号这一具有偶然性的外链。

将本轮与前次相关数据进行对比、以分析发展趋势①。

2. 样本选取与数据收集

首先确定样本选取时间为 2019 年 5 月 1 日至 5 月 31 日（共 31 天），经关键词检索、初筛且为使研究结果较为全面，共在清博大数据相关榜单中选取 150 个当月综合传播效果较好、表现较活跃的科普类微信公众号和与科普相关的微信公众号（指不专门从事科普，但包含科普内容的门户），随后记录并汇总清博平台中与其相关数据。对公众号综合传播效果和活跃程度的判定以该号在当月榜单中的排名为参照。

（三）数据统计与呈现

1. 发文篇数

表 2 科普类微信公众号发文篇数统计

发文篇数（篇）	微信公众号数量（个）	所占百分比（%）
250 以上	1	0.67
201～250	10	6.67
151～200	8	5.33
101～150	20	13.33
51～100	35	23.33
0～50	76	50.67

表 3 科普类微信公众号发文篇数前十名

单位：篇

排名	微信公众号名称	微信号	发文篇数
1	果壳	Guokr42	284
2	健康养身大百科	shishangzx	248
3	iNature	Plant_ihuman	248

---

① 牛桂芹等：《北京市新媒体科普能力研究》，载王康友主编《国家科普能力发展报告（2017～2018）》，社会科学文献出版社，2018。

排名	微信公众号名称	微信号	发文篇数
4	牙套之家	wwwyataohomecom	248
5	探索奥秘	tsam69	247
6	躺倒鸭	tangdaoya	244
7	灵芝科普	lingzhikepu	232
8	科普中国	Science_China	217
9	父母必读	fumubidu01	216
10	kq520. com	kq520com	213

2. 发文次数

表4　科普类微信公众号发文次数统计

发文次数（次）	微信公众号数量（个）	所占百分比（%）
100 以上	2	1. 33
51 ~ 100	5	3. 33
41 ~ 50	1	0. 67
31 ~ 40	56	37. 33
21 ~ 30	43	28. 67
11 ~ 20	23	15. 33
0 ~ 10	20	13. 33

表5　科普类微信公众号发文次数前十名

单位：次

排名	微信公众号名称	微信号	发文次数
1	科普中国	Science_China	135
2	中国地震台网	zgdztw	101
3	果壳	Guokr42	93
4	今日科协	gh_7baf8471087f	74
5	福建卫生报	fjwsb2016	58
6	环球科学	huanqiukexue	57
7	中科院之声	zkyzswx	54
8	电脑爱好者	cfan1993	42
9	一只学霸	bajie203	31
10	躺倒鸭	tangdaoya	31

注：因当月发文次数为31次的公众号较多，只列举综合排名靠前的两例。

3. 阅读量

表6　科普类微信公众号阅读量统计

阅读量（人次）	微信公众号数量（个）	所占百分比（%）
1000万+以上	1	0.67
200万+~1000万+	7	4.67
100万+~200万+	15	10.00
50万+~100万+	21	14.00
40万+~50万+	8	5.33
30万+~40万+	13	8.67
20万+~30万+	24	16.00
10万+~20万+	23	15.33
0~10万+	38	25.33

表7　科普类微信公众号阅读量前十名

排名	微信公众号名称	微信号	阅读量（人次）
1	果壳	Guokr42	16990000
2	科普中国	Science_China	9430000
3	躺倒鸭	tangdaoya	6620000
4	一只学霸	bajie203	3440000
5	物种日历	guokrpac	3310000
6	环球科学	huanqiukexue	3140000
7	超级学爸	chinasuperdad	2270000
8	知识分子	The-Intellectual	2210000
9	机器之心	almosthuman2014	1930000
10	中国国家地理	dili360	1910000

4. 平均阅读量

表8　科普类微信公众号平均阅读量统计

平均阅读量（人次）	微信公众号数量（个）	所占百分比（%）
50000~100000	5	3.33
20000~50000	20	13.33
10000~20000	16	10.67

续表

平均阅读量（人次）	微信公众号数量（个）	所占百分比（%）
5000～10000	29	19.33
2000～5000	54	36.00
1000～2000	21	14.00
0～1000	5	3.33

表9　科普类微信公众号平均阅读量前十名

排名	微信公众号名称	微信号	平均阅读量（人次）
1	一只学霸	bajie203	95567
2	超级学爸	chinasuperdad	78566
3	果壳	Guokr42	59830
4	奴隶社会	nulishehui	51568
5	超级学妈	chaojixuema	50667
6	来问丁香医生	LaiWenYiSheng	44722
7	科普中国	Science_China	43463
8	小大夫漫画	zhongshanbajie	43156
9	中国国家地理	dili360	38289
10	物种日历	guokrpac	33797

5. "在看数"

表10　科普类微信公众号"在看数"统计

"在看数"（人次）	微信公众号数量（个）	所占百分比（%）
100000以上	1	0.67
10000～100000	15	10.00
1000～10000	65	43.33
100～1000	66	44.00
0～100	3	2.00
0	0	0.00

表 11　科普类微信公众号"在看数"前十名

排名	微信公众号名称	微信号	"在看数"（人次）
1	果壳	Guokr42	10w +
2	超级学爸	chinasuperdad	63790
3	科普中国	Science_China	62256
4	一只学霸	bajie203	46496
5	躺倒鸭	tangdaoya	38243
6	环球科学	huanqiukexue	21771
7	健康养身大百科	shishangzx	21419
8	物种日历	guokrpac	20088
9	中国国家地理	dili360	17759
10	知识分子	The-Intellectual	13356

6. 平均在看数

表 12　科普类微信公众号"平均在看数"统计

平均在看数（人次）	微信公众号数量（个）	所占百分比（%）
1000 以上	3	2.00
100 ~ 1000	29	19.33
10 ~ 100	85	56.67
1 ~ 10	33	22.00
0	0	0.00

表 13　科普类微信公众号"平均在看数"前十名

排名	微信公众号名称	微信号	平均在看数（人次）
1	超级学爸	chinasuperdad	2200
2	超级学妈	chaojixuema	1406
3	一只学霸	bajie203	1292
4	奴隶社会	nulishehui	380
5	中国国家地理	dili360	355
6	果壳	Guokr42	352
7	科普中国	Science_China	287
8	菠萝因子	checkpoint_1	287
9	RawMeat	shenggurou	240
10	绝境求生手册	life-book	208

7. 拥有"爆款文章"的公众号数量

表14　拥有"爆款文章"的科普类微信公众号统计

排名	微信名	微信号	拥有"爆款文章"的数量（篇）	"爆款文章"数量占当月发文数百分比（%）
1	果壳	Guokr42	48	16.90
2	一只学霸	bajie203	20	55.56
3	超级学爸	chinasuperdad	13	44.83
4	躺倒鸭	tangdaoya	6	2.46
5	知识分子	The-Intellectual	4	5.56
6	小大夫漫画	zhongshanbajie	4	9.09
7	科普中国	Science_China	3	1.38
8	奴隶社会	nulishehui	3	9.09
9	翼健康	yijiankang114	3	13.04
10	超级学妈	chaojixuema	1	11.11
11	来问丁香医生	LaiWenYiSheng	1	5.00
12	绝境求生手册	life-book	1	1.72
13	科学大院	kexuedayuan	1	2.38
14	赛先生	mrscience100	1	2.44
15	环球科学	huanqiukexue	1	0.88
16	把科学带回家	steamforkids	1	2.33

注：拥有"爆款文章"的科普类微信公众号总数占研究总体的10.67%。

8. 头条阅读量

表15　科普类微信公众号头条阅读量统计

头条阅读量（人次）	微信公众号数量（个）	所占百分比（%）
1000000以上	13	8.67
100000~1000000	80	53.33
10000~100000	56	37.33
1000~10000	1	0.67
100~1000	0	0.00
0~100	0	0.00
0	0	0.00

表16　科普类微信公众号头条阅读量前十名

排名	微信公众号名称	微信号	头条阅读量
1	果壳	Guokr42	864 万 +
2	科普中国	Science_China	679 万 +
3	一只学霸	bajie203	306 万 +
4	躺倒鸭	tangdaoya	304 万 +
5	环球科学	huanqiukexue	258 万 +
6	超级学爸	chinasuperdad	219 万 +
7	物种日历	guokrpac	184 万 +
8	小大夫漫画	zhongshanbajie	173 万 +
9	中国国家地理	dili360	167 万 +
10	奴隶社会	nulishehui	167 万 +

9. WCI 指数

表17　科普类微信公众号 WCI 指数统计

WCI	微信公众号数量(个)	所占百分比(%)
1000 以上	14	9.33
500 ~ 1000	130	86.67
100 ~ 500	6	4.00
0 ~ 100	0	0.00
0	0	0.00

表18　科普类微信公众号 WCI 指数前十名

排名	微信公众号名称	微信号	WCI
1	果壳	Guokr42	1393.00
2	科普中国	Science_China	1308.00
3	一只学霸	bajie203	1263.00
4	超级学爸	chinasuperdad	1225.00
5	躺倒鸭	tangdaoya	1202.00
6	环球科学	huanqiukexue	1142.00
7	物种日历	guokrpac	1130.00
8	奴隶社会	nulishehui	1118.64
9	中国国家地理	dili360	1110.25
10	知识分子	The-Intellectual	1093.53

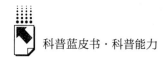

（四）研究数据分析与科普传播现状

1. 科普类微信公众平台的综合表现

较突出的微信公众号有"果壳"、"一只学霸"、"超级学爸"、"躺倒鸭"、"科普中国"、"知识分子"和"中国国家地理"等，按其运营主体可大致分为"官方科普"、"科学共同体科普"和"民间科普"。对比牛桂芹等人的研究可知，果壳、科普中国和中国国家地理在两次研究中表现均较突出，但因前一研究主要针对北京市科普类微信公众号，与本文存在差异，故整体上尚有区别。

2. 科普类微信公众平台的发文次数和发文篇数

除少数微信公众平台开通了"一日多推"权限，多数公众号推送频率集中在 0～40 次。此外，20 个公众号发文次数在 0～10 次、占总体的比例为 13.33%，说明部分运营者缺少及时更新推文、传递前沿信息的诚意。

就上限值来看，发文次数超过 100 次的公众号呈现稀缺态势，在本次研究中只有科普中国和中国地震台网。

就发文总数而言，样本发文总量多维持在 0～200 篇，但其中发文量为 0～50 篇的公众号数超过一半，占总体的比例为 50.67%。联系研究样本在诸多科普类微信公众号中"较活跃"的事实可知，总发文篇数仍待提升。

在前次和本轮研究中，科普中国均在发文篇数上排名靠前；就发文次数而言科普中国和果壳网名列前茅。

3. 科普类微信公众平台的阅读量和平均阅读量

多数公众号的阅读总量可维持在"10w＋以上"，此类总数占研究总体的比例为 74.67%，其中阅读总量为"100w＋"的占总体的比例为 15.34%；从峰值来看，阅读总量为千万级的公众号只有果壳。

在前次和本轮研究中，果壳、科普中国的阅读总量均名列前茅。从果壳与科普中国阅读总量的大幅提升可推测，运营基础雄厚、有一定影响力的综合科普类公众号，目前仍能借助新媒体发展走势提升其影响力和传播效果。

从平均阅读量来看，本研究中并未出现 100000 人次及以上的样本，可见，科普微信公号的"爆款"文章打造能力近年来一直未能显著提升，此外平均阅读量在 10000～100000 人次的公众号数量占总体的 27.33%，仍存在局限。

在前次和本轮研究中，果壳、小大夫漫画和中国国家地理的平均阅读量均排名靠前；果壳的阅读总量提升显著、推文次数略有提升，平均阅读量却有所下降。我们认为不同指标间应协调发展，以确保推文平均传播效果的提升。

4. 科普类微信公众平台的"在看数"和平均"在看数"

"在看"是升级版"点赞"，点击"在看"可为文章撰写推荐语、将文章推荐给好友；它们二者的共性在于，用户往往因为对文章阅读体验较为满意而加以使用，提示着实际阅读情况。本次研究中"在看总数"在 1000 人次及以上的样本占总体的 54%，只有"果壳"一个公众号的"在看数"总量达到 10 万 +。联系"在看数"总量的较大值，即大于 10000 人次的样本公众号只有 16 个，占总体的 10.67% 的事实可知，推文质量仍有待提升，公众号对用户的视觉吸引力有待进一步增加，且这两个目标的实现已刻不容缓。

在"平均在看数"指标中，"平均在看数"停留在 10～100 人次的样本数，较其余区间的样本数量优势显著，占总体的比例为 56.67%；但超过 1000 人次的样本只有 3 个，占总体的比例尚未超过 5%。此数据显示，阅读、认知程度的深化应和文章的传播广度协同提升，"平均在看数"的上限水平亟须提高。

在前次和本轮研究中，科普中国和中国国家地理均在"在看数"、点赞数总数方面表现突出，果壳和中国国家地理则在"平均在看数"、平均点赞数方面表现突出。果壳的数据分别是 1999 和 352，从中可推测，"点赞"向"在看"的改动带来了较大影响，在规定的研究时间内，即便作为"新媒体科普巨头"的果壳也仍处于调整、适应期。

5. 原创"爆款文章"数

本次研究中拥有原创"爆款文章"的样本公众号数量较少，占总体的比例共为 10.67%；超过 10 篇的则有"果壳"、"一只学霸"和"超级学爸"，占研究总体的比例为2%，且原创"爆款文章"数量占其当月推文总数的比例均不是很高。其余公众号的原创"爆款文章"均未超过10篇，且这些"爆款文章"数量占公众号当月推文总数的比例均围绕10%上下浮动，整体规模不大。

6. 头条阅读量

头条阅读量超过100000的公众号数量占总体比例为62%，其中有13个科普类公众号的头条阅读量超过了100万人次，多数样本的头条阅读量超过10000人次、占总体的比例为99.33%；同时，头条阅读量在0～1000人次的公众号缺失、所有样本公众号的头条阅读量至少达到1000人次且位于1000～10000人次的样本数只有1个。

由研究结果可知，头条平台中的科普信息有较广泛的受众基础，这同时提示我们，增加外部链接是提升公众号科普能力的契机。但同时因作为外链的头条传播数据具有一定偶然性，此处不对两次研究结果进行对比。

7. WCI指数

WCI指数是综合体现微信公众号传播效果和影响力的指标，本次研究中WCI指数超过1000的样本公众号共有14个，占比为9.33%；在500～1000的共有130个，占比为86.67%，优势显著。针对上限值占比较低的事实我们认为，近年来，在推文内容呈现形式和微信公众平台的技术性功能均未有明显改动的情况下，公众号的整体影响力和传播效果被预设了某种"最大限度"，如果说当下在内容方面进行颠覆性创新较为困难，那么突破这一限度的关键或许在于技术性功能的根本调整。目前调整已开始渐次进行，如将"点赞"改为"在看"，但我们推测更大刀阔斧的改动或正在酝酿。

在前次和本轮研究中，WCI指数排名均较为靠前的公众号是果壳与中国国家地理。

（五）微信公众号科普能力、传播效果的不足

1. 缺少有广泛影响力的综合科普公众号

目前，拥有广泛影响力且能持续、综合输出科普内容的公众平台数量较

少，尤其当涉及趣味科普，即能将科技知识进行生活化改编，使之对应普通受众阅读习惯时，除果壳网等少数外似乎仍乏善可陈。

2. 部分推文专业性过强、图片等素材成为累赘

推文过于专业已成为微信科普经久不衰的痛点，大致有以下几点原因：首先是将理论之"硬"误解为科普之"软"；其次是编辑团队疏于审核，不能通过原创、改编等途径适应科普新需求；最后是对同质化内容的集体传抄。基于推文专业性强、图解较困难等原因，部分推文中的艺术素材不仅无法说明科技理论，更未被视作科普传播流程的子环节，最终沦为可有可无的装饰性点缀。

3. 整体推文频次、规模仍待提升，阅读量和传播广度存在局限

通过对比分析可知，首先，科普类微信公众号的整体推送频次、推文数仍待丰满；尽管少部分样本表现良好，但对科普能力建设工作而言，个体公众号的传播效果无法代替科普矩阵的整合传播力。

其次，总体阅读量和平均阅读量尚未与"爆款"水准完全看齐，如果将阅读量视作"受众对公众号、推文关注程度"的衡量指标，那么可认为现有的科普类微信公众号仍存在传播不广泛、影响不全面等问题。最后，在研究中我们还发现阅读水平的峰值存在局限，因此，应考虑如何进一步扩大科普传播效果上限，以带动阅读规模的整体水平上移。

4. 推文阅读量与"在看数"相差明显、"爆款文章"制造能力偏弱，实际传播效果存疑

在本次研究中，若将当月"在看"总数对应阅读总量、平均"在看数"对应平均阅读量可发现，关联数据相差较大、阅读行为的发生并未使用较高频率地点击"在看"，读者对科普信息的认知程度与深度学习效果存疑。同时在"爆款文章"衡量维度上，拥有"爆款文章"的微信公众号数量占总体比例较低、拥有大量原创"爆款文章"的公众号稀缺；相较多数样本的整体推文规模，原创"爆款文章"并未在其中占据十分显著的高比例；这一比例相对较高的公众号又往往因其推文总数局限，而未在直观上形成十分强势的整合传播能力。

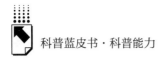

（1）以"在看数"为代表的实际、深度科普接收效果仍待提升

点击"在看"需滑至文末，按常理推论需阅读文章至结尾，较通过进入文章页面即可获得提升的"阅读量"更能提示深度阅读效果，同时"在看"还具有留言功能：用户虽可选择不分享读后感，但带有文字表达功能的推荐方式较传统点赞更具仪式感，用户在操作前往往需思忖、顾虑。因此阅读量与"在看数"之间的差距可能体现为"文章预设科普效果"与"实际、深度科普效果"之间的差异，这说明科普微信推文的影响力、传播广度与用户依赖度仍待提升。

（2）原创"爆款文章"缺失，科普写作、策划和推广能力有待提升

自然，我们不能完全将"爆款文章数"等同于科普能力，但在以流量为标识的数字媒体时代，推文在"跑数据"时未获得好的成效却也反映了一定问题，如部分内容保守落后、误将专业科普人员和科技工作者的科学喜好认作普通受众的喜好、不重视平台的社会化运营等。

5. 缺少丰富的互动体验和科普表现手法

许多科普类公众号在推送内容时并未引入互动功能、未能让读者积极参与对科技问题的探索。互动性缺失也导致了上述问题，即用户往往只做浅层阅读与概要式扫描，对阅读体验、是否愿花费时间将之推荐给周围人等涉及深度阅读的问题不甚关心，科普传播过程被肤浅化为简单地点击行为。

6. 科普类微信公众平台的整体传播效果有待提升、外部链存在喧宾夺主之嫌

对 WCI 指数的统计显示，科普微信公众平台的整体传播效果仍待提升，这不仅涉及运营方针的总体改良，还涉及上述提及的若干问题；对头条阅读的调研数据显示，外部链接极可能存在喧宾夺主之嫌。

（六）改进建议

1. 重视内容生产与素材整合，建立新媒体科普领域的中央厨房

要迅速提升新媒体的科普效果、融科学的通俗化表达与精准传播为一体的快捷途径是打造人才队伍：可招募有专业学科背景的人士，使其熟练掌握科技类内容的媒体传播策略，同时掌握采、写、编、播融为一体的全媒体生

产技能，通过提升专业能力塑造综合传播的中央厨房。

同时，科普能力的提升也有赖于整合优化多种素材，目前来看编创艺术类素材，使其与文字相融的过程仍可交由中央厨房负责，以配合同样经过个性化定制的微信推文。

2. 将个体传播置于热点传播的整合结构中，以品牌价值为基础构建社会影响力

（1）擅用时事热点、强化议程设置

应在杜绝千篇一律的基础上结合时事热点，首先可用热点吸引读者、设置议程；其次可对单一热点进行多维学科/背景（社会、政治、经济……）解读；最后可对仍未成为爆款的科技话题进行人工开发、发掘其中可能蕴含的潜在引爆点，人为创设立体式传播结构。

（2）以平台和个体品牌价值为基础打造IP

策略之二是打造知名IP，如下思路可供参考。首先，引入广泛关注、讨论的科技话题或让相关人士现身说法，打造平台或人物IP；其次，通过有影响力的科普新媒体、科研/科普人员、科普综艺节目等为公众号做推广，进行流量共享。最后，应注意维持IP的生命周期，使IP变得鲜活且充满个性，使其融入用户生活。

3. 加入故事、亮点和策略性传播机制，强化"爆款文章"生产的必然性

"爆款文章"的诞生具有偶然性，这提示相关平台在追求"爆款文章"时，应注意成本和收益的综合配比最优化，结合平台发展战略和实际布局意图，制订规律和预见性的打造计划。

我们认为除传统的"结合热点"外，若想在科普类微信公众号中诞生"爆款文章"需注意如下关键点。首先，是在交代科普信息时讲故事、讲段子，即附带起承转合、对比、结果和行文细节。其次，是在讲述科技信息时加入亮点（最好挖掘自科技事件本身且能同受众相呼应，或可在一定程度上反常识）。最后，可对科技信息"肢解"后再"拼接"，即对原生科技原理进行通俗、趣味化阐释后，再使其于推文界面中更紧凑地分布、呈现，这有助于用户迅速捕捉"干货"。

在传播时应注重关键时间节点、注重有影响力用户的推荐和分享、注重

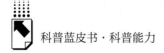

多个平台间的差异化内容投放，以及对用户的精准定位。

4. 打造社群型微信公众平台、提升交互感

科普微信公众平台既应履行初级科普职能，也应成为互动型科普社区；对话感的营造首先有赖于运营者整合多种科普方式，如线上、线下开展科普：首先，线下讨论的重点不在于过分追求规模庞大或主题全面，而是能将预期用户分为不同类型社群加以维系，如按年龄、职业、学科背景等分别创建讨论组。其次可在线上推广环节应用提升科普表现力的技术，增加推文在视觉上的冲击力，促进参与并补充"交互感"。

5. 开发多种使用体验，打造有影响力的综合科普传播平台

以前文提出的改进策略为基础，运营方可进一步打造微信平台内外的多种使用体验、满足不同的用户需求：既应在平台内设立多个固定频道和不定期更新板块，也应长时间与其余媒体互动，使以微信为核心的矩阵影响力长效化。

此外，面对当下有影响力的综合科普类公众号缺失这一棘手问题，还应在内容方面丰富多样性，出台相关的公众号培育方案，在规定时间内培养一批即时、专业、全面的科普意见领袖，以点带面、构建多元、繁荣的新媒体科普生态。

三 抖音平台的科普能力与传播效果

（一）相关研究

国外研究多聚焦科普视频，尚未对"微视频"给予关注（抖音中同时存在短视频/长视频，但前者数量居多且是受瞩目的特色内容），国内则有部分学者对科普微视频开展了研究。

1. 国外研究

Morcillo 等指出 YouTube 中的科普视频有以下几点特征：简短有趣、有清晰的解释和拟剧化结构；使用了部分专业摄影技巧；蒙太奇一类镜头变化

手法较常见；使用娱乐化且带有教育性的戏剧化手法和叙事策略。① Carmen
Erviti 与 Stengler 采访了来自英国的、8 个收视率登顶 YouTube 的专业内容频
道运营者；在被问及"如何使视频更受欢迎"时常见回答包括：不采取固定
风格；与研究人员和专家的第一手接触；将社交媒体视作提升收视率的基本
角色；进行实验性尝试；需要有吸引力、不同寻常且观众从未见过的内容。②

相较整体视角，有研究考察了较微观问题。Djerf-Pierre 等人通过对比
You Tube 中的科普视频与视频科学新闻发现：在滥用抗生素议题上，科普
视频通常会使用类似视频游戏或超级英雄电影风格的幽默卡通以阐释，但对
核心议题的虚拟化呈现会使受众分心、转而关注故事设计。③ Berney 和
Betancourt 则描绘了将动画作为科普载体的优势：图像化、不易误导受众。④

2. 国内研究

国内研究多聚焦于科普微视频并从内容维度展开分析。李雅筝等从
"是否紧跟时事、内容趣味性、视频时长与传播便利性、策划水平、网络传
播效果与推广模式"等方面，对其实践应用展开了研究。⑤ 针对叙事与视频
内容一栏，有学者提出将"叙事视角平民化、叙事主题生活化与叙事视角
的娱乐化"视作衡量维度⑥；也有学者认为"讲故事"十分重要。⑦

在基本评价项与李雅筝等人相似的基础上，惠恭健等加入了"视频呈

---

① Morcillo J. M. , Czurda K. , Robertson – von Trotha C. Y. , "Typologies of the Popular Science Web Video", *Journal of Science Communication*, 4 (2016) .

② Carmen Erviti M. , Stengler E. , "Online Science Videos: an Exploratory Study with Major Professional Content Providers in the United Kingdom", *Journal of Science Communication*, 6 (2016) .

③ Djerf – Pierre M. , Lindgren M. , Budinski M. A. , "The Role of Journalism on YouTube: Audience Engagement with 'Superbug' Reporting", *Media and Communication*, 1 (2019) .

④ Berney S. , Betrancourt M. , "Does Animation Enhance Learning? A Meta – Analysis", *Computers & Education*, 10 (2016) .

⑤ 李雅筝、郭璐：《基于时事热点创作的科普微视频的实践应用研究——以〈雅安地震特辑〉为例》，《科普研究》2014 年第 3 期，第 75～78、96 页。

⑥ 余舟：《科普微视频传播现状分析》，《新闻研究导刊》2016 年第 17 期，第 43～44 页。

⑦ 刘晓春、冯天敏：《医学科普微视频的特征与创作策略》，《青年记者》2017 年第 17 期，第 86～87 页。

现形式与播放量"维度①；赵林欢加入了"快速传播的社交网络"维度，同时她认为微视频"化虚为实"的能力值得关注②；史鉴加入了"知识实用性"的描述项；③谢娟加入了"视频制作水准"④；杨秀国等人则强调"有无权威信源"。⑤在对科普微视频各维度综合考量的基础上，王梦瑶制作了科普微视频评价标准。⑥

（二）抖音号科普能力的评价指标建构

本研究的指标建构有一定特殊性：一方面聚焦于独立抖音账号的科普能力、国内外尚无先例供参考；另一方面现有文献多倾向于对具体视频展开分析，而抖音账号则是多视频合集，因此不能单从视频内容维度着手而忽视独立账号的整体传播效果。最终在借鉴上述研究、考察相关文献并对可获得数据进行评估的基础上，构建评价体系，如表19所示。

（三）技术路线与数据采集

1. 技术路线

首先，我们按一定规则在抖音平台中选取50个科普和与科普相关的账号作为样本，利用工具软件获取相关数据；其次在对上述评价体系和具体评价项说明、培训的基础上，招募编码员统计数据并对个体视频进行评价，初步汇总为对独立抖音账号的评价，最终汇总为对抖音平台整体科普能力和传播效果的评估。在此基础上，我们试图探究促使抖音号、抖音视频的科普能力与传播效果提升的因素，考察优质科普抖音号、抖音视频应具备的典型特征；并针对现有的抖音科普水准指出不足，提出改进建议。

---

① 惠恭健、刘晓颖：《教学视频设计策略研究——基于网络科普微视频的启示》，《当代教育科学》2016年第12期，第35～37、46页。
② 赵林欢：《我国科普微视频研究》，湖南大学硕士学位论文，2015。
③ 史鉴：《优酷网自频道动漫科普微视频传播研究》，四川师范大学硕士学位论文，2016。
④ 谢娟：《科普微视频创作思考》，《科协论坛》2015年第11期，第14页。
⑤ 杨秀国、尤佳：《科普微视频发展的现状与提升策略》，《传媒》2018年第22期，第51～52页。
⑥ 王梦瑶：《科普微视频评价标准研究》，上海师范大学硕士学位论文，2018。

表 19　抖音科普能力评价体系

一级指标	二级指标	三级指标/指标说明
抖音在内容方面的科普能力	是否具备权威信源	1. 全部视频具备权威信源(专业且有说服力的来源、出处,如官方科学机构,科研院、校、所等或有专业人士佐证)作为支撑 2. 大部分视频内容的专业性具备权威信源作为支撑 3. 有些视频具备权威信源,有些没有或无法辨识其信源 4. 多数以至全部视频不具备权威信源或无法辨识其信源
	知识讲解的通俗性与条理性	1. 全部或多数视频通俗易懂(是否注重"讲故事";是否引用相关数据或案例;是否注重描述技法如文字、画面等的通俗性)、知识可理解 2. 部分视频通俗易懂,有些讲解较晦涩 3. 多数以至全部视频内容无法理解,讲解多晦涩,过于专业化 4. 存在知识讲解零散、缺乏逻辑(缺少章节、体系等的合理编排,知识点间缺少衔接顺序,如空间、时间、逻辑顺序……)的情况 5. 多数以至全部内容讲解零散,毫无逻辑 6. 条理较为清晰,不存在大问题
抖音在视觉、设计方面的科普能力	视频的拍摄手法与素材使用	1. 全部或多数视频采用了数种拍摄手法(如蒙太奇、拍摄视角变幻、运镜等),合理搭配了动画、文字、声音等素材 2. 部分视频使用了多种拍摄技法,且能将多种媒体素材较好地结合在一起,部分视频做工简易或较为粗糙 3. 多数以至全部视频缺少专业拍摄技能、画面单一,整体内容质量较差
	视频的艺术性与可观赏性	1. 全部或多数视频具有艺术审美性(文字优美、图画清晰、视频流畅生动,不同素材间衔接紧密;视频中素材的大小、位置、空间搭配、变换合理;背景音乐选取适当,音画同步度高),给人以愉悦的观感体验 2. 部分视频具有艺术审美性,给人以愉悦的观感体验;部分视频缺乏审美价值,不能使人产生愉悦观感 3. 多数以至全部视频缺乏审美价值,完全不能使人产生愉悦观感
抖音在传播方面的科普能力	新增粉丝数	样本账号在抽样时间内新增的粉丝总数
	日均新增粉丝数	样本账号在抽样时间内的日均新增粉丝数
	当月新增作品数	样本账号在抽样时间内新增的作品总数
	新增点赞数	样本账号在抽样时间内的新增点赞数
	日均新增点赞数	样本账号在抽样时间内的日均新增点赞数

2.样本选取与数据收集

首先在抖音平台中以"科普、科学传播、科教、科技馆、科学宫、博物馆、科技、科学、知识"等关键词进行检索，其次检索部分已知科普媒体开设的抖音号，最终将两项检索结果汇总，得到部分科普和科普相关抖音号。随后从中选取50个粉丝数过万人、影响力较大的抖音号作为样本。具体包括：科普中国、三一博士、科普大学、小二黑科普、中科院物理所、明墨科普、易知识、星空陨石科普馆、每日科普、中科院之声、中国科普博览、CV 葡萄酒骑士、科普大爆炸、怪罗科普、科技公元、观复博物馆、丁香医生、四川科技馆、全民大科普、科技日报、中国科技馆、来问丁香医生、国家博物馆、南方健康、程序员科普、软软科技馆、知识分子、科技HOT、宇宙科普认知、世界之最科普、果壳官方账号、抖科技、中国科技网、湖南省博物馆、科学声音、国家地理、科技解码、网易科技、成都拾野自然博物馆、科学网、重庆科教频道、科技昕知、支老师健康科普、陕西历史博物馆、央视科教、环球生物研究院、宇宙大爆炸、不热科普、健康中国、毕导 THU。

我们使用的数据抓取软件为"飞瓜数据"。其优势在于使用大数据追踪短视频流量趋势，提供热门视频、音乐、爆款商品和优质账号，且有专门针对抖音的数据榜单，便于实时监控。[①] 为便于抓取数据，我们主要关注样本账号在 2019 年 9 月的活动情况。

在统计视频数量时，因视频随时可能因各种原因被删除、其数量实时变化，故采取如下方式：在经历了一个星期（7 个自然日）的衰亡周期后，于 1 个自然月中的剩余天数（2019 年 10 月 8 日至 10 月 31 日）统计抖音号在 2019 年 9 月上传的视频数，以编码员在随机时间的自然观测值为准。这种统计方式在时间上的活动半径为 1 个自然月，与抽样时间的总长度相吻合，并顾及了抖音视频数量的实际变化情况。经统计可知，样本账号在抽样时间内共上传了 556 个视频作品。

---

① "飞瓜数据"简介，https：//dy.feigua.cn/。

（四）数据统计与呈现

1. 是否具备权威信源

表20　"是否具备权威信源"评价结果

评价标准	对应抖音号所占百分比（%）
全部视频具备权威信源作为支撑	8.00
大部分视频内容的专业性具备权威信源作为支持	34.00
有些视频具备权威信源，有些没有或无法辨识其信源	12.00
多数以至全部视频不具备权威信源或无法辨识其信源	18.00
当月无视频上传	28.00

2. 知识讲解的通俗性

表21　"知识讲解的通俗性"评价结果

评价标准	对应抖音号所占百分比（%）
全部或多数视频通俗易懂、知识可理解	42.00
部分视频通俗易懂，有些讲解较晦涩	24.00
多数以至全部视频内容无法理解，讲解多晦涩，过于专业化	6.00
当月无视频上传	28.00

3. 知识讲解的条理性

表22　"知识讲解的条理性"评价结果

评价标准	对应抖音号所占百分比（%）
存在知识讲解零散、缺乏逻辑的情况	24.00
多数以至全部内容讲解零散，毫无逻辑	10.00
条理较为清晰，不存在大问题	38.00
当月无视频上传	28.00

4. 视频的拍摄手法与素材使用

表 23 "视频的拍摄手法与素材使用"评价结果

评价标准	对应抖音号所占百分比（%）
全部或多数视频采用了数种拍摄手法，合理搭配了动画、文字、声音等素材	26.00
部分视频使用了多种拍摄技法，且能将数种媒体素材较好地结合在一起，部分视频做工简易或较为粗糙	28.00
多数以至全部视频缺少专业拍摄技能、画面单一，整体内容质量较差	18.00
当月无视频上传	28.00

5. 视频的艺术性与可观赏性

表 24 "视频的艺术性与可观赏性"评价结果

评价标准	对应抖音号所占百分比（%）
全部或多数视频具有艺术审美性，给人以愉悦的观感体验	18.00
部分视频具有艺术审美性，给人以愉悦的观感体验；部分视频缺乏审美价值，不能使人产生愉悦观感	46.00
多数以至全部视频缺乏审美价值，完全不能使人产生愉悦观感	8.00
当月无视频上传	28.00

6. 当月新增作品数

表 25 当月新增作品数

单位：个，%

当月新增作品数	抖音号数量	所占百分比
0	14	28.00
0 ~ 20	30	60.00
20 ~ 40	4	8.00
40 ~ 60	2	4.00

7. 新增粉丝数

表26　当月新增粉丝数

单位：个，%

当月新增粉丝数	抖音号数量	所占百分比
100000 +	5	10.00
10000 ~ 100000	11	22.00
1000 ~ 10000	10	20.00
0 ~ 1000	5	10.00
0	0	0.00
0 ~ - 1000	7	14.00
- 1000 ~ - 10000	12	24.00

表27　日均新增粉丝数

单位：个，%

日均新增粉丝数	抖音号数量	所占百分比
1000 ~ 10000	10	20.00
100 ~ 1000	9	18.00
0 ~ 100	11	22.00
0	0	0.00
0 ~ - 100	14	28.00
- 100 ~ - 1000	5	10.00
- 1000 ~ - 10000	1	2.00

8. 新增点赞数

表28　当月新增点赞数

单位：个，%

当月新增点赞数	抖音号数量	所占百分比
100000 +	14	28.00
10000 ~ 100000	12	24.00
1000 ~ 10000	5	10.00
100 ~ 1000	1	2.00
0 ~ 100	1	2.00

续表

当月新增点赞数	抖音号数量	所占百分比
0	0	0.00
0 ~ -100	0	0.00
-100 ~ -1000	8	16.00
-1000 ~ -10000	7	14.00
-10000 ~ -100000	2	4.00

表 29 日均新增点赞数

单位：个，%

日均新增点赞数	抖音号数量	所占百分比
100000 +	2	4.00
10000 ~ 100000	7	14.00
1000 ~ 10000	11	22.00
100 ~ 1000	9	18.00
0 ~ 100	3	6.00
0	0	0.00
0 ~ -100	15	30.00
-100 ~ -1000	3	6.00

（五）数据分析与案例分析

1. 是否具备权威信源

（1）已有数据描述

从现有数据来看，此项指标并不十分乐观；尽管"全部和大部分视频具备权威信源"的样本占总体的比例为42%，但在新媒体发展已冲淡了原生科学严肃性的当下，超过半数抖音号未能对其传播内容真实性完全负责的表现值得反思。

（2）延伸案例分析

为进一步探究"是否具备权威信源"与抖音号传播效果间关联，在分析数据基础上引入案例研究。此处，我们将"新增点赞数"视作抖音号的综合传播效果，观察"当月新增点赞数"前十名抖音号的"权威信源"配比情况,如表30所示。需说明的是,"当月新增点赞数"不仅对应我们选取的当月上传视频,也对应原有视频,而我们则主要分析前者,考察其良性传播特征以及为抖音号传播效果提升做出的可能贡献。下文亦如此。

表30　"当月新增点赞数"前十名抖音号与"是否具备权威信源"的匹配情况

抖音号名称	是否具备权威信源
1. 科技日报	大部分视频内容的专业性具备权威信源作为支撑(标准相同即为"同1")
2. 科技公元	同1
3. 科技昕知	有些视频具备权威信源,有些没有或无法辨识其信源(标准相同即为"同3")
4. 宇宙大爆炸	同3
5. 科技解码	同3
6. 重庆科教频道	同1
7. 小二黑科普	多数以至全部视频不具备权威信源或无法辨识其信源
8. 丁香医生	同1
9. 科普中国	同1
10. 国家博物馆	同1

权威信源可被视作使抖音号获得优质传播效果的条件之一,但二者间不必然存在因果关系。就受众的实际观看而言,专业认证可能会使前者感到过于明显的"学习"意味,进而回避。相较于此,一些内容来源并不一定可靠但在传播策略、表现手法上别出心裁,与科学相关而非正规意义上的科普视频,可能更受青睐。

针对这一假设,我们考察了案例中权威信源数量有限的"科技昕知"、"宇宙大爆炸"、"科技解码"和"小二黑科普"。

首先,"科技昕知"使用了轻松、明快的讲解方式,其视频开头切入点多半不至过于深入、可促进受众点击;抽样时间内,其上传的多个视频讲解了国内外趣味发明,脑洞大开且兼具实用性。

其次,"宇宙大爆炸"中的科普内容多针对宇宙、天文知识,这种科普方式易以兴趣为核心、集聚趣缘社群并形成规模。在呈现过程中,多数视频以统一制式(统一的标题、字幕、导览条……)为抖音号营造并渲染了品牌效应,同时其视频多使用了较多素材/手法,观赏性较强。

再次，"科技解码"的视频内容多针对趣味科普甚至"噱头科普"，其中内容并不一定与真正的科学知识相关，甚至可能是轶事奇闻、都市传说，但这不妨碍趣味化内容捕获受众。视频封面文案的夸张化处理为受众点击提供了又一理由："奇迹""神兽"，但可能含有负面效应。

最后，"小二黑科普"的内容则指向了轻松、富有实用性的生活科普，既不过于深奥，同时维持了受众的视觉耐性。

针对当月上传视频我们发现，虽然上述公号在是否具备权威信源方面的表现不甚良好，但在其余运营、传播策略上却别出心裁。

2. 知识讲解的通俗性

（1）已有数据描述

多数视频在讲解科学内容时通俗易懂，可为受众接受，但同时仍在24%的样本账号中发现了下述问题：部分视频通俗易懂，有些视频讲解较晦涩；在6%的样本账号中发现下述问题：多数以至全部视频内容无法理解。

（2）延伸案例分析

为探究"知识讲解的通俗性"与抖音号传播效果间的关联，我们重点观察"当月新增点赞数"前十名抖音号与知识讲解的通俗性的匹配情况，如表31所示。

表31 "当月新增点赞数"前十名抖音号与"知识讲解的通俗性"的匹配情况

抖音号名称	知识讲解的通俗性
1. 科技日报	部分视频通俗易懂,有些讲解较晦涩(标准相同即为"同1")
2. 科技公元	同1
3. 科技昕知	全部或多数视频通俗易懂、知识可理解(标准相同即为"同3")
4. 宇宙大爆炸	同1
5. 科技解码	同3
6. 重庆科教频道	同3
7. 小二黑科普	同3
8. 丁香医生	同3
9. 科普中国	同1
10. 国家博物馆	同3

多数优质科普视频通俗易懂，但部分视频存在讲解较晦涩的情况，我们考察了存在后一情况的四个抖音号。首先前文已对"宇宙大爆炸"进行分析，我们认为其较好的视觉效果使受众将注意力更多集中在了观赏而非"理解"。

其次，科普中国因其权威官方科普门户的性质而多为受众信任、青睐。虽然其中部分视频较难懂，但大量原有用户因对其抱有"无可替代"的信任而持续点击、浏览，大量新用户也慕名而至（当月新增粉丝数为69701人、排名第7）。同时因《科技日报》传播科学的权威与专业性，其抖音号对用户的捕获相较原生新媒体也轻松不少。

最后，着眼点便落在了"科技公元"。其中视频有下述特征：首先是与时事热点紧密结合、以新意取胜；其次是将科普和趣味性结合、具备看点；最后适时推出了对华为手机、手机镜头、5G移动设备的介绍。这既捕获了想要获得科技知识的受众，也于潜在消费者群体中激荡起波澜，可谓最大限度挖掘潜在受众。

综上所述，考察本月上传视频后我们认为，其余因素的占比突出或可一定程度弥补"知识讲解通俗性"的缺憾、弥补观赏体验。

3. 知识讲解的条理性

视频素材的搭配、衔接能否与科学知识讲解的直观顺序、逻辑顺序配合良好，是我们主要关注的问题。本次研究中，共有38%的样本账号中视频"条理较为清晰，不存在大问题"；但也有34%的抖音号存在视频条理不清晰的情形，其中10%为"多数以至全部内容讲解零散，毫无逻辑"。

抖音为应用尚不十分广泛的新兴科普媒体，因而应先着眼于直接影响其科普效果的项目：首先应更关注视频是否通俗、受众能否"看懂"，其次才涉及内容陈述的条理性，对后者不再补充案例分析。

4. 视频的拍摄手法与素材使用

（1）已有数据分析

"多数以至全部视频采用了多种拍摄手法"的样本占总体的比例为26%，这反映出制作较精良的科普视频正取代粗制滥造的简易科普加工，占

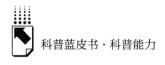

据生力军战线。但数据也显示，18%的抖音号样本存在"多数以至全部视频缺少专业拍摄技能、画面单一，整体内容质量较差"的情况。

（2）延伸案例分析

为进一步探究"视频的拍摄手法与素材使用"与抖音号传播效果间关联，我们重点观察"当月新增点赞数"前十名抖音号和视频拍摄手法与素材使用的匹配情况，如表32所示。

表32　"当月新增点赞数"前十名抖音号和"视频的拍摄手法与素材使用"的匹配情况

抖音号名称	视频的拍摄手法与素材使用
1.科技日报	部分视频使用了多种拍摄技法、能将多种媒体素材较好地结合在一起，部分视频做工简易或较为粗糙（标准相同即为"同1"）
2.科技公元	全部或多数视频采用了多种拍摄手法，合理搭配了动画、文字、声音等素材（标准相同即为"同2"）
3.科技昕知	同1
4.宇宙大爆炸	同2
5.科技解码	同1
6.重庆科教频道	同1
7.小二黑科普	同1
8.丁香医生	同2
9.科普中国	同1
10.国家博物馆	同2

通过观看、分析视频并参考此表我们发现，是否有着多种拍摄手法与素材并非影响科普传播效果的关键，此法可能是传统媒体甚至第一批新媒体占据主导的时代吸引受众的方式，但当下却未必赢得青睐：对本已深奥、烧脑的科学内容而言甚至更使其乏味、枯涩。反之部分传播较好的视频给人以简易、不事雕琢之感，这引发了思考。

在传播效果排名前十的抖音号样本中，"部分视频做工简易或较为粗糙的"共有6个；除去以知名度、专业性为依托的科技日报、科普中国和前文已分析的科技昕知、科技解码和小二黑科普外，我们重点考察了重庆科教频道。

首先，其介绍内容往往与生活实际相关、多个视频讲述了与科学有关的显性和隐性危机："网友妈妈捡食路边银杏果导致中毒住院"、"15岁男孩牙疼一年多，脸部骨头被'吃掉'一半"、"液体冰毒被犯罪分子伪装成矿泉水，和我们平时喝的看起来一模一样!"类似主题配以紧张气息的配乐，易使观众代入同理心并给予重视。此外，当月视频多致力于介绍而非深入讲解，易读、可理解。故而视频内容的风格、质量可能对其传播效果影响更大。

5.视频的艺术性与可观赏性

（1）已有数据分析

18%的抖音号样本可达到"全部或多数视频具有艺术审美性"标准；46%的样本存在"部分视频缺少审美价值、不能使人产生愉悦观感"的问题。总体来看，科普（短）视频能够在"审美、视听享受"方面给予受众的利好存在局限。

（2）延伸案例分析

为进一步探究"视频的艺术性与可观赏性"与抖音号传播效果间关联，我们重点观察"当月新增点赞数"前十名抖音号与"视频的艺术性与可观赏性"的匹配情况，如表33所示。

表33 "当月新增点赞数"前十名抖音号与
"视频的艺术性与可观赏性"的匹配情况

抖音号名称	视频的艺术性与可观赏性
1.科技日报	部分视频具有艺术审美性,给人以愉悦的观感体验;部分视频缺乏审美价值、不能使人产生愉悦观感(标准相同即为"同1")
2.科技公元	同1
3.科技昕知	同1
4.宇宙大爆炸	全部或多数视频具有艺术审美性,给人以愉悦的观感体验(标准相同即为"同4")
5.科技解码	同1
6.重庆科教频道	同1
7.小二黑科普	同1
8.丁香医生	同4
9.科普中国	同1
10.国家博物馆	同4

联系实际可知，即使部分抖音视频被认为不具有艺术审美性、不能使人产生愉悦观感，仍能获得较好传播效果，这或许也说明形式美、外在美不必然决定传播效果。

6. 当月新增作品数

（1）已有数据分析

"当月新增作品数为0~20个"的抖音号样本占总体的比例为60%，从中可暂时确定多数科普抖音号的投放量；"新增作品为20~40个"的样本账号占总体的比例为8%，这部分样本的日视频投放量趋近于1。

"28%的样本账号视频投放量为零"的事实一定程度证实了我们的猜想，即科普抖音号未被完全视作新媒体科普的主流阵地，甚至可能是网站、微信等的补充，在长达30天的抽样时间内，竟有近总量1/3的样本中完全没有作品上传。

（2）延伸案例分析

我们观察了整体上呈较好传播效果的作品投放规模、记录下对应抖音号的视频投放数，如表34所示。

表34　呈现了较好传播效果的作品投放规模

抖音号名称	当月上传作品数(个)
1.科技日报	35
2.科技公元	16
3.科技昕知	15
4.宇宙大爆炸	12
5.科技解码	17
6.重庆科教频道	9
7.小二黑科普	24
8.丁香医生	13
9.科普中国	18
10.国家博物馆	19

"当月新增点赞数"排名前十抖音号的当月上传作品数多集中在15~20个，此外两个抖音号的当月上传作品数也在10~15个或20~25个，围绕核

心数值域变化。我们推测，这些抖音号多在 1～2 天的时间间隔中投放一则视频。"科技日报"与"重庆科教频道"则是特例，分别为 35 个和 9 个，不再单独考察。

7. 新增粉丝数

（1）当月新增粉丝数

当月新增粉丝数为 10 万 + 量级的样本只占总体的 10%，亟须培养能在科普任务之余，通过优质传播行为提升受众忠诚度、粘连度的个体账号。

"新增粉丝数为 1000～10000 个"的抖音号占比为 20%、"新增粉丝数为 10000～100000 个"的占比为 22%，两项数据反映了当下多数科普抖音号的运营生态：能获得一定粉丝关注，产生了一定影响，但分布不均衡、头部与长尾不占明显优势。

在"涨粉"之外，我们格外关注部分样本中出现的"掉粉"现象："脱粉数 0～1000 个"的样本占总体的比例为 14%、"脱粉数 1000～10000 个"的样本占总体的比例为 20%。该统计结果给运营者敲响了警钟：在生死时速的新媒体受众争夺战中，"不进"或许已然为"退"埋下了伏笔。

（2）日均新增粉丝数

"日均新增粉丝数"100～1000 个的样本占总体的比例为 18%、"日均新增粉丝数"1000～10000 个的样本占总体的比例为 20%；这一规律印证了前文猜想，即多数科普账号正处于吸收粉丝的中段水准。

就脱粉而言，"日均脱粉 100 人以上"的样本占总体的比例为 12%，尽管并不很高但已足够引发重视。就人数而言，"日均脱粉 100 人以上"的样本数大致为"日均涨粉 100 人以上"样本数的 1/3，此消彼长的情势不容乐观。

8. 新增点赞数

（1）当月新增点赞数

"当月新增点赞数 10 万次以上"的样本占总体的比例为 28%，据此推测现有抖音号中存在广受欢迎的视频；同时，"新增点赞数为 10000～100000 次"的样本占总体的比例为 24%，可被视为传播时未产生较强波动、

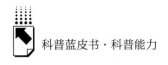

起伏的样本；"新增点赞数为 1000～10000 次"的样本占总体的比例为10%，就平均状态而言传播效果多为"一般"。

此外，"流失点赞数为 100～1000 次"的样本占总体的比例为 16%；"流失点赞数 1000 次以上"的样本占总体的比例为 18%，两项相加为 34%，超过总体的 1/3。

（2）日均新增点赞数

"日均新增点赞数超过 10 万次"的样本占总体比例为 4%，"日均新增点赞数超过 1 万次"的样本占总体的比例为 14%。这说明至少有 18% 的科普抖音号能在日常运营时维持较好受众黏性，就总传播效果与对应时长而言对受众进行了较好的吸引、捕捉。

（六）总结：优质抖音号、抖音视频具备何种特征

在以上几个维度的评估、案例分析和大范围实际考察下，我们认为真正使抖音号、视频获得青睐的主要因素是内容质量，虽然许多软性因素施加了影响，但受众对视频内容的感知更具主导性。具体而言，优质抖音科普视频往往讲解节奏轻快、普及知识不至过于深奥、严肃且能与受众日常生活相呼应，使其自然、灵活地接受科普知识而非生硬、被动地学习。

在选题上，尽量选择在无须预热、特地营造氛围的前提下便能引发共鸣的主题，其中包含时事热点、富有新意的科技创意，也包含科技现象/产品可能蕴含的利与弊以引发讨论。当然，如不自信其主题可在受众滑动屏幕的几秒内迅速释放黏性则可"借力打力"，再分析/加工已知的、受众比较熟悉的主题，力求推出新颖观察角度或在不同学科视角下进行拆解。

在传播方面，投放量、投放频率可根据抖音号整体运营策略、用户认同和实际传播效果实时调整；重点在于，首先保证视频的质，再适当考虑调整投放量，切莫大规模投放低质量视频，降低算法推荐权重。

最后，统一的视觉呈现、内容制式易使科普抖音号体现正规性、提升用户好感，在已成泛滥之势、含金量较低的"泛内容传播"浪潮下脱颖而出。制作精良、美观，富有视觉魅力，能将视觉美与科学美恰当融合的表现手法

则又为受众驻足提供了一种理由。

当然，传播广泛、极受青睐的视频不等于好的科普视频；不对科学进行曲解和污名化是任何视频制作、传播的底线。

（七）抖音科普能力、传播效果的不足之处

1. 科普界与专业科学传播部门未全力投入

从研究结果来看，科普界与科学传播界尚对抖音持观望态度、未能真正深入开展传播活动。

2. 视频内容的专业性标识缺少说服力

新媒体时代，科普工作更要保证传播内容有较权威信源，使受众投入信任感，然而本次研究中仅有 42% 的样本中全部或多数视频具备权威信源，那么，剩余抖音号为何无法清晰说明视频的出处、专业性，或对其裁剪、模糊处理？

3. 科普抖音号的整体风格尚未形成鲜明特色

视频内容、投放频次、运营者个人风格、视频传播特征等诸因素构成了科普抖音号整体风格，但目前未形成鲜明特色。具体而言，科普内容于抖音平台的呈现，尚未体现出广泛、使受众印象深刻且形成长时间视听信赖、在使用时彰显持续稳定性的特征。

4. 视听语言的总体呈现略显粗糙

某种程度上，对新媒体外化表现力的塑造已不仅是置于"内容充实"后的附加，而是一定程度与内容本身密不可分的生产逻辑，是构成新媒体竞争力的有力组成。本次研究中我们发现，抖音的科普视听语言正向较为丰富的表现技巧与视觉效果过渡，但仍参差不齐。

5. 用户流失现象已存在且恶化至一定程度

不少视频不仅"失赞"且出现了"掉粉"现象，可以推测，不少主观或客观原因都可能导致这一现象发生，比如对算法机制的理解失当、人为运营能力不足以及科普主题与（短）视频结合不甚密切等。

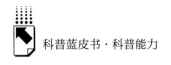

（八）改进建议

1. 洞悉抖音科普机制、强化耕耘力度

科普工作者应对抖音加深了解、深度作业。关注、思考一些基本问题很有帮助，如：视频推送的时段怎样设定？推送时附加何种文案？个体视频是否和热门话题、事件、社会现象及人物进行了呼应？科普工作者应以拆解思路切分账号运营流程、进行"1＋1＞2"的整合提升。当然上述只是较常见的着眼点，科普工作者可首先对其思考以"走近抖音"。

2. 提升"科技知识专业性"的外显能力、弥合多样受众认知沟

受众在了解科技知识时往往伴随多种认知沟：对原生与非原生知识的区别不当、对科学的正负面意指的人为猜测、对原生知识在不同解读下的分辨困难。面对以上三点问题，科普工作者应以"专业人员开展传播之独特性"，对受众与科学内容单向碰撞形成的差异进行调节。

对第一点问题，可尽量注明原生知识的来源，为该知识负责的机构或个人。可尝试在账号上方标注多数视频的总信息来源；在视频结尾附加专业出处的 logo 或动态图像标识，以及在评论区以专业视角纠正受众的自我解读。

对应第二点问题，应尽量阐述科技知识的客观价值、理性价值与对社会发展的综合利弊。从网络舆论对科技的常见污名化手段来看，对知识机理不甚了解的前提下附加个体认知的情形居多，可针对此提出应对方案。

对应第三点问题，我们认为，如希望受众停留于专业科普视频而非用户的随意化传播，则应关注视频内容、视觉效果呈现与用户接受度的综合匹配。

3. 打造鲜明特色、化身专业意见领袖

科普工作者应在抖音平台中培育意见领袖以强化引领力。我们认为，成为标志性科普账号的前提是具有鲜明、醒目且吸引力强的综合特色，部分策略可供参考。

宏观上可尝试在外部建立新媒体科普网络，同时确定抖音在其中的主导定位，突出总、分之间的差异，依据总体需要对抖音规划、布局；在抖音内部的传播规则中，要兼顾推荐算法、投放策略、视频封面与标签的综合搭配，以及抖音号的实时数据变化和同类账号的总体变化风向。

微观上可首先在内容、内容表达风格、内容陈述者选取等方面精准定位，其次注重精加工，提升视频内容的视觉、听觉质量并美化账号界面，不至过分华丽，但需突出用心经营的精致感。

4. 培育专属视听语言，以个性特征抢占科普先机

（1）培育专属科普视听语言的重要性

首先，有魅力、标志性的视听语言可吸引用户观看、思考甚至参与科普活动；其次，用户在对新媒体形成依赖的同时也对大量营养内容形成了依赖，视听语言的确立可促使受众驻足专业频道，通过对比而了解抖音平台中的视频质量区隔，最终提高"科学审美素养"、养成更健康的浏览习惯；最后在抖音内容间存在相互借鉴的现实语境下，专属科普视听语言也可引领发展潮流。

（2）以精致化追求为核心、个性化追求为要点

专属科普视听语言的培育要点首先是精致、去粗糙化，随后创造一套独特的整体传播模式以提升辨识度。

一些基本思路可供尝试。首先对现有科普抖音号大面积调研，重点不仅在于优秀个案，还在于广泛调研各行业领域的账号，进而突出运营策略与总体运营现状间的差异、构思运营蓝图；其次将差异框架融入日常视频推送，打磨"独特"与"视频发布常态规律"间的协调度；最后调研用户意见、梳理其对视听语言的期待或从反馈中得出的问题以供借鉴。

5. 提升用户黏性、以良好留存效果提升科普影响力

面对大量用户脱粉的现实，我们认为应强化留存、转化，稳固并提升科普抖音号影响力。首先，可统一线上线下科普，线下组织活动、线上通过视频形成视听吸引，后续建立粉丝专属微信、QQ 群，将具有科学、科学教育、科普抖音号运营经验的专业人士设为群主或管理员，以现身说法的视角对群中内容进行引导、推介抖音内容。

其次，应重视受众喜好、反馈与视频下方评论并以此为依据动态调整视频。最后，可对脱粉粉丝开展追查、刻画"脱离粉丝画像"，并预估、

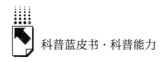

研判类似群体的脱离可能为抖音号带来的损失，以及将损失化负为正的对策。

6. 协调发布短、长视频，推出时长组合恰当的视频矩阵

抖音账号在达到一定规模后可推出长视频，我们认为应结合这一特性，布局科普视频推出的综合时长搭配：对前沿、热点问题需在首发时长上尽量压缩，突出先导性后利用后续长视频深度拓展、延伸；对公众广为关注的共性问题，则需视多数视频的共性寻找差异点，如均过分简短，无法深入说明问题则推出长视频，为用户补充让其深入了解，如均过分冗长则提炼核心信息点，力求凝练且吸睛。当然，短、长视频频率配比不仅依据所传播科技内容而定，也要根据账号的综合发展策略调整改善，尽量避免使受众识别出长久不变的定性规律，而是通过发布规律引领公众，使平台突出与科技发展同步的变化与新奇感。

四　总结与展望

（一）总结：微信公众平台、抖音平台的科普能力与传播效果

1. 微信公众平台、抖音平台的科普能力

两个新媒体平台的科普能力已发展至一定程度，但仍待提升。具体表现为：相较微信推出时间早、发展时间长的运营现实，抖音科普尚未形成集成传播矩阵，其科普能力存在随机、缺少定向分配等问题。科普运营者入驻时间短对其形成了客观上的能力遏制；对比微信，抖音科普的口碑、传播内容、传播渠道等尚未完全打开。

但即便反观微信也可发现问题：综合性、紧密贴合生活实际的频道仍处于缺失状态，这使其科普能力处于预设的"良好位置"，尚未具备真正强力、有着大量受众作为成效佐证的科普能力。

2. 微信公众平台、抖音平台的传播效果

首先，微信公众平台的传播效果尚存较大提升空间，平台有望进一步吸

收受众并留存、转化。此外虽然我们可在该平台中发现一定量的、提示传播效果骤增的"爆款文章"，但对比整体推文规模其数量仍待提升。

其次，抖音的科普传播效果并未像其中泛内容传播一般，真正使用户习以为常、形成日常化、"秒读化"接受习惯。虽然这避免了科学内容遭到肢解和随意传播的风险，但也说明其传播效果有待提升。

（二）展望

1. 新媒体科普能力、传播效果有待提升

通过考察微信公众平台与抖音的科普能力、传播效果，我们认为目前我国的新媒体科普能力与传播效果仍待提升。较新兴媒体——抖音而言，微信科普的发展已渐成良性态势，但多方面仍待完善细化。就抖音而言，科普工作者既应固守原有科普阵地，也应不断开拓，保持视野的开阔与动态感。

2. 内容制胜的同时优化总体科普质量

优质内容内核需辅以精致的视觉包装，在同质化媒体产品扎堆、新媒体浏览眼动轨迹不断加速的背景下，仍应以独树一帜且高质量的"具有美的特质的科学传播"捕获受众。

3. 应借助新媒体使科普生活化、常态化

结合实际调研我们认为，好的科学传播应既有权威信源，同时采取"接地气"的呈现手法加以讲述，使受众真正将科技知识视作其生活的组成环节，主动、充满积极意愿地参与其中。

Abstract

National science popularization capacity is an important support to enhance the level of science popularization, improve the civic scientific literacy and achieve the innovation – driven development strategy. And science popularization policy is a powerful tool to regulate the reasonable distribution of science popularization resources and promote the effective coverage of science popularization services. It will guarantee the strengthening of national science popularization capacity contribution under the macro-policy leading, meso-policy optimization and micro-policy guidance.

From a policy evolution perspective, *Report on Development of the National Science Popularization Capacity in China* (*2020*) Summarizes the development history and main social functions of science popularization policy and analyzes the relationship between science popularization policy and national science popularization capacity construction and evaluate the development index on national science popularization capacity, and sum up achievements, find shortcomings and proposed relevant countermeasures and suggestions. And this report offeres great insight into the influence of science popularization on high-quality economic development, emergency science popularization industry development, science popularization service evaluation on science & technology innovation subjects, science popularization based learning, science popularization practice on the non-governmental actors in Japan and so on. *Report on Development of the National Science Popularization Capacity in China* (*2020*) includes one general report, six special reports and three case reports.

Perfect science popularization policy system can promote the sustainable development of science popularization career in China. It provides a powerful guarantee for the elements supply of national science popularization capacity contribution, determines the main directions and key contents of national science popularization capacity contribution and creates a friendly "soft" social environment for national science popularization capacity contribution. It plays a very important impact on the significant improvement of civic scientific literacy and economy and society development.

Keywords: Science Popularization Capacity; Science Popularization Policy; Science Popularization Effectiveness; RegionalScience Popularization; International Comparison

Contents

I General Report

Abstract: The science popularization policy plays a guiding, normative and leading role in carrying out science popularization work, and provides an important guarantee to make full use of science popularization resources to achieve national or regional development goals. This report summarized the development history of science popularization policy in China and discussed the important role of science popularization policy in strengthening the national science popularization capacity construction. Then, it calculated the 2018 development index on national science popularization capacity and analyzed guarantee and support of science popularization policy to promote the elements development of national science popularization capacity from a policy connection perspective. Finally, this report proposed some suggestions to further strengthen the national science popularization capacity based on collaborative and co-governance thoughts according to the implementation status of science popularization policy in China.

Keywords: National Science Popularization Capacity; Science Popularization Policy; Leading Role; Development Index

Ⅱ Special Reports

B. 2   The Development of Science Popularization Infrastructure in China during 2011 −2017

Liu Ya, Zhao Xuan, Yu Jie, Ruan Cheng and Wang Xinhua / 034

Abstract: This study utilizes the national science popularization statistics data during 2011 − 2017 and related survey data. It comprehensively analyzes the development of science popularization infrastructure in China since the National Twelfth Five-Year Plan was published. Research targets include science centers, science and technology museums, youth science and technology centers, as well as public facilities for science popularization. Relevant problems are discussed based on the current status and suggestions are given concerning future development.

Keywords: Science Popularization Infrastructure; Science Popularization Venue; Seience Popularization fund; Science Popularization Personnel; Science Popularization activity

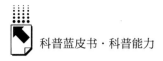
科普蓝皮书·科普能力

B. 3　Research on the Present Situation and the Model of Science Popularization Based Learning

Yan Jun, He Dan, Pan Ruihuan, Yuan Rubing,

Yi Tiemei and Hou Junlin / 091

Abstract: This study explores the connotation, attributes, and demands of science popularization Based Learning and compares different models of Science Popularization Based learning under current science popularization paradigms. Suggestions are given concerning the following needs: 1) to enforce policy guidance under the mechanism of multi-departmental cooperation; 2) to facilitate in-depth cooperation in sharing research resources dedicated to science popularization based learning ; 3) to establish a comprehensive service platform facilitating science popularization based learning; 4) to set up learning camps and science centers at primary and middle schools; to set up a number of educational memorial halls on the spirit of scientists; 5) to emphasize the building of exemplary models and cases via scientific tourism.

Keywords: Science Popularization Based Learning; Learning Tourism; Learning Base

B. 4　Analysis on the Effect of Science Popularization on High-quality Economic Development

Wang Hongwei, Zhu Chengliang, Zhang Jing,

Guan Lei and Wang Jun / 118

Abstract: Other than innovation, science popularization boosts high-quality social and economic development by improving citizens' scientific literacy, promoting new technologies and knowledge, providing high quality human resources, and facilitating the transformation of S&T achievements into productivity. Based on previous studies, this study establishes an analytical model of the relationship of science popularization input and total factor productivity with economic growth under the framework of economic growth accounting, with the goal of validating the mechanism of science popularization input in promoting social technological progress, productivity, and economic development. Results show that increases in science popularization funding will effectively promote total factor productivity, especially in east China. , Such effect is relatively higher than that brought by R&D funding increase. Whereas compared with traditional production factors, the effect of science popularization in boosting regional economy is significantly minor. The average contribution rate of science popularization investment to regional economic growth is 7% −9%.

Keywords: Science Popularization; High-quality Economic Development; Total Factor Productivity; Economic Growth Accounting

B. 5 Status and Trend of Financial Science Popularization in China

Wu Zhongqun, Feng Jing,

Tian Guangning and Shi Fulian / 145

Abstract: Financial security is an important part of national security, with significant impact on the national economy, people's livelihood and social stability. It is an important aspect of the modernization of national governance system and governance capacity. Greater attention and effective measures need to be paid in order to safeguard financial security. Experiences and lessons of financial security learned from home and abroad remind us of the necessity of strengthening public financial education and guidance as an essential and effective link to financial security. By analyzing the financial science popularization model, the current study explores the status of China's financial science popularization, analyzes the existing problems in China's financial science popularization approach, and further predicts future trends. The authors believe that the establishment of an efficient financial science popularization system is key to maintaining financial security, promoting financial efficiency and improving financial ecology.

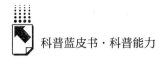
Keywords: Financial Science Popularization; Strategy of Financial Science Popularization; Financial Science Popularization Model

B. 6   Research on the Planning and Development of "Emergency
Science Popularization" Industry in China under the Crisis
Hou Rongying, Zheng Nian, Yin Lin, Wang Lihui and Qi Peixiao / 174

Abstract: The COVID −19 outbreak from Wuhan to the rest of the world, rang the alarm for the construction and development of emergency science popularization against havoc like natural disasters, accidents, public crises, and other social security issues, Establishing China's "emergency science popularization" industry will answer a call of the future. Developed countries, such as the United States, Japan, Germany, Australia have invariably given space to the development of "emergency science popularization" industries in combination with education, civil defense, insurance, and welfare China still faces problems in developing its own "emergency science popularization". Upgrading and transformation are urgently needed for the construction and enhancement of China's "emergency science popularization" industry while it now intends to scale out.

Keywords: Crisis; Emergency Science Popularization; Industry

B. 7   Research on the Evaluation of Science Popularization Service for
Innovation Subject in China: Taking the Chinese Academy of
Sciences as an Example   *Zhang Siguang and Liu Yuqiang* / 195

Abstract: The current research systematically reviews Chinese domestic and international theories on the evaluation of public science, technology, and cultural popularization services, with the aim of, building a theoretical groundwork for evaluating science popularization services targeted at Innovation Subject in China. Based on the latest DIIS theory, a logical framework for evaluating science popularization services is proposed, assisted by a proposed index system for the effective evaluation of science popularization services in light of the 3E evaluation theory. Grounded in science popularization practices both home and abroad, the study adopts an empirical approach by integrating quantitative analysis with case studies for a working evaluation framework. Results open further discussions on the sophistication and efficiency of future evaluation frameworks that will face up to new needs and challenges. The authors offer suggestions for improving the effectiveness of science popularization in China's scientific research institutions, as well as guidelines for practicing science popularization among Chinese Innovation Subject.

Keywords: Innovation Subject; Popular Science Services; Effective Evaluation

Ⅲ   Case Reports

B. 8   Mechanism and Practice: Non-governmental Actors in

Japan's Science Popularization Award System

Zhuge Weidong, Fu Yicheng and Ma Chenyi / 213

Abstract: The current research studies the actors of non-governmental organizations in the science popularization award system of Japan. Qualitative findings demonstrate mutual independence with multiple cooperation among actors within the science popularization award system of Japan. Different organizations and actors play respective roles in the social division of labor and cooperation on tasks in facilitating scientific literacy in the nation.

Keywords: Japan; Science Popularization Award; Organizational Actor; Science Education

B. 9　Construction and Experiment of Science Popularization Service Evaluation System of Science and Technology Innovation Subjects in Universities: Taking 25 Colleges and Universities in Three Provinces as Survey Samples

Tang Shukun, Zheng Bin, Fan Yujing, Li Qing and Cai Tingting / 242

Abstract: In order to analyze how efficiently colleges and universities, as entities of science and technology innovation, are carrying out science popularization services, the current research conducts a follow-up pilot study on the evaluation of such mechanisms based on a previous study on high-tech enterprises in Anhui Province. The study pretests a theoretical model and index system, a set of four-level index evaluation system, in establishing a well-validated questionnaire measuring the four dimensions of scientific facility investment, instrumental safeguard, service platform, and science popularization activities. Expert scoring is adopted to weigh and score the index system for an effective evaluation framework. Stratified sampling was conducted in consideration of the geographical distribution of provinces and types of colleges and universities, a total of 25 colleges and universities in Zhejiang, Anhui, and Jilin were selected. Both questionnaires and in-depth interviews were implemented to obtain feedback on the efficiency of science popularization services in Chinese colleges and universities.

Keywords: Universities; Innovation Subjects; Science Popularization; Evaluation System

B. 10　Study of Science Popularization Capacity and Communication Effect on WeChat and TikTok in China

Chen Sirui and Zhan Yan / 285

Abstract: By defining new media's "science popularization capacity", the study investigates the capacity and communication effect of science popularization in

China's WeChat and TikTok. The study intends to formulate an evaluation index by reviewing relevant studies, followed by quantitative and qualitative content analysis of textual and visual data relevant to science popularization from WeChat and TikTok. Findings reveal that new media's science popularization capacity and communication effect are looking up but still needs room for improvement.

Keywords: New Media's Science Popularization Capacity; Science Communication; WeChat and TikTok's Science Popularization; New Media's Science Popularization Effect

社会科学文献出版社

皮 书

智库报告的主要形式
同一主题智库报告的聚合

✦ 皮书定义 ✦

皮书是对中国与世界发展状况和热点问题进行年度监测，以专业的角度、专家的视野和实证研究方法，针对某一领域或区域现状与发展态势展开分析和预测，具备前沿性、原创性、实证性、连续性、时效性等特点的公开出版物，由一系列权威研究报告组成。

✦ 皮书作者 ✦

皮书系列报告作者以国内外一流研究机构、知名高校等重点智库的研究人员为主，多为相关领域一流专家学者，他们的观点代表了当下学界对中国与世界的现实和未来最高水平的解读与分析。截至2020年，皮书研创机构有近千家，报告作者累计超过7万人。

✦ 皮书荣誉 ✦

皮书系列已成为社会科学文献出版社的著名图书品牌和中国社会科学院的知名学术品牌。2016年皮书系列正式列入"十三五"国家重点出版规划项目；2013~2020年，重点皮书列入中国社会科学院承担的国家哲学社会科学创新工程项目。

中国皮书网

（网址：www.pishu.cn）

发布皮书研创资讯，传播皮书精彩内容
引领皮书出版潮流，打造皮书服务平台

栏目设置

◆ **关于皮书**

何谓皮书、皮书分类、皮书大事记、
皮书荣誉、皮书出版第一人、皮书编辑部

◆ **最新资讯**

通知公告、新闻动态、媒体聚焦、
网站专题、视频直播、下载专区

◆ **皮书研创**

皮书规范、皮书选题、皮书出版、
皮书研究、研创团队

◆ **皮书评奖评价**

指标体系、皮书评价、皮书评奖

◆ **互动专区**

皮书说、社科数托邦、皮书微博、留言板

所获荣誉

◆ 2008 年、2011 年、2014 年，中国皮书
网均在全国新闻出版业网站荣誉评选中
获得"最具商业价值网站"称号；
◆ 2012 年，获得"出版业网站百强"称号。

网库合一

2014 年，中国皮书网与皮书数据库端口
合一，实现资源共享。

权威报告·一手数据·特色资源

皮书数据库
ANNUAL REPORT(YEARBOOK)
DATABASE

分析解读当下中国发展变迁的高端智库平台

所获荣誉

- 2019年，入围国家新闻出版署数字出版精品遴选推荐计划项目
- 2016年，入选"'十三五'国家重点电子出版物出版规划骨干工程"
- 2015年，荣获"搜索中国正能量 点赞2015""创新中国科技创新奖"
- 2013年，荣获"中国出版政府奖·网络出版物奖"提名奖
- 连续多年荣获中国数字出版博览会"数字出版·优秀品牌"奖

成为会员

　　通过网址www.pishu.com.cn访问皮书数据库网站或下载皮书数据库APP，进行手机号码验证或邮箱验证即可成为皮书数据库会员。

会员福利

- 已注册用户购书后可免费获赠100元皮书数据库充值卡。刮开充值卡涂层获取充值密码，登录并进入"会员中心"—"在线充值"—"充值卡充值"，充值成功即可购买和查看数据库内容。
- 会员福利最终解释权归社会科学文献出版社所有。

社会科学文献出版社 皮书系列
SOCIAL SCIENCES ACADEMIC PRESS (CHINA)

卡号：175466915134
密码：

数据库服务热线：400-008-6695
数据库服务QQ：2475522410
数据库服务邮箱：database@ssap.cn
图书销售热线：010-59367070/7028
图书服务QQ：1265056568
图书服务邮箱：duzhe@ssap.cn

基本子库
SUB DATABASE

中国社会发展数据库（下设 12 个子库）

整合国内外中国社会发展研究成果，汇聚独家统计数据、深度分析报告，涉及社会、人口、政治、教育、法律等 12 个领域，为了解中国社会发展动态、跟踪社会核心热点、分析社会发展趋势提供一站式资源搜索和数据服务。

中国经济发展数据库（下设 12 个子库）

围绕国内外中国经济发展主题研究报告、学术资讯、基础数据等资料构建，内容涵盖宏观经济、农业经济、工业经济、产业经济等 12 个重点经济领域，为实时掌控经济运行态势、把握经济发展规律、洞察经济形势、进行经济决策提供参考和依据。

中国行业发展数据库（下设 17 个子库）

以中国国民经济行业分类为依据，覆盖金融业、旅游、医疗卫生、交通运输、能源矿产等 100 多个行业，跟踪分析国民经济相关行业市场运行状况和政策导向，汇集行业发展前沿资讯，为投资、从业及各种经济决策提供理论基础和实践指导。

中国区域发展数据库（下设 6 个子库）

对中国特定区域内的经济、社会、文化等领域现状与发展情况进行深度分析和预测，研究层级至县及县以下行政区，涉及地区、区域经济体、城市、农村等不同维度，为地方经济社会宏观态势研究、发展经验研究、案例分析提供数据服务。

中国文化传媒数据库（下设 18 个子库）

汇聚文化传媒领域专家观点、热点资讯，梳理国内外中国文化发展相关学术研究成果、一手统计数据，涵盖文化产业、新闻传播、电影娱乐、文学艺术、群众文化等 18 个重点研究领域。为文化传媒研究提供相关数据、研究报告和综合分析服务。

世界经济与国际关系数据库（下设 6 个子库）

立足"皮书系列"世界经济、国际关系相关学术资源，整合世界经济、国际政治、世界文化与科技、全球性问题、国际组织与国际法、区域研究 6 大领域研究成果，为世界经济与国际关系研究提供全方位数据分析，为决策和形势研判提供参考。

法律声明

"皮书系列"（含蓝皮书、绿皮书、黄皮书）之品牌由社会科学文献出版社最早使用并持续至今，现已被中国图书市场所熟知。"皮书系列"的相关商标已在中华人民共和国国家工商行政管理总局商标局注册，如LOGO（ ▌ ）、皮书、Pishu、经济蓝皮书、社会蓝皮书等。"皮书系列"图书的注册商标专用权及封面设计、版式设计的著作权均为社会科学文献出版社所有。未经社会科学文献出版社书面授权许可，任何使用与"皮书系列"图书注册商标、封面设计、版式设计相同或者近似的文字、图形或其组合的行为均系侵权行为。

经作者授权，本书的专有出版权及信息网络传播权等为社会科学文献出版社享有。未经社会科学文献出版社书面授权许可，任何就本书内容的复制、发行或以数字形式进行网络传播的行为均系侵权行为。

社会科学文献出版社将通过法律途径追究上述侵权行为的法律责任，维护自身合法权益。

欢迎社会各界人士对侵犯社会科学文献出版社上述权利的侵权行为进行举报。电话：010-59367121，电子邮箱：fawubu@ssap.cn。

社会科学文献出版社